# 农机安全管理技术与实务

秦新燕　雷　金　陈永成　编著

中国农业科学技术出版社

**图书在版编目（CIP）数据**

农机安全管理技术与实务／秦新燕，雷金，陈永成编著．—北京：中国农业科学技术出版社，2020.3

ISBN 978-7-5116-4626-2

Ⅰ.①农…　Ⅱ.①秦…②雷…③陈…　Ⅲ.①农业机械–安全管理　Ⅳ.①S220.7

中国版本图书馆 CIP 数据核字（2020）第 030756 号

责任编辑　贺可香
责任校对　贾海霞

出 版 者　中国农业科学技术出版社
　　　　　北京市中关村南大街 12 号　　邮编：100081
电　　话　(010)82106638(编辑室)　　(010)82109702(发行部)
　　　　　(010)82109709(读者服务部)
传　　真　(010)82106638
网　　址　http://www.castp.cn
经 销 者　各地新华书店
印 刷 者　北京建宏印刷有限公司
开　　本　710mm×1 000mm　1/16
印　　张　17.25
字　　数　340 千字
版　　次　2020 年 3 月第 1 版　2020 年 3 月第 1 次印刷
定　　价　68.00 元

# 《农机安全管理技术与实务》
# 编著名单

主 编 著：秦新燕　雷　金　陈永成

编著人员：秦新燕　雷　金　陈永成　赵永满

　　　　　欧亚明　李玉林　杨续昌

主　　审：坎　杂　赵　勇

# 前　　言

20 世纪 80 年代中期以来，为了适应农业机械化事业发展的新形势，国家对农机安全管理体制进行了改革，全国从中央到地方普遍建立了农机安全监理机构，同时加强了农机安全法规建设，使农机安全监理工作获得深入而全面的开展。为了适应这种情况，高等农业院校相应开设了《农机安全管（监）理学》课程，有些农业专科学校还开设了农机安全监理专业。由于没有统编教材，大多数院校都使用自编教材。为了帮助同学们更好地学习这门课程，石河子大学机械电气工程学院从事农业机械化及其他相关课程教学的老师在各自讲稿的基础上，根据国家最新安全管理法律、法规及相关文件，参考近几年出版的相关教材和资料，融会贯通，统编成这本教材。

根据新的教学大纲要求，本书内容在遵循理论联系实际的情况下，着重于农机安全监理科学基本理论和方法的应用介绍，注重对农机安全监理实际经验的提炼和基本规律的总结，注意反映农机安全监理方面科学技术的新发展，以及国家和地方当前实施的有关农机安全监理的重要法规和技术标准。其主要内容有：安全管理科学的产生与安全管理基本理论知识；农机安全性分析与安全技术；农业机械与驾驶操作人员的安全管理方法；道路交通管理条例介绍；农机事故处理与预防以及安全教育等。为了使读者深入理解农机安全监理的内涵，提高工作技能以及对农机安全管理实务的需要，在书附录部分补充了当前国家、农业农村部有关农机安全管理的法律、法规以及拖拉机和联合收割机驾驶证理论知识考试题库。本书不仅适合大中专院校教学和农机安全管理人员进修学习，而且可供一般农业机械化工作人员和其他部门的安全管理工作者在工作中参考，并可供基层广大农机驾驶操作人员阅读、培训使用。

本书由石河子大学机械电气工程学院秦新燕、雷金、陈永成任主编。秦新燕编写第二章、第三章、第四章、第六章及附录一，雷金编写第五章、第七章到第十章及附录二，陈永成编写第一章及附录三，赵永满、欧亚明、李玉林、杨续昌参加部分章节及附录材料收集及整理工作，全书由秦新燕、雷金负责统稿。

本书在编写过程中得到了石河子大学机械电气工程学院的大力支持和帮助，院长坎杂教授和兵团八师、石河子市农机局赵勇研究员在百忙中对书稿进行了认真审阅，提出了修改意见；在编写过程中参阅了农业农村部相关部门以及其他部门和人员的相关书籍和资料，在这里一并表示衷心感谢！

由于农机安全管理是一门新兴综合性边缘性学科，内容十分丰富，编写中难免有不当之处，望读者阅后赐教指正。

编　者

2019 年 8 月 3 日

# 目 录

# 第一章 绪 论

## 第一节 安全、安全生产与安全科学

当今世界人类急需解决的大问题是农业、人口、能源、安全（包括环保）。所谓安全，是指在生产、生活过程中，人身不受伤害的状态和财物不受损失的状况。人身伤害直接危及人的生命，财物损失会对人的精神造成损伤。从广义上讲，安全是预知人类活动的各个领域里所存在的固有的或潜在的危险，并且为消除这些危险所采取的各种方法、手段和行动的总称；从生产的角度讲，安全所表征的是一种不发生死亡、伤害、职业病及设备财产损失的状况。安全生产是指在生产过程中消除或控制危险及有害因素，保障人身安全健康、设备完好无损及生产顺利进行，包括人身安全和设备安全。安全生产是从企业角度出发，强调在发展生产的同时，必须保证企业员工的安全、健康和企业财产不受损失。然而，在生产活动中必然存在着各种不安全、不卫生的因素，如果不采取保护措施，则随时可能发生工伤事故和职业病。据 1994 年 5 月在日本横滨召开"世界减灾大会"报告，目前全球平均每年每 31 人就有 1 人遭灾，每 3 万人就有 1 人死亡。据联合国最新统计，全球每年意外死亡 350 万人，其中职业工伤死亡 110 万人，交通事故死亡 100 万人，灾害事故经济损失占国民生产总值的 2.5%。据有关部门统计，仅我国的道路交通事故损失，就已超过全社会纳入国家统计的非正常死亡的财产损失的总和，这是人们非常关心的社会问题。

安全是人类最重要和最基本的需求，是人民生命与健康的基本保障。一切生活、生命活动都源于生命的存在。如果人们失去了生命，一切都无从谈起。资料显示，全世界平均每天发生约 68.5 万起事故，造成约 2 200 人死亡。这一事实使我们确认，安全不是别的什么，安全就是生命。安全生产是社会文明和进步的重要标志，是经济社会发展的综合反映，是落实以人为本的科学发展观的重要实践，是构成和谐社会的有力保障，是全面建设小康社会、统筹经济社会全面发展的重要内容，是实施可持续发展战略的组成部分，是各级政府履行市场监管和社会管理职能的基本任务，是企业生存、发展的基本要求。国内外实践证明，安全生产具有全局性、社会性、长期性、复杂性、科学性和规律性的特点。随着社会的不断进步，工业化进程的加快，安全生产工作的内涵发生了重大转变，它突破了时间和空间的限制，存在于人们日常生活和生产活动的全过程中，成为一个复杂多变的社会问题在安全领域的集中反映。安全问题不仅对生命个体非常重要，而且对社会稳定和经济发展产生重要影响。安全发展是科学发展观理论体系的重要组成部分，安全发展与构建和谐社会有着密切的内在联系。以人为本，首先就是要以人的生命为本。"安全—生命—稳定—发展"是一个良性循环。

实现安全生产，保护劳动者的安全和健康，是保证国民经济建设持续、稳定、协调地发展和社会安定团结的基础，是社会主义市场经济条件下企业生产的必由之路。搞好安全生产管理工作，是政府和企业任何时候都必须履行的职责。所以，安全管理工作寓于生产之中，随着生产活动的发生而发生，随着生产活动的发展而发展。安全科学就是认识和揭示人的身心免受外界因素危害的安全状态及保障条件的本质与其变化规律的学问，即安全科学是研究人的身心存在状态（含健康）的运动及变化规律，找出与其相对应的客观因素及其转化条件，研究消除或控制危害因素和转化条件的理论和技术（手段和措施），研究安全的本质及运动规律，建立起安全、舒适、高效的人机规范和形成人们保障自身安全的思想方法和知识体系的一门科学。简言之，安全科学是专门研究安全的本质及其转化规律和保障条件的科学。由于它是一门新的学科，对一些概念及思考问题的角度至今仍没有统一的认识。例如，安全科学的定义，从外延上看，也有多种说法，但就其内涵而言，人们对它的理解基本是一致的。

德国教授库赫曼对安全科学有这样的阐述："安全科学的最终目的是将应用技术所产生的任何损害后果控制在最低限度时，或者至少使其保持在可容许的限度内……在实现这个目的过程中，安全科学的特定功能是获取和总结有关使用技术系统的安全状况和安全设计的知识，以及预防技术系统内固有危险的各种可能性，并将发现和获取的知识应用于安全工程之中。简言之，安全科学是研究安全问题的，是关于安全的学说。"

比利时的丁·格森教授对安全科学的定义如下："安全科学研究人、机和环境之间的关系，以建立这三者的平衡共生为目的。"

我国学者刘潜把安全科学定义为："安全科学是一门专门研究人们在生产及其他活动过程中的身心安全（包括安全、健康、舒适、愉快乃至享受）与否的矛盾，以达到保护活动者及其活动能力，保护其活动效率的跨门类、综合性的横断科学。"

通过以上的几种论述，我们对安全科学的概念可有以下几点认识。

（1）安全科学的研究领域：包括人类的生产、生存和生活活动。

（2）安全科学的研究对象：主要是人类技术系统领域的灾害事故（技术灾

害与人、机和环境因素有着直接的关系）。

（3）安全科学的目的：保护人的安全与健康，避免物质财产的损失，保障技术功能和环境的安全。

（4）安全科学的任务：不仅要研究实现安全目标的技术方法和手段，还要研究安全的理论和策略。

（5）安全科学的特点：综合性与交叉性。

## 第二节　农业机械化与农机安全监理

农业机械是先进的农业生产工具，它不仅仅使农民从繁重的体力劳动中解放出来，而且对农业科技的运用，自然灾害的防治，提高作物的产量和质量，提高劳动生产率和农业的综合效益等诸方面，有着不可替代的作用。随着我国改革开放的深入，市场经济的发育和完善，农业生产将有较快的发展，各种农业机械的使用量都在不断增长。截至 2017 年年底，全国农机总动力达到 9.88 亿千瓦，农用大中型拖拉机 670 多万台，联合收割机 26.52 万台，全国机耕面积 6 333 万公顷，机械播种面积 4 133 万公顷，机收面积 2 733 万公顷，耕种收综合机械化程度达到 66%。农业机械的使用范围已由农田作业发展到农副产品加工、农业运输以及畜牧、渔业生产等多领域。农业机械装备作为农业科技实施的载体，在农业生产的各个环节，通过机械化技术的运用，使农业新技术得到有效实施，大幅度地提高了农业劳动生产率、土地生产率和农产品商品率。可以说，农业机械化在推动科技进步、加快农业科技成果的转化、增强农业综合生产能力和抗灾能力、发展规模经营、增加职工收入和新农村建设等方面发挥了不可替代的作用，农业机械化的发展为农业生产奠定了坚实的技术和物质基础，也为推进我国农业现代化建设进程发挥了示范作用。但是事物都有两重性，农业机械与人、畜力农具相比结构复杂，威力强大，技术要求高，使用中存在的危险性大大增加，因此农业机械的广泛使用，伴随而来的农机事故也随之出现和增多，使农业生产的安全问题日益突出。据有关部门统计，2000 年全国发生交通事故死亡人数达 93 000 人，近几年每年以 1 万人的速度增加，每年死亡的人数为美国的 21 倍、日本的 22 倍、法国的 14 倍。特、重大农机事故在农村还经常发生，失火、中毒、触电等严重事故，也对人民生命、财产造成重大损失。农业是我国国民经济的基础，农业机械化是农业发展的根本出路。农业生产活动的机械化，不仅涉及的地域辽阔，而且涉及的人口众多。因此实行并加强农业机械的安全监督管理，对于减少农机事故，保证广大人民的生命财产安全和社会秩序，加强两个文明建设都具有极为重要的意义。

农机安全监理是维护农机生产秩序，保障农机安全生产的国家监督管理制度，是农业行政执法的重要组成部分。全国农机监理系统深入贯彻落实《农业机械安全监督管理条例》，按照"安全第一、预防为主、综合治理"的安全工作方针，严格履行农机安全监理工作职责，认真落实各级政府下达的安全生产监管工作目标责任，以预防和减少农机事故为目标，转变工作思路，努力构建以源头管理、执法监控、宣传教育为主要内容的农机安全生产长效机制，推动了和谐农机、安全农机的发展。我国农机安全监理有完整的体系和健全的网络，目前全国共有县级以上农机安全监理机构 2 904 个，县级以上农机安全监理从业人员近 3.372 万人，共有专兼职农机安全监理人员 11 万人，基本形成了县以上有机构，县以下有组织、有人员的六级农机安全监理监管网络体系。

为了加强农机安全管理，农业农村部于 1999 年 6 月 8 日成立了农机监理总站（在农机推广总站加挂农机监理总站牌子）。农机监理总站的主要职能是：组织农机安全生产检查；承担农机安全技术检验标准、驾驶（操作）人员考试办法、农机安全作业规程等监理法规的研究、起草和论证工作；承担农机事故统计分析，提出防范措施，协助地方处理重、特大农机事故；组织开发农机监理装备，推广农机监理所需的仪器、设施和设备；组织编写农机安全宣传材料和农机监理人员培训教材；开展农机监理人员培训与业务交流活动；承担农机监理计算机软件开发和组织农机监理信息网络建设工作；承担农业机械化管理司交办的其他农机安全监理工作。

## 第三节　农机安全监理的发展概况

党和政府历来就十分重视安全工作，提出了"安全第一，预防为主"的生产方针，制定了一系列安全生产的政策、规章和法规。

20 世纪 50 年代，农业机械以国营为主，农业安全工作主要由农业企业和农业主管部门实行行政管理。在此期间，农业部于 1955 年 8 月颁发了《农业机械拖拉机站暂行机务规程》，对农业机械使用操作、防火、公路运输等提出了明确规定。

20 世纪 50 年代末至 60 年代中期，随着农业机械化的大发展，农业安全监督管理工作也取得了发展和普及。国营农场、农村拖拉机站都成立了农机安全管理机构。国家行政主管部门负责指导和监督。

由于"文化大革命"，农机安全管理工作遭到破坏，陷入无章可循和无人管理的局面。

20 世纪 70 年代末以后，随着农村经济改革的深入，农村经营体制和产业结构相继发生变化，农业机械的数量和作业项目大大增加，尤其是农民个体经营的农业机械剧增，农机安全问题日益突出。为了适应农业机械化发展的新形势，国家改革农机安全管理机构，加强了农机安全管理的法规建设。1981 年 10 月 24 日，当时主管农机工作的农机部颁发了《农用拖拉机及驾驶员安全监督管理规章》，对农机安全监督管理、拖拉机管理、驾驶员管理、违章及违章处理、事故及事故处理等都做了明确规定。1984 年 2 月 19 日，国发〔1984〕27 号《国务院关于农民个人或联户购置机动车船和拖拉机经营运输业若干规定》中有相关内容。1986 年 10 月 7 日，国务院发布了关于改革道路交通管理体制的通知，决定全国城乡道路交通管理工作一律由公安机关负责。为了贯彻这个文件，公安部、农业部进行反复磋商，于 1987 年两家联合下文规定农用拖拉机及其驾驶员的安全监理工作由公安部门委托同级农机管理部门负责，由各级农机监理部门实施。1988 年 3 月 9 日，国务院发布了《中华人民共和国道路交通管理条例》，第 91 条规定：上道路行驶的专门从事运输和既从事运输又从事农田作业的拖拉机安全技术检验、驾驶员考试、核发全国统一的道路行驶牌证等项工作，公安机关可以委托农业（农机）部门负责，并有权进行监督、检查。至此，农机安全监理工作的归属问题以法律的形式确定下来。此后，全国各省、区、市相继进行了委托交接工作，农机安全监理的法规建设和组织建设不断健全，在全国逐步形成了专管成线、群管成网的农机安全管理体系。到 20 世纪 90 年代初，全国已建立县级以上安全监理机构 2 757 个，具有专业农机安全监理干部 2 万多人，乡级农机安全监理员和村农机安全管理员 4 万多人。1998 年 1 月，农业部对 1984 年发布的《农用拖拉机及驾驶员监理规章》再次进行修订，并以 35 号令发布。1999 年又以 10 号令发布了《联合收割机及驾驶员安全监理规定》。为了加强对农机安全监理工作的领导，在国务院各部门机构改革中，虽然总的机构和人员编制进行了大幅度精简，而农机安全监理工作不但没有削弱，而且得到了加强。《国务院办公厅关于印发农业部职能配置内设机构和人员编制规定的通知》（国办发〔1998〕88 号）中明确指出，农业（农机）部门"组织实施拖拉机、联合收割机、农用运输车等农业机械的安全监理、产品质量检验、鉴定和认证管理。"随后农业部设置了中华人民共和国农机安全监理总站。同时，各省、区、市地方人民政府，根据国务院和农业部的有关文件规定相继出台了地方农机安全管理办法。例如，新疆维吾尔自治区人民政府于 1993 年 8 月 21 日发布了《新疆维吾尔自治区农业机械安全监督管理办法》，1999 年 1 月 23 日自治区人大常委会又通过了《新疆维吾尔自治区农业机械安全监督管理条例》，并由自治区人民政府主席发布，作为地方法规在全疆实施。

进入 21 世纪，随着农业机械化的快速发展，农机安全监理得以加强，进入依法管理阶段。

一是农机安全监管法规体系趋于完善。目前，涉及农机安全监管的法律有《中华人民共和国农业法》《中华人民共和国农业机械化促进法》等7部；行政法规有《农业机械安全监督管理条例》等6部；部门规章有《拖拉机登记规定》等15项；规范性文件有《农业机械实地安全检验办法》等13个；地方性法规有各省（区、市）及计划单列市制定的《农业机械化促进条例》《农业机械管理条例》等72项；国家标准有《机动车运行安全技术条件》《农业机械运行安全技术条件》等34项；行业标准有《拖拉机安全操作规程》等33项。2018年，农业农村部对2004年9月21日公布、2010年11月26日修订的《拖拉机登记规定》《拖拉机驾驶证申领和使用规定》和2006年11月2日公布、2010年11月26日修订的《联合收割机及驾驶人安全监理规定》进行了整合，颁布了《拖拉机和联合收割机登记规定》和《拖拉机和联合收割机驾驶证管理规定》，自2018年6月1日起施行。这些法律、法规、规章、标准等，从不同的角度规定了农机安全责任、安全检查、安全宣传、事故处理、培训考试、牌证管理、安全互助、安全鉴定、事故保险等农机安全监管制度，共同构成了较为全面的农业机械安全监督管理法律、法规、规章、标准和制度体系，为农机安全监理提供了法律依据和技术支撑。

二是加强农机安全监管法规标准的贯彻落实。坚决落实中央提出的"管行业必须管安全、管业务必须管安全、管生产经营必须管安全"的要求，充分发挥地方政府安全生产管理责任、监理部门的监督管理职责、企业的主体责任、合作组织的自主管理能力。现行的农机安全监管法规，在规范农机安全生产活动、强化监督管理、打击违法生产行为、保障人民生命财产安全等方面发挥了重要作用。农机安全监理法规的有效实施，使农机安全生产形势总体持续稳定向好。2015年，累计报告在国家等级公路以外的农机事故1 306起，死亡208人，受伤427人。与2014年同期相比，分别下降了25.1%、30.7%和23.2%。

进入新时代，农机安全监理工作要坚持以习近平新时代中国特色社会主义思想为指导，深入贯彻落实党的十九大精神，按照中共中央、国务院关于推进安全生产领域改革发展的决策部署，牢固树立安全发展理念，以预防和减少农机事故、提高农业机械化安全生产水平为中心，以压实安全责任、实施新颁规章、强化政策措施、创建安全文化、加大隐患治理、提升监管能力为重点，全面落实"放管服"改革新规定，扎实做好农机安全监理工作，有效防范和遏制农机重特大事故，为实施乡村振兴战略、加快推进农业农村现代化营造稳定的安全生产环境。

# 第二章 安全管理的产生与安全科学的基本理论

## 第一节 安全管理在国内外的产生与发展

### 一、安全管理的历史演变

人类要生存和发展，就得认识自然、改造自然，通过生产活动和科学实验，掌握自然变化的规律。随着科学技术的发展，人类改造自然的能力和对自然的影响越来越大，与此同时，自然对人类的反作用也越来越大。生产是受一般自然规律约束的，发生事故是违反自然规律而受到的惩罚。人类学会"钻木取火"，火的利用对人类本身的发展有着伟大的意义，正如恩格斯所说的："火的利用支配了一种自然力，从而最终把人和动物分开来。"然而，火也给人类带来了灾害，严重威胁着人类的安全。因此，自古以来，人类为了生存和发展，一方面改造自然、利用自然，创造更多的物质财富和精神财富；另一方面采取各种方法和手段保护自己，保护自己所创造的财富。

自从使用火以来，人就开始同火灾作斗争，可以说放火技术是人类最早的安全技术之一。我国人民在与火灾的长期斗争中积累了丰富的经验。《周易》一书中就有"水火相忌""水在火上既济"的记载，说明了用水灭火的道理。

我国历史上的消防组织在北宋时就相当严密了。据孟元老所著的《东京梦华录》一书记述，当时首都汴京（即河南开封）的消防组织十分严密，消防的管理机构不仅有地方政府，而且由军队担负值勤任务，"每坊卷三百步许，有军巡铺一所，铺兵五人"，负责值班巡逻，防火又防盗；"在高处砖砌放火楼，楼上有人卓望，下有官屋数间，屯驻军兵百余人。乃有救火家事，谓如大小桶、洒子、麻搭、斧锯、梯子、火叉、火索、铁锚儿之类"，一旦发生火情，由骑兵驰报各有关部门。

国外的情况也是如此，如古希腊和罗马帝国就设立了以维持社会治安和救火为主要使命的近卫军和值班团。此后，在一个比较长的历史时期里，人们对安全的认识主要是保持安宁的愿望和防火的需要。公元 12 世纪，英国颁布了《放火法令》，17 世纪颁布了《人身保护法》。

除了防火的安全管理以外，我国古代的采煤业就有用大竹竿凿去中节插入煤中进行通风、排除瓦斯、预防中毒的措施，并用支板防止冒顶等。公元 989 年，北宋木结构建筑匠师喻皓在建筑开宝寺灵感塔时，每建一层都要在塔的周围安设帷幕遮挡，既避免施工伤人，又易于操作。这些例子说明，在早期的劳动生产中，就很重视安全管理，并使用了较为科学的安全技术。

18 世纪中叶，自蒸汽机发明而引起工业革命以后，作坊、工厂式的手工生产方式逐步演变为大规模的机器生产。在工业革命后的许多年代里，工人们在极其恶劣的环境下，每天从事超过 10 小时的劳动，伤亡事故发生频繁，工人健康受到严重摧残。而资本家则认为经常发生的伤亡事故是工业进步必须付出的代价，他们对工人的伤亡不负任何责任。为了生存，工人们进行了反抗资本家残酷压榨的斗争，社会上的进步人士也同情工人们的悲惨遭遇。迫于工人的反抗和社会舆论的压力，19 世纪初，英、法、比利时等国相继颁布了安全法令。例如，1802 年，英国通过的纺织厂和其他工厂学徒健康风纪保护法；1810 年，比利时制定的矿场检查法案及公众危害防止法案；1829 年，普鲁士规定了工厂雇用童工的限制并附带有工厂检查规定等。当时，尽管"安全"带有慈善和人道主义的观念，但在一定程度上推动了安全管理和保险事业的发展。

## 二、近代国外的特大事故案例

进入 20 世纪以后，工业发展速度加快，环境污染和重大工业事故相继发生，给社会带来了极大危害。1930 年 2 月，比利时发生了"马斯河谷事件"，马斯河谷地区的铁工厂、金属工厂、玻璃厂和锌冶炼厂排出的污染物被封闭在逆温层下，浓度急剧增加，"杀人似的烟雾"使人感到胸痛、呼吸困难，在一周内造成 60 人死亡，许多家畜也死去。1952 年 11 月，英国伦敦发生同样的事件，即所谓的"伦敦烟雾事件"。工厂排出的烟雾使伦敦在 11 月 1 日至 12 月 12 日期间比历史上同期多死亡 3 500~4 000 人。1961 年 9 月 14 日，日本富山市一家化工厂因管道破裂，氯气外泄，使 9 000 余人受害，532 人中毒，大片农田毁坏。1960—1977 年，美国和西欧发生重大火灾、爆炸事故 360 多起，损失数十亿美元，死亡 1 979 人。

由于现代工业的安全管理和资本家追求超额利润的目的基本一致，近几十年来，安全技术和管理在国外发展比较迅速。从 20 世纪 30 年代开始，国外有些企业开始设置专职安全人员，逐步建立起较完善的安全教育、管理和技术体系。从 60 年代后期起，经济发达国家在已具有较多的物质积累和剧烈的社会变革后，开始反思工业化过程对社会进步的全面影响，开始注意劳动者的工作条件与安全卫生状况，以致当时像社会福利、人权、环境保护这些内容成为政治家的口头禅和媒体关注的焦点。西方社会的许多政党和政治家都把就业、劳动者福利、改善工人工作条件和环境保护作为主要的竞选口号，这也是欧洲许多社会党和工党在当时赢得选民而获得胜利的原因之一。在这种背景下，20世纪70年代初，形成了针对劳动安全卫生的立法高潮，美、英、日等国的劳动安全卫生法或职业安全卫生法都是在这一时期建立的。决策者越来越认识到，发展的最终目的并非单纯为了创造财富，而是为了尽可能多的人过上高质量的生活。

到了20世纪80年代，随着现代工业和航天技术的飞跃发展，劳动安全卫生重大事故也在世界范围内不断发生。1984年12月3日，印度博帕尔美国联合碳化物公司的农药厂发生45吨甲基乙氰酸脂泄漏，中毒死亡的人数达2 347人；1986年1月28日，美国航天飞机"挑战者"号在起飞73秒后由于机械事故不幸爆炸，7名宇航员遇难，造成宇航史上最大的悲剧；1986年4月26日，苏联基辅的切尔诺贝利核电站的第4号反应堆爆炸起火，大量放射性物质外溢，造成7人死亡，35人重伤，229人受到严重的核辐射，污染至斯堪的纳维亚半岛和东欧，波及西欧。1994年9月28日，"爱沙尼亚"号渡轮在从爱沙尼亚的塔林向瑞典的斯德哥尔摩行进至波的尼亚湾时突然沉没，船上的1 049名乘客中只有197人生还，其余的852人遇难。2000年，俄罗斯核潜艇沉没，艇上131人全部遇难。

据初步统计，近100年内，发生一次死亡1 000人以上的灾害事故数千起，一次死亡10 000人以上的灾害事故数百起。伴随着经济发展，灾害事故的经济损失急剧增长，20世纪90年代以来每年达400亿美元以上。由于科技发展、经济高速增长、人口的急剧膨胀，导致资源消耗和人类产生的废弃物增长了10倍以上；矿产资源开采强度加大，植被破坏，导致洪水、山体滑坡、泥石流、地面沉降、矿井坍塌等灾害事故频繁发生；工业发展大量排放有毒、有害气体、废水导致环境恶化，职业中毒死亡、职业病大量增加；再加上人们安全意识淡薄，措施不到位导致火灾、爆炸、建筑物倒塌、空难、海难、火车相撞、道路交通事故等灾害事故急剧增长。这些震惊世界的惨祸引起强烈的反响，社会上对安全的呼声日益高涨。作为现代科学技术和工业发展中的一个重大课题，劳动安全与卫生越来越引起广泛的关注。

在20世纪90年代，国际上又进一步提出"可持续发展"的口号，社会经济平衡发展已成为国际上新的发展观。在这种国际背景下，劳动安全的重要性理应得到加强。在创造财富的过程中，丧失生命、健康或伤残等情况存在是与社会经济平衡发展这一深入人心的观点背道而驰的。正因为普通劳动者应该是发展的主要受益者，所以在他们为发展做出贡献的过程中，应该积极地保护他们的安全与健康，这是政府及全社会义不容辞的责任。

在各国政府普遍重视劳动安全卫生、不断完善相关法律法规的同时，一些从事劳动安全的管理者和科学工作者也在潜心研究安全管理的理论和方法，综观安全管理科学历史发展过程，它有3个重要转折点。

（1）1906年，美国U.S钢铁厂厂长格里第一个提出"安全第一"的口号，表达了安全与生产的正确关系，以后成为各国进行安全管理工作的方针。

（2）1959年，美国安全专家海因里希提出事故原因论和海因里希法则，认为事故是由于物的不安全状态和人的不安全行为造成的，事故的发生是有规律可寻的，而且事故造成的伤害是随机事件，可以用概率统计。这是安全管理工作由被动性防范走向主动性预防，为安全工程学科的发展开辟了道路。

（3）1962年以来，美国把系统工程运用到安全工作体系中，形成安全系统工程学，使传统安全管理工作真正步入现代科学管理的新时代。

## 三、20世纪80年代中期以来中国特大事故案例

随着世界经济一体化潮流的冲击和信息社会与知识经济的到来，我国的安全管理工作不得不面对比以往更大的挑战。在安全管理上与国外发达国家有很大差距，重大安全事故层出不穷，给人民的生命财产造成了一定损失。

1987年3月15日，哈尔滨亚麻厂发生特大亚麻粉尘爆炸事故，死亡58人，受伤177人，直接经济损失880多万元；1987年5月6日，黑龙江省大兴安岭发生特大森林火灾，过火面积101万公顷，其中有林面积70万公顷，烧毁储木场存材85万立方米；各种设备2488台，其中汽车、拖拉机等大型设备617台；桥涵67座，总长1 340米，铁路专用线9.2千米；通讯线路483千米；输变电线路284千米；粮食325万千克，房屋61.4万平方米，其中民房40万平方米；受灾群众10 807户，56 092人，死亡193人，受伤226人，整个扑救森林大火的战斗持续了25天。1990年1月24日，在安徽省安庆港区，大庆"407"油轮与"东至挂114"客渡轮相撞，造成80人死亡、32人失踪、"东至挂114"客渡轮沉没的特大水上交通事故。1990年2月16日，大连重型机器厂计量处四楼会议室屋盖塌落，造成42人死亡，46人重伤，133人轻伤，直接经济损失300余万元。1991年10月30日，贵州省黔南州一大型客车翻入深达80米的沟谷后，坠入4米深的犀江河中，造成乘坐的65人中死亡59人，重伤3人、轻伤1人，大型客车报废、直接经济损失近50万元的特大道路交通事故。1992年11月24日，中国南方航空公司波音737客机执行广州至桂林航班任务，到达桂林距机场25千米降落过程中因右发动机故障，在桂林地区阳朔县白屯桥村撞击失事，机上141人全部遇难，飞机粉碎性裂解。1993年2月14日，河北省唐山市东矿区林西百

货大楼发生特大火灾，造成80人死亡，55人受伤，大楼全部商品被烧毁，直接经济损失400万元。1993年3月10日，宁波北仑港发电厂1号机组锅炉发生特大炉膛爆炸事故，死亡23人，伤24人，直接经济损失778万元，机组停运132天，少发电14亿度。1993年11月19日，深圳市龙岗区蔡涌镇致丽工艺制品厂发生特大火灾事故，死亡84人，重伤20人，轻伤25人，烧毁厂房1600平方米和一批原材料、设备，直接经济损失260多万元。1994年11月27日，辽宁省阜新市艺苑歌舞厅由于顾客抽烟引燃沙发酿成特大火灾，而歌舞厅只有一个出口，造成233人死亡、16人烧伤的特大事故。1994年12月8日，新疆克拉玛依市友谊馆发生火灾，造成烧死325人（其中288人是8～13岁的中小学生）、伤100多人的特大事故。1999年1月4日，重庆綦江县彩虹桥发生垮塌，造成40人死亡、14人受伤的特大事故。1999年11月24日，山东烟台"大舜号"轮在9级大风下强行航行去大连，途中起火沉没，造成280人死亡，这是新中国成立以来最大的海难事故。2000年6月30日，广东省江门市土产出口烟花厂发生爆炸，造成33人死亡，167人受伤，36人失踪，3200平方米的建筑物夷为平地，方圆1千米的建筑物遭受不同程度的损坏。2000年7月7日，广西柳州壶东大桥发生公交车坠江事故，造成79人死亡。2002年4月15日至5月7日，短短23天之内，中国航空公司和北方航空公司相继发生空难，造成240名中外乘客遇难。2003年4月16日，中国海军361号潜艇执行训练任务出发的当日就发生事故，在长山列岛以东的海域不幸失事，艇上70名官兵全部罹难。

目前我国各类事故死亡人数每年已突破10万人，并伴有40万～50万人致残。我国工业事故每年死亡人数高达2万人；道路交通事故死亡人数每年达7.5万人，铁路1万人，中小学学生的意外事故每年死亡1.1万人，其他场所的公共事故每年死亡1.3万人。

## 四、我国的安全生产工作方针和安全管理体制

新中国成立后，党和政府十分重视安全工作。早在1952年，毛泽东主席针对当时不少企业存在劳动条件恶劣、伤亡事故和职业病相当严重的状况，在劳动部的工作报告中明确批示："在实施增产节约的同时，必须注意职工的安全、健康和必不可少的福利事业。如果只注意前一方面，忘记或稍加忽视后一方面，那是错误的。"根据毛泽东主席的这一批示，1952年第二次全国劳动保护会议提出了劳动保护工作必须贯彻"生产必须安全，安全为了生产"这一安全生产的指导思想，同时还规定了"管生产必须管安全"的原则。1957年，周恩来总理为中国民航题词："保证安全第一，改善服务工作，争取飞行正常"。此后，他又分别于1959年和1960年对煤炭、航运交通工作明确指示要保证"安全第一"。

1979 年，当时的航空工业部在一份工作文件中正式提出把"安全第一，预防为主"作为安全工作的指导思想。1983 年 5 月 18 日，国务院发布〔1983〕85 号文件指出，"在安全第一，预防为主的思想指导下搞好安全生产，是经济管理、生产管理部门和企业领导的本职工作，也是不可推卸的责任"，进一步明确了"安全第一，预防为主"的指导思想。1987 年 1 月 26 日，国家劳动人事部在杭州召开全国劳动安全检查工作会议，决定正式把"安全第一，预防为主"作为我国安全生产工作的方针。后来这个方针被写入中国共产党十三届五中全会决议中，得到了全党和全国人民的认可。它符合我国企业生产的实际情况，代表了国家和职工的长远利益，已经成为制定劳动安全卫生政策、法规、标准和企业规章制度的基本指导思想。

为贯彻"安全第一，预防为主"的方针，实现安全生产，必须建立一个衔接有序、运作有效、保障有力的安全管理体制。1983 年，国务院在批转劳动人事部、国家经济委员会、中华全国总工会《关于加强安全生产和劳动安全检查工作的报告》的通知中，确定了在我国安全生产工作中实行国家劳动安全监察、行政管理和群众（工会组织）监督相结合的工作体制。通常将这个工作体制称为安全管理的"三结合"体制。"三结合"体制的制定，明确了国家监察体制、行政管理体制和群众监督体制三者的权限、职责、任务及相互关系，使三者从不同层次、不同角度、不同方向贯彻执行"安全第一，预防为主"的工作方针，协调一致地实现安全生产的共同目的。可以说，"三结合"的体制在推动我国安全生产管理工作方面发挥了积极的作用。但是，进入 20 世纪 90 年代，随着企业管理制度的改革和安全管理实践的不断深入，人们逐渐认识到"三结合"的安全管理工作体制并不十分完善，其中主要是"行政管理"的提法欠妥。1993 年，国务院在 50 号文《关于加强安全生产工作的通知》中正式提出：实行"企业负责，行业管理，国家监察，群众监督，劳动者遵章守纪"的安全生产管理体制，形成"四结合"的体制。

## 五、国家劳动安全监察发展概况

国家劳动安全监察就是国家授权专门的行政机关，以国家名义并运用国家权利对各级经济、生产管理部门和企事业单位执行安全法规的情况进行监督、检查，并揭露、纠正、惩戒违反安全法规的行为，从而保证安全生产方针、政策、法规的正确实施，保护劳动者的安全与健康，设备与财产安全，实现安全生产。早在新中国成立之初的《中国人民政治协商会议共同纲领》中就明确规定："建立工矿检查制度，以改进工矿的安全和卫生设施。"其后，1956 年，中共中央又指出："劳动部门必须早日制定必要的法规制度，同时迅速将国家监督机构建立起来，对各产业部门及其所属企业中的劳动保护工作进行经常性的监督检查。"同年9月，国务院批准的《中华人民共和国劳动部组织简则》中规定："劳动部管理劳动保护工作，监督检查国民经济各部门的劳动保护、安全技术、工业卫生，领导劳动保护监察机构的工作，检查企业中的重大伤亡事故，并且提出结论性意见。"这些规定和指示是符合客观规律的，但是由于各种原因没有得到很好的贯彻实施。

进入20世纪80年代后，随着国家加强民主和法制的进程，劳动安全监察工作得到了重视和加强。1982年2月，国务院颁布了《锅炉压力容器安全监察暂行条例》和《矿山安全监察条例》，并在当时的国家劳动总局分别设立锅炉压力容器安全监察局和矿山安全监察局，各省、自治区、直辖市劳动局（厅）设锅炉压力容器安全监察科和矿山安全监察处。1983年，根据国务院的指示，劳动部设立了职业安全卫生监察局，各省、自治区、直辖市劳动局也设立了职业安全卫生监察处，选拔、培训和任命了国家安全监察人员。1998年，在国务院机构改革中，原劳动部改组为劳动与社会保障部，锅炉压力容器安全监察职能转到国家质量技术监察局，职业卫生监察职能转到卫生部，在国家经贸委设立安全生产局，负责全国劳动安全监察和矿山安全监察工作。

为加强国家对安全工作的领导，2018年3月全国人大会议批准国家机构改革方案，以原国家劳动安全检查局为基础，新组建国家应急管理部，负责全国劳动安全监察、自然灾害等突发较大灾害协调和处理。2018年3月22日，应急管理部干部大会在北京召开，中央组织部有关负责人宣布了中央关于应急管理部领导班子任命的决定：黄明任应急管理部党组书记、副部长，王玉普任应急管理部部长、党组副书记。

# 第二节　安全管理的原理与原则

## 一、安全管理的预防原理

### （一）预防原理的含义

安全管理工作应当以预防为主，即通过有效的管理和技术手段，防止人的不安全行为和物的不安全状态出现，从而使事故发生的概率降到最低，这就是预防原理。

预防，其本质是在有可能发生意外人身伤害或健康损害的场合，采取事前的措施，防止伤害的发生。预防与善后是安全管理的两种工作方法。善后是针对事故发生以后所采取的措施和进行的处理工作，在这种情况下，无论处理工作多么完善,事故造成的伤害和损失已经发生,这种完善也只能是相对的。显然,预防工作方法是主动的、积极的,是安全管理应该采取的主要方法。

安全管理以预防为主,其基本出发点源自生产过程中的事故是能够预防的观点。除了自然灾害以外,凡是由于人类自身的活动而造成的危害,总有其产生的因果关系,探索事故的原因,采取有效的对策,原则上讲就能够预防事故的发生。

由于预防是事前的工作,因此正确性和有效性就十分重要。生产系统一般都是较复杂的系统,事故的发生既有物的方面的原因,又有人的方面的原因,事先很难估计充分。有时重点预防的问题没有发生,但未被重视的问题却酿成大祸。为了使预防工作真正起到作用,一方面要重视经验的积累,对既成事故和大量的未遂事故(险肇事故)进行统计分析,从中发现规律,做到有的放矢;另一方面要采用科学的安全分析、评价技术,对生产中人和物的不安全因素及其后果做出准确的判断,从而实施有效的对策,预防事故的发生。

实际上,要预防全部事故的发生是十分困难的,也就是说不可能让事故发生的概率降为零。因此,为防备万一,采取充分的善后处理对策也是必要的。安全管理应该坚持"预防为主,善后为辅"的科学管理方法。

**(二) 运用预防原理的原则**

1. 偶然损失原则

事故所产生的后果(人员伤亡,健康损坏,物质损失等),以及后果的大小如何,都是随机的,是难以预测的。反复发生的同类事故,并不一定产生相同的后果,这就是事故损失的偶然性。

关于人身事故,美国学者海因里希调查指出,对于跌倒这样的事故,如果反复发生,则存在这样的后果:在330次跌倒中,无伤害300次,轻伤29次,重伤1次。这就是著名的海因里希法则,或者称为1:29:300法则。日本学者青岛贤司的调查表明,伤亡事故与无伤亡事故的比例是,重型机械和材料工业1:8,轻工业1:32。

上述比率均是调查统计的结果,实际上,这些比率随事故种类、工作环境和调查方法等的不同而不同。它们的重要意义在于指出事故与伤害后果之间存在着偶然性的概率原则。

以爆炸事故为例,爆炸时伤亡人数,伤亡部位与程度,被破坏的设备种类、程度、爆炸后有无并发火灾等都是由偶然性决定的,难以有效预测。

也有的事故发生没有造成任何损失,这种事故被称为险肇事故(Near Accident)。但若再次发生类似的事故,会造成多大的损失,只能由偶然性决定而无法预测。

根据事故损失的偶然性，可得到安全管理上的偶然损失原则：无论事故是否造成了损失，为了防止事故损失的发生，唯一的办法是防止事故再次发生。这个原则强调，在安全管理实践中，一定要重视各类事故，包括险肇事故，只有连险肇事故都控制住，才能真正防止事故损失的发生。

2. 因果关系原则

因果，即原因和结果。因果关系就是事物之间存在着一事物是另一事物发生的原因这种关系。

事故是许多因素互为因果连续发生的最终结果。一个因素是前一因素的结果，而又是后一因素的原因，环环相扣，导致事故的发生。事故的因果关系决定了事故发生的必然性，即事故因素及其因果关系的存在决定了事故或迟或早必然要发生。

掌握事故的因果关系，砍断事故因素的环链，就消除了事故发生的必然性，就可能防止事故的发生。

事故的必然性中包含着规律性。必然性来自因果关系，深入调查、了解事故因素的因果关系，就可以发现事故发生的客观规律，从而为防止事故发生提供依据。应用数理统计方法，收集尽可能多的事故案例进行统计分析，就可以从总体上找出规律性的问题，为宏观安全决策奠定基础，为改进安全工作指明方向，从而做到"预防为主"，实现安全生产。

从事故的因果关系中认识必然性，发现事故发生的规律性，变不安全条件为安全条件，把事故消灭在早期起因阶段，这就是因果关系原则。

3. 3E 原则

造成人的不安全行为和物的不安全状态的主要原因可归结为 4 个方面。

第一，技术原因。其中包括：作业环境不良（照明、温度、湿度、通风、噪声、振动）等，物料堆放杂乱，作业空间狭小，设备、工具有缺陷并缺乏保养，防护与报警装置的配备和维护存在技术缺陷。

第二，教育的原因。其中包括：缺乏安全生产的知识和经验，作业技术、技能不熟练等。

第三，身体和态度的原因。其中包括：生理状态或健康状态不佳，如听力、视力不良，反应迟钝，疾病、醉酒、疲劳等生理机能障碍；急慢、反抗、不满等情绪，消极或亢奋的工作态度等。

第四，管理的原因。其中包括：企业主要领导人对安全不重视，人事配备不完善，操作规程不合适，安全规程缺乏或执行不力等。

针对这 4 个方面的原因，可以采取 3 种对策，即工程技术（Engineering）对策、教育（Education）对策和法制（Enforcement）对策。这 3 种对策就是所谓的 3E 原则。

技术对策是运用工程技术手段消除生产设施设备的不安全因素，改善环境作业条件，完善防护与报警装置，实现生产条件的安全和卫生。

教育对策是提供各种层次的、各种形式和内容的教育和训练，使职工牢固树立"安全第一"的思想，掌握安全生产所必需的知识和技能。

法制对策是利用法律、规程、标准以及规章制度等必要的强制性手段约束人们的行为，从而达到消除不重视安全、违章作业等现象的目的。

在应用 3E 原则时，应该针对人的不安全行为和物的不安全状态的 4 种原因，综合地、灵活地运用这 3 种对策，不要片面强调其中某一个对策。具体改进的顺序是：首先是工程技术措施，然后是教育训练，最后才是法制。

4. 本质安全化原则

本质安全化原则来源与本质安全化理论。该原则的含义是指从一开始和从本质上实现了安全化，就可以从根本上消除事故发生的可能性，从而达到预防事故发生的目的。

所谓本质上实现安全化（本质安全化）指的是：设备、设施或技术工艺含有内在的能够从根本上防止发生事故的功能，具体地讲，包含 3 个方面的内容。

（1）失误—安全（Fool-Proof）功能。指操作者即使操纵失误也不会发生事故和伤害，或者说设备、设施具有自动防止人的不安全行为的功能。

（2）故障—安全（Fail-Safe）功能。指设备、设施发生故障或损坏时还能暂时维持正常工作或自动转变为安全状态。

（3）上述两种安全功能应该是设备、设施本身固有的，即在它们的规划设计阶段就被纳入其中，而不是事后补偿的。

本质安全化是安全管理预防原理的根本体现，也是安全管理的最高境界，实际上目前还很难做到，但是我们应该坚持这一原则。本质安全化的含义也不仅局限于设备、设施的本质安全化，而应扩展到诸如新建工程项目，交通运输，新技术、新工艺、新材料的应用，甚至包括人们的日常生活等各个领域中。

## 二、安全管理的强制原则

### （一）强制原则的含义

采取强制管理的手段控制人的意愿和行动，使人的活动、行为等受到安全管理要求的约束，从而实现有效的安全管理，这就是强制管理。

所谓的强制，就是无须做很多的思想工作来统一认识、讲清道理，而是被管理者必须绝对服从，不必经被管理者同意便可采取管理行动。

一般来说，管理均带有一定的强制性。管理是管理者对被管理者施加的作用和影响，并要求被管理者服从其意志，满足其要求，完成其规定的任务，这显然带有强制性。不强制便不能有效地抑制被管理者的无拘个性，将其调动到符合整体管理利益和目的的轨道上来。

安全管理更需要具有强制性，这是基于以下 3 个原因。

第一，事故损失的偶然性。企业不重视安全工作，存在人的不安全行为或物的不安全状态时，由于事故的发生及其造成的损失具有偶然性，并不一定马上会产生灾难性的后果，这样会使人觉得安全工作并不重要，可有可无，从而进一步忽视安全工作，使得不安全行为和不安全状态继续存在，直到事故发生，悔之已晚。

第二，人的"冒险"心理。这所谓的冒险是指某些人为了获得某种利益而甘愿冒险受到伤害的风险。持有这种心态的人不恰当地估计了事故潜在的可能性，心存侥幸，在避免风险和获得利益之间做出了错误的选择。这里的"利益"的含义包括：省事、省时、省能、图舒服、爱美、逞能、逞强、提高金钱收益等等。冒险心理往往会使人产生有意识的不安全行为。事故损失的不可挽回性。这一原因可以说是安全管理需要强制性的根本原因。事故损失一旦发生，往往会造成永久性的伤害，尤其是人的生命和健康，更是无法弥补。因此，在安全问题上，经验一般都是直接的，不能允许当事人通过犯错误来积累经验和提高认识。

第三，安全强制性管理的实现，离不开严格合理的法律、法规、标准和各级规章制度，这些法规、制度构成了安全行为的规范。同时，还要有强有力的管理和监督体系，以保证被管理者始终按照行为规范进行活动，一旦其行为超出规范的约束，就要有严厉的惩处措施。与强制管理与唯长官意志的独裁管理是有本质上的区别的。虽然二者都是被管理者服从，但强制管理强调规范化、制度化、标准化；而独裁管理完全凭企业最高领导人的个人意志行事，大量实践表明，这种管理方式是搞不好管理工作的。

### （二）与强制有关的原则

#### 1. 安全第一原则

安全第一就是要求在进行生产和其他活动的时候把安全工作放在一切工作的首要位置。当生产和其他工作与安全发生矛盾时，要以安全为主，生产和其他工作要服从安全，这就是安全第一原则。

安全第一原则可以说是安全管理的基本原则，也是我国安全生产方针的重要内容。明确指出："坚决树立安全第一的思想，任何企业都要努力提高经济效益，但必须服从安全第一的原则。"

贯彻安全第一原则就是要求一切经济部门和生产企业的领导者要高度重视安全，把安全工作当作头等大事来抓，要把保证安全行为完成各项任务、做好各项工作的前提条件。在计划、布置、实施各项工作时首先要想到安全，预先采取措施，防止事故发生。该原则强调，必须把安全生产作为衡量企业工作好坏的一项基本内容，作为一项有"否决权"的指标，不安全不准进行生产。

作为强制原理范畴中的一个原则，安全第一应该成为企业的统一认识和行动准则，各级领导和全体员工在从事各项工作中都要以安全为本。谁违反了安全原则，谁就应该受到相应的惩处。这里不存在想得通就执行，想不通就可以不执行的问题，而应该是无条件的、毫不动摇地遵循这一原则。

坚持安全第一原则，就是要建立和健全各级安全生产责任制，从组织上、思想上、制度上切实把安全工作摆在首位，常抓不懈，形成"标准化、制度化、经常化"的安全工作体系。

2. 监督原则

为了促使各级生产管理部门严格执行安全法律、法规、标准和规章制度，保护职工的安全与健康，实现安全生产，必须授权专门的部门和人员行使监督、检查和惩罚的职责，以揭露安全工作中的问题，督促问题的解决，追究和惩戒违章失职行为，这就是安全管理的监督原则。

安全管理带有较多的强制性，只要求执行系统自动贯彻实施安全法规，而缺乏强有力的监督系统去监督执行，则法规的强制威力是难以发挥的。随着社会主义市场经济的发展，企业成为自主经营、自负盈亏的独立法人，国家与企业、企业经营者与职工之间的利益差别，在安全管理方面也会有所体现。它表现为生产与安全、效益与安全、局部效益与社会效益、眼前利益与长远利益的矛盾。企业经营者往往容易片面追求质量、利润、产量等，而忽视职工的安全与健康。在这种情况下，必须建立专门的监督机构，配备合格的监督人员，赋予必要的强制权利，以保证其履行监督职责，才能保证安全管理工作落到实处。

从我国目前情况看，安全监督可分为3个层次。

第一，国家监督（或监察），即国家职业安全监督（或监察，下同）。这是指国家授权专门的行政机关，以国家名义并用国家权利对各级经济、生产管理部门和企事业单位执行安全法规的情况进行的监督和检查。

第二，企业监督。这是指由企业经营者直接领导、指挥企业技安部门，对企业的生产，经营等各部门的安全状况和法规、制度执行情况进行的监督和检查。

第三，群众监督。这是指广大职工群众通过各级工会和职工代表大会等自己的组织，对企业各级管理部门贯彻执行安全法规、改善劳动条件等情况进行的监督。

上述3个层次的安全监督，性质不同，地位不同，所起的作用也不同。它们相辅相成，构成了一个有机的监督体系。

# 第三节　安全生产的内涵

## 一、生产必须安全

安全为了生产，生产必须安全是现代工业的客观需要。"生产必须安全，安全促进生产"，科学地揭示了生产与安全的辩证关系，经实践证明这是一个正确的指导思想。在应用这一思想指导实践时，必须坚持"安全第一"的原则和"管生产必须管安全"的原则。

"安全第一"的原则是指当考虑生产的时候，应该把安全当作一个前提条件考虑进去，落实安全生产的各项措施，保证员工的安全和健康，保证生产持续和安全地进行；当生产和安全发生矛盾时，生产必须服从安全。对企业的各级管理者来说，"安全第一"就是辩证地处理好生产和安全的关系，牢记"以人为本"，保护员工的安全和健康；对广大员工来说，则是自觉地执行安全生产的各项规章制度，从事任何工作时都应首先考虑可能存在的危险因素和应该采取哪些预防措施来防止事故发生，以避免人身伤害或影响生产的正常进行。

"管生产必须同时管安全"的原则要求企业的各级领导者，特别是高层管理者要亲自抓安全工作。安全生产应该渗透生产管理的各个环节，企业的各级管理者必须坚持生产和安全"五同时"，即在计划、布置、检查、总结、评比生产的同时，计划、布置、检查、总结、评比安全工作。贯彻"管理生产必须同时管安全"的原则，要求把安全生产纳入计划，在编制企业年度计划和长远规划时，应该把安全生产作为一项重要内容，结合企业的增产挖潜、技术革新、设备改造、流程重组等，来消除事故隐患，改善劳动条件。

## 二、安全生产人人有责

安全生产是一项综合性的工作，必须坚持群众路线，贯彻"专业管理和群众管理相结合"的原则，在充分发挥专职安全技术人员和安全管理人员骨干作用的同时，应充分调动和发挥全体员工的安全生产积极性，做到安全生产人人重视，个个自觉，提高警惕，互相监督，发现隐患及时消除。这样才有可能实现安全生产。

企业必须制定和执行各级安全生产责任制。安全生产责任制是企业岗位责任制的一部分，是企业中最根本的一项安全制度。安全生产责任制把安全与生产从组织领导上统一起来，使安全生产做到事事有人管，人人有专职。

在制定和执行各级安全生产责任制的同时，还应制定有关的安全规章制度，特别应制定好各工种的安全技术操作规程，使操作人员有章可循，并懂得什么样的操作是安全的，什么样的操作是危险的。

为了使各项安全生产的规章制度得以贯彻执行，必须加强监督检查。企业的各级领导应以身作则、模范带头、身体力行、认真执行，同时要充分依靠和发挥工会组织和群众监督作用。发挥安全职能部门的监督检查作用。对安全生产中的好人好事好经验，要不断总结交流，给予表扬和奖励；对违章指挥、违章作业和违反劳动纪律（简称"三违"）而造成事故的，要认真追查、严肃处理，坚持"三不放过"的原则（即在调查和处理工伤事故时，事故原因分析不清不放过，事故责任者和群众没有受到教育不放过，没有采取切实可行的防范措施不放过）。

安全生产责任制、岗位安全技术操作规程等安全规章制度应该随着企业组织机构的变动、生产工艺流程和设备、装置等的变化而修订，还应随着对生产过程认识的深化、安全生产经验的积累、安全技能的提高以及事故的教训而不断充实和完善。

## 三、安全生产重在预防

东汉史学家荀悦总结了劳动人民与灾害做斗争的经验，提出"防患于未然"的主张。"凡事预则立，不预则废"，做任何工作都是如此。安全工作也应"重在预防"，变被动为主动，变事后处理为事前预防，把事故消灭在萌芽状态。

"安全生产，重在预防"首先应该认真贯彻"三同时"的规定，即在新建、改建、扩建工程以及计划实施革新、挖潜、改造项目时，安全技术和"三废"治理措施应与主体工程同时设计、同时施工、同时投产，绝不能让不符合安全、卫生要求的工艺、设施、设备、装置等投入运行。

"安全生产，重在预防"还应该积极开展安全生产的科学研究，对运行中的生产装置、生产工艺存在的安全问题，要组织力量攻关，及时消除隐患。在研究新材料、新设备、新技术、新工艺时，相应的研究和解决有关安全、卫生方面的问题，并研制各种新型、可靠的安全防护装置，提高安全装置的安全可靠性。

"安全生产，重在预防"，尤其应该狠抓安全生产的基础工作，不断提高员工识别、判断、预防和处理事故的本领。例如，开展各种形式的安全教育，进行安全技术考核；组织安全检查，及时发现和消除不安全因素；完善各种检测手段，坚持检测工作，掌握设备和环境变化的情况；分析以往发生的各类事故，从中摸索本地区或本企业发生事故的原因及其规律，以便主动采取预防事故重复发生的措施等。

# 第四节　安全生产的基本要素

## 一、广泛开展安全宣传教育

加强安全教育，提高领导和员工的安全意识，重视安全技术的培训，提高领导和员工的安全技术水平，这些都是实现安全科学管理的重要环节。

## 二、加强安全法制建设，严格执行法规制度

法规制度属于社会的上层建筑，它反映统治阶级的意志和利益。我国要推行安全生产的方针政策，就必须有法规的强制保证。要用立法形式把改善劳动条件、保证安全生产的各种措施明确规定下来，使之成为必须遵守的行为准则。

## 三、加强安全监督检查工作

安全生产的方针、政策、法规、制度等必须严格执行，要持之以恒，严肃对待。要依靠群众，加强监督检查。劳动保护搞得好的国家，都有一套行之有效的强有力的监督检查制度。目前，我国建立的"企业负责，行业管理，国家监察，群众监督"的安全管理工作体制，是基本符合我国国情的管理体制，它对今后我国的安全管理工作仍将发挥应有的作用。

## 四、加强情报信息管理

情报信息是现代化管理及决策的依据。安全管理同样需要及时掌握可靠的数据、动态事实以及有影响的发展趋势等情报资料，以便及时做出正确的判断和决策。

## 五、加强劳动安全卫生检测检验

现代安全监察和评价必须有科学的依据。要依靠科学检测的手段来进行，要配备先进的仪器设备，掌握先进的检测方法，不能只凭经验、凭感觉去决定各种危险和有害物质的量值和系统的安全系数。

## 六、有计划地改善劳动条件

有计划地改善劳动条件，积极采取安全工程和卫生工程技术措施，是消除生产中不安全、不卫生因素、保证安全生产的重要途径。因为劳动条件的好坏，是导致事故的物质因素，直接影响劳动者的安全健康。

## 七、积极开展劳动安全卫生科学研究工作

劳动安全卫生科学研究对于提高防护技术水平、制定安全卫生标准、开展安全监察以及改善劳动条件等都起着重要作用。有人说，先进的科学技术和先进的管理方法是支撑安全管理工作前进的两个轮子。先进的管理方法必须建立在先进的科学技术基础上，所以，必须加强劳动安全卫生科研工作。

# 第五节　安全生产的基本观点

## 一、系统的观点

所谓系统的观点是指运用系统工程的原理、理论和方法去研究和处理生产中的安全卫生问题。安全卫生问题涉及生产系统中许多相互关联的因素，涉及许多生产环节和部门，错综复杂，相互渗透。多年来，我国从安全管的实践中总结出许多经验和措施，如已在前面介绍过的"五同时""三同时""管生产必须管安全"等原则，以及各类生产人员的安全生产责任制等，都体现了安全管理的系统思想。近十几年来，我国又引进了国外安全系统工程的一些科学方法，如安全检查表、事故树、实践书和安全目标管理等，进一步丰富了系统观点的内容。

## 二、预防为主的观点

安全生产与劳动保护均强调"预防为主"。发生职业危害，主要是由于缺乏必要的预防措施，特别是现代化生产更应该做好预防和控制工作。要加强职工安全意识的教育，增强人的预防能力，避免由于人的错误行为而导致事故的发生；要加强生产中的安全分析与预测工作，及时找出设备和环境的薄弱环节，严格控制，消除隐患。搞好预防工作，才能从根本上保证安全生产。

## 三、科学的观点

生产是人类改造自然的活动，必须尊重科学，按照自然规律办事，这是安全管理实践中的必然道理。要应用先进的管理方法和技术，如现代管理中的统计与图表方法，结合计算机技术的应用，逐步完善安全生产的科学管理。

## 四、发展的观点

人类社会随着生产力的发展在不断前进，安全管理也应随着企业管理的发展而不断改进和完善。我们应当以发展的观点去研究和管理安全生产工作，不断提

高安全管理的水平。

# 第六节　安全管理有关的学科体系

## 一、安全科学的内容

安全作为一门科学是人类在改造自然的实践中长期积累而形成的。安全科学主要研究生产劳动过程中人与自然（劳动工具、劳动对象、劳动环境）之间以及人与人之间的关系，以及在这些关系中如何防止事故，保证安全的规律。长期以来，人们在生产实践中不断地总结人类改造自然、自然反作用与人类的经验，应用其对立统一的规律，控制和消除生产中的不安全、不卫生因素，保护自身安全，从而促进了社会生产的发展。

安全科学的内容大致可以分为 3 个方面：一是安全管理的有关理论和方法，这方面的内容涉及人与人之间的关系；二是安全工程的理论、方法和应用技术等；三是卫生工程的理论、方法和应用技术等。后两个方面的内容涉及人与自然之间的关系。

生产劳动错综复杂，不同的产业有不同的安全生产特点，即使同一产业，由于产品、设备、材料和生产工艺不同，所带来的不安全、不卫生因素也不同。因此，安全科学又可分为各种不同行业的安全科学。例如，工厂劳动安全、矿山劳动安全、建筑施工劳动安全、交通运输劳动安全、农业机械使用劳动安全，等等。在这些学科中，又可细分成许多专业安全技术，如电气安全技术、起重与搬运安全技术、锅炉压力容器安全技术，以及防尘、放毒等。这些不同学科都是根据不同的研究对象划分的。

安全科学既要研究劳动安全卫生的方针政策和法律制度等属于社会科学方面的内容，又要研究属于自然科学方面的各种技术措施。就其改善劳动条件的技术措施而言，也是十分复杂的，它既涉及基础科学，又涉及应用科学，还要考虑措施的经济效益和组织管理问题。所以，安全科学是一门综合性的边缘科学。我国已将安全科学技术列为一级学科。该学科由 5 个二级学科、27 个三级学科所组成。《农机安全监理》属于"安全工程"中"部门安全工程"的一个分支。

## 二、安全科学的基础理论

从当前学术的观点来看，安全科学的基础理论可以概括为 3 个方面。

第一，动力理论。动力理论是确定劳动安全卫生工作在社会生产中的地位、方向，指导和推动劳动安全卫生工作有规律地向前运动和发展的理论。例如，安全生产辩证统一的理论，管生产必须管安全，生产必须安全，安全促进生产等理论。由于这些理论具有重要的指向性，而且在实际工作中经常用到，所以称其为安全科学的动力理论。

第二，事故致因理论。事故致因理论研究造成工伤事故和职业危害的原因和机理，寻求在什么情况下就会发生工伤事故和职业危害的规律。目前流行的有"事故因果关系"理论、"轨迹交叉"理论等。

第三，人机学理论。人机学研究如何使人与机械设备、作业环境之间保持协调、安全、舒适、高效的人机关系。这种人机关系是实现安全生产本质安全化的核心，因此人机学理论也是劳动安全卫生的基础理论。

## 三、安全科学的应用理论与技术

安全科学的应用理论与技术是应用安全科学基础理论与具体实践相结合的产物。目前它的内容大致上可以概括成 3 个方面。

第一，安全管理学。安全管理学属于安全科学的应用理论，它对安全生产工作从组织上、管理上和制度上进行系统的、综合地研究，做出科学的理论概括，揭示生产中防止事故的规律；它研究如何制定各项方针政策、法规制度，建立合理的组织机构和安全责任制，制定改善劳动条件规划以及如何对工伤事故和职业病进行调查处理、分析与预测等。安全管理的面很宽，从系统的观点看，它是企业生产经营管理的一个子系统。

第二，安全工程学。安全工程学是针对生产中的不安全因素，研究分析其发生原因及危害性，从物理、化学、机械性能、结构等方面找出其规律性，制定控制措施，防止工伤事故的发生。例如，针对生产中的各种火焰、熔融金属、热液、热气以及电流、电磁场、放射线等物理性危险因素，研究各种防灼、防烫、防触电、防放射线的理论与技术；针对生产中各种易燃化学物质、火药、粉尘、以及锅炉压力容器等爆炸危害，研究各种放火防爆理论与技术；针对生产中各种机械、工具的伤害，研究各种防绞碾、防物体打击、防碰撞、防坍塌的理论与技术等。

第三，卫生工程学。卫生工程学是研究生产过程中危害劳动者健康因素的发生、发展的原因及其控制措施，防止职业病的发生。这方面的内容很广，当前我国重点研究的有防尘、防毒、防辐射等理论及技术。

## 四、安全科学的专业技术

安全科学的专业技术是安全科学应用理论与技术在各产业安全生产中的应用。因为各产业的安全生产有其自身的特点，安全科学应用理论与技术必须与各个产业相结合，才能真正解决各产业安全生产的具体问题。因此，各专业形成了各自的安全科学的应用理论和技术体系。例如，煤炭工业安全管理学、安全工程学、卫生工程学；交通运输工程学、汽车运用学、交通安全监理学；农业机械生产学、农机安全监理学等。

由于安全科学技术是一门综合性学科，它的学科体系与一般单纯的自然科学或社会科学的学科体系不完全相同。它不仅在本学科内每个层次之间存在着相互依存关系，而且与其他各有关的自然科学、社会科学存在密切的关系。例如，安全管理学不仅以安全科学的基础理论为依据，而且也要以社会科学中的政治经济学、哲学、社会学、行为科学的理论为基础；同时安全管理学的许多内容又与社会科学和自然科学的应用理论相互渗透、相互交叉（如安全立法与法制，事故预测与系统工程，安全教育，安全心理与行为等）。同样，在工程技术方面，如机械安全技术，它既要以安全科学的基础理论为依据，还要以自然科学的理论力学、弹性力学、材料科学等为基础，而某些内容又与机械制造学相互渗透和交叉。在安全科学专业技术中，除以本身的工程技术理论为依据外，同时又与产业生产技术的某些内容相互渗透和交叉。

## 思考题

1. 我国安全生产工作方针是什么？
2. 什么是安全管理的强制原则？为什么安全管理更需要具有强制性？
3. 简述安全管理的内涵。
4. 用实例分析安全生产重在预防。

# 第三章 农机安全监理概述

## 第一节 农机安全监理概念、作用、性质与任务

### 一、农机安全监理概念与作用

**（一）农机安全监理概念**

农机安全监理，就是根据国家有关农业机械化和安全生产的方针、政策、法规，对农业机械及其驾驶、操作人员进行以牌证管理为基本内容的安全监理管理。

根据这一定义，农机安全监理具有以下含义：

国家，包括地方政府指定的有关法规。农业机械具有广泛性，不但包括拖拉机、农用运输车、收割机等自走式机械，还包括与拖拉机配套作业的各种机具，以及场上作业、排灌、林业、渔业、畜禽养殖、种子加工处理设备等，不仅仅是拖拉机和与其配套的农具。驾驶操作人员具有广泛性，不只是直接操作的人员，也包括辅助作业人员。

**（二）农机安全监理的作用**

确保农机驾驶操作人员和农业机械的安全生产，减少农业机械事故，保障人民生命财产的安全，保证农机作业质量，提高农业机械化的经济效益。

### 二、农机安全监理的性质

农机安全监理机构是代表国家执行农机安全法规，保证安全生产，进行监督管理活动的组织，农机安全监理工作是农机化工作的重要组成部分，具有以下几方面的特殊性。

**（一）生产性**

农机安全监理工作通过对拖拉机，农业机械的初检、年检、临时季节性检验，以检查拖拉机、农业机械的技术状况，合格者发给牌证投入使用，不合格者不给发证，禁止使用，这就为保证作业质量，满足农艺要求，不失时机完成农机作业提供了设备条件；通过对驾驶操作人员的培训、考核，实行证照管理，使他

们掌握操作技术，提高技术素质，为农业生产、农机作业提供了合格人才（技术条件）。

**（二）社会性**

农机安全监理不仅仅与农机使用所有者、农机设备打交道，而且还要与农户打交道，要进行田检路查，处理事故，与公安保险、劳动部门、人民群众打交道，具有广泛的社会性。

**（三）服务性**

一是体现在为农机设备拥有者服务，进行检验、审验、培训；二是为农户服务，进行田检路查，监督作业质量；三是为人民群众服务，监督安全生产，纠正违章，杜绝减少事故发生，保证人民生命财产安全；四是通过对事故的处理挽回受害者的损失。

**（四）法制性**

农机安全监理规章是法规性的文件，具有科学性和法制性，农机监理机构是代表国家的执法部门，农机监理人员是代表国家的执法人员，农机监理机构和人员必须依法办事，做到有法必依、违法必究、执法必严，维护农机法规的尊严，保证农机法规得到全面贯彻执行。

## 三、农机安全监理工作的任务

根据农机安全监理的定义、作用和性质，农机安全监理工作的主要任务是：负责农业机械及其驾驶、操作人员的检验、考核和核发牌证，乡村道路及田间、场院等安全检查，田间作业质量监督检查以及农机事故处理等。具体地说，主要有以下几方面：

1. 贯彻执行国家有关农业机械化和安全生产的方针政策，制定农机安全生产各项具体政策、法规。

2. 负责农业机械安全技术检验，驾驶操作人员考核、核发牌证。

3. 对农业机械及其驾驶操作人员进行年检、年审，季节性检验和其他安全生产检查，纠正违章。

4. 勘察处理农机事故并提出防范措施。

5. 受公安机关委托，负责拖拉机上道路行驶的安全技术检验，驾驶员考核和核发道路行驶牌证等项工作。

6. 负责农业机械及驾驶操作人员，农机事故的技术档案管理和农机事故的统计报表工作。

7. 开展农机安全生产宣传教育工作。

8. 指导和组织农机安全监理的学术活动。

## 第二节　农机监理工作特点

### (一) 技术性强

农机安全监理不只是对拖拉机检验报户和拖拉机驾驶员考核发证，而是对所有农业机械及操作人员进行监督管理。农业机械类型多，结构复杂，技术标准和操作规程皆有不同，各有特性，并且要进行田间作业质量监督检查，是一项技术性很强的工作，不像交通监理那样比较专一单纯。

### (二) 区域广泛

农业机械主要分布农村、农场从事田间作业和乡间运输，分布面广，涉及村村寨寨和农场连队。尤其是边疆地区，人烟稀少，居住分散，拉的战线比较长。例如，新疆塔城地区的农六师辖区，东西长达 600 多千米，在内地可横跨四个省。

### (三) 工作量大

农机监理是农机管理工作的组成部分，行政上是农机化主管部门管理，从事农机监理工作的人员少，而新疆生产建设兵团下辖的众多团场一般只设兼职监理员，工作量较大。需要完成的工作有：组织安全宣传教育，安全学习活动日；对所有农业机械和驾驶操作人员进行牌证管理和年度检审验；进行田检路查；事故处理等多项工作。

### (四) 工作难度大

改革开放以来，尤其是随着社会主义市场经济体制的建立，农机设备的所有权性质发生了很大变化，农村基本上是私营个体所有，国营农场也改变了国有一统天下的局面，个体私营农机设备占了很大比例，个体私营设备相对集体国营管理难度大。随着 20 世纪 60—70 年代从事农机工作人员的减少，一大批年轻人走上农机岗位，新老交替，农机队伍技术素质有所下降，给管理工作带来难度。相当一部分农机户观念落后，法制观念淡薄，认为农业机械是私有财产，别人管不着，尤其是一些固定作业机械更是不好管理。由于农业机械主要是为农业服务，在一些特殊情况下往往受到行政干预（农忙季节拉甜菜挂双斗，用拖拉机拖斗载人，客货混装等）。

## 第三节　农机安全监理体系建设

农机安全监理工作是随着农机化事业的发展而运生发展的。在 20 世纪 80 年代以前，没有专门的农机安全监理机构，农机安全监理工作大概分两部分，对拖拉机由交通管理部门负责，负责拖拉机的检验、号牌发放及驾驶员的考核发证，以及拖拉机道路行驶管理，而其他农业机械以及拖拉机在田间作业的安全监理由农机部门负责，20世纪80年代以后，农机安全监理工作几经周折变化，目前由专门的农机安全监理机构负责管理。

## 一、农机安全监理组织机构

农机安全监理由农业机械化行政主管部门管理，农机安全监理机关负责实施，分五级管理，即国家农业农村部农业机械化司（国家农机监理总站）→省、自治区、直辖市农业机械管理局（农机监理总站）→地、州、市农机局（农机监理所）→县、市农机局（农机监理站）→乡、镇农机管理服务站（农机安全监理员）。

## 二、农机安全监理机构职责

圆满完成农机监理工作的任务，本着有利于农业生产，方便农民群众，促进商品生产和流通，确保安全作业的原则，加强对农业机械的安全监督管理工作，其主要职责是：贯彻落实国家和地方有关农机安全生产的方针、政策、法规和标准等，结合本地实际情况制定实施细则和补充规定，组织开展安全日、安全月活动和安全教育工作，负责农业机械及驾驶操作人员的检验、考核和发证工作，组织进行田检路查、纠正违章，负责田间农机事故和道路一般事故的调查处理，统计和上报工作，协助公安机关调查处理道路重大以上事故的处理。

## 三、农机安全监理人员职责任务

1. 贯彻国家和地方政府及上级业务部门有关农业机械化和安全生产的方针、政策和各项规定。

2. 对农业机械进行安全技术检验，对驾驶操作人员进行考核，办理核发有关牌证手续。

3. 对农业机械进行年度检验和季节性、临时性检验。对驾驶操作人员进行年度审验。

4. 进行农机安全检查，纠正违章，依据有关规定对违章人员进行教育和处罚。

5. 处理农机事故，分析事故原因，提出防范措施，及时统计报告农机事故。

6. 对农业机械及驾驶操作人员和农机事故的各类技术档案进行管理，办理有关手续。

7. 农机安全生产宣传教育，组织农机驾驶操作人员参加安全日活动。

8. 履行农机安全监理法规赋予的其他职责。

## 四、农机安全监理人员守则

1. 自觉遵守廉政制度和工作纪律，秉公执法，文明监理。

2. 佩带农机监理胸章，携带执法证件，自觉接受群众监督。

3. 严格执行农业机械及其驾驶操作人员的检验、考核、核发牌证和事故处理，田间路查、宣传教育等各项规定，认真履行职责。

4. 热情为群众服务，虚心听取意见，主动帮助机手排忧解难。

5. 严格执行农机监理规费的收费标准和违章处罚规定。

## 思考题

1. 什么是农机安全监理？为什么要进行农机安全监理工作，它有哪些主要任务？

2. 农机监理机构的职责有哪些？

3. 农机监理员应有哪些基本条件？

4. 农机监理人员执行公务应遵守哪些规定？

# 第四章　农业机械的安全管理

## 第一节　农业机械与农业机械化概述

### 一、农业机械概述

农业机械是在作物种植业和畜牧业生产过程中以及农、畜产品初加工和处理过程中所使用的各种机械。农业机械包括农用动力机械、农田建设机械、土壤耕作机械、种植和施肥机械、植物保护机械、农田排灌机械、作物收获机械、农产品加工机械、畜牧业机械和农业运输机械等。广义的农业机械还包括林业机械、渔业机械和蚕桑、养蜂、食用菌类培植等农村副业机械。

农业机械的起源可以追溯到原始社会使用简单农具的时代。在中国，早在新石器时代的仰韶文化时期（公元前 5 000 年至公元前 3 000 年）就有了原始的耕地工具。公元前 13 世纪就已使用铜犁头进行牛耕。到公元前 8 至公元前 3 世纪的春秋战国时代，已经拥有耕地、播种、收获、加工和灌溉等一系列铁、木制农具。公元前 90 年前后，赵国发明的三行耧，即三行条播机，其基本结构至今仍被应用。到 9 世纪已形成结构相当完备的畜力铧式犁。在《齐民要术》（约 540 年）、《耒耜经》（约 880 年）、《王祯农书》（约 1310 年）、《天工开物》（1637 年）等古籍中，对各个时期农业生产中使用的各种机械和工具都有详细的记载。在西方，原始的木犁起源于美索不达米亚和埃及，约公元前 1 000年开始使用铁犁铧。19 世纪至 20 世纪初，是发展和大量使用新式畜力农业机械的年代。1831 年，美国的 C. H. 麦考密克创制成功马拉收割机。1936 年出现了第一台马拉的谷物联合收获机。1850—1855 年，先后制造并推广使用了谷物播种机、割草机和玉米播种机等。20 世纪初，以内燃机为动力的拖拉机开始逐步代替牲畜，作为牵引动力广泛用于各项田间作业，并用以驱动各种固定作业的农业机械。30 年代后期，英国的 H. G. 弗格森创制成功拖拉机的农具悬挂系统，使拖拉机和农具二者形成一个整体，大大提高了拖拉机的使用和操作性能。由液压系统操纵的农具悬挂系统也使农具的操纵和控制更为轻便、灵活。与拖拉机配套的农机具由牵引式逐步转向悬挂式和半悬挂式，使农机具的重量减轻、结构简化。40 年代起，欧美各国的谷物联合收获机逐步由牵引式转向自走式。20世纪60年代，水果、蔬菜等收获机械得到发展。自70年代开始，电子技术逐步应用于农业机械作业过程的监测和控制，逐步向作业过程的自动化方向发展。

新中国成立初期，开始广为发展新式畜力农具，如步犁、耘锄、播种机、收割机和水车等。20世纪50年代后期，中国开始建立拖拉机及其配套农机具制造工业。洛阳第一拖拉机厂于1959年建成投产。1956年，中国首先在水稻秧苗的分秧原理方面取得突破，人力和机动水稻插秧机在60年代中期相继定型投产。1965年开始生产自走式全喂入谷物联合收获机，并从1958年起研制半喂入型水稻联合收获机，到70年代中期有十几种产品定型，少数机型进行小批生产。1972年创制成功的船式拖拉机（机耕船），为中国南方水田特别是常年积水的沤田地区提供了多种用途的牵引动力。1980年以后，手扶、小四轮拖拉机如雨后春笋，席卷中国大地。1982年，铺膜播种机开始研制，前期是附加在条播机上的简易铺膜装置，1990年底，研制成功悬挂式铺膜播种机。进入21世纪，大马力轮式拖拉机在国内开始替代履带拖拉机，也先后有多家企业研制成功100马力以上的大马力拖拉机。在农业机械上，先后研制成功整形、铺膜、播种、覆土联合播种机，由膜下条播进入膜上穴播。到2010年，又创新改进为整形、铺膜、铺滴灌带、膜上精量播种、覆土联合播种机。到2016年全国农机总动力达到了9.7亿千瓦，大中型拖拉机、联合收获机、水稻插秧机保有量分别超过645万台、190万台和77万台，经济作物、畜禽水产养殖、林果业及农产品初加工机械保有量快速增长。2016年全国农作物耕种收综合机械化水平达到65%，三大粮食作物耕种收综合机械化率均超过75%，小麦生产基本实现全过程机械化。水稻机械种植、收获水平分别从2004年的6%和27%提高到2016年的45%和87%，玉米机收水平从2%提高到67%。

## 二、农业机械分类

农业机械一般按用途分类。其中大部分机械是根据农业的特点和各项作业的特殊要求而专门设计制造的，如土壤耕作机械、种植和施肥机械、植物保护机械、作物收获机械、畜牧业机械以及农产品加工机械等。另一部分农业机械则与其他行业通用，可以根据农业的特点和需要直接选用，如农用动力机械、农田排灌机械中的水泵等；或者根据农业的特点和需要把这些机械设计成农用变型，如农业运输机械中的农用汽车、挂车和农田建设机械中的土、石方机械等。

农业机械还可按所用动力及其配套方式分类。农业机械应用的动力可分为两部分：一部分用于农业机械的行走或移动，据此可分为人力（手提、背负、胸挂和推拉）、畜力牵引、拖拉机牵引和动力自走式等类型；另一部分用于农业机械工作部件的驱动，据此可分为人力（手摇、脚踏等）驱动、畜力驱动、机电动力驱动（利用内燃机、风力机、电动机等）和拖拉机驱动等类型。在同一台农业机械上，这两部分可以使用相同的或不同的动力。按农业机械与拖拉机的配套方式，可分为牵引、悬挂和半悬挂等类型。

按照作业方式，农业机械可分为行走作业和固定作业的两大类。在行走作业的农业机械中，又有在连续行进过程中作业的连续行走式和行进与作业过程交替进行的间歇行走式两类。在固定作业的农业机械中，则有在非作业状态下可以转移作业地点的可移动式和作业地点始终固定的不可移动式两类。

按照作业地点，农业机械分为野外作业（田间、牧场和果园等）、场院作业、室内作业（厂房、机房、库房、温室和禽畜舍等）、水中或水上作业（河流、渠道、水库和水井等）、道路作业和航空作业等类型。

## （一）农用动力机械

农用动力机械是为各种农业机械和农业设施提供动力的机械，主要有内燃机和装备内燃机的拖拉机，以及电动机、风力机、水轮机和各种小型发电机组等。柴油机有热效率高、燃料经济性好、工作可靠和防火安全性好等优点，在农用内燃机中和拖拉机上应用最广。汽油机的特点是轻巧、低温起动性能好且运转平顺，大多用于小型农业机械，如水稻插秧机、背负机动式植物保护机械和采茶机等。根据地区燃料供应的状况，还可因地制宜地使用以天然气、石油伴生气、液化石油气和发生炉煤气为燃料的煤气机。柴油机和汽油机经改装后也可燃用煤气等气体燃料，或改成燃用煤气但由柴油引燃的双燃料内燃机，作为农用动力机械。

电动机大多用于驱动固定作业或室内作业的各种农业机械，如农产品加工机械和水泵以及温室、库房、禽畜舍内各种作业机械等。在拥有水力或风力资源的地区，用风力机和水轮机驱动各种固定作业机械可节约石油燃料，装备提水装置的风力机可为草原牧区提供人畜用水。用内燃机、风力机或水轮机与发电机配套组成的小型发电机组，为偏远地区提供农业生产和农村生活用电。太阳能和利用农村废弃物料产生的沼气，也可通过太阳能发电装置、沼气发电机组、沼气–柴油双燃料发电机组等提供电能。

## （二）农田建设机械

用于平整土地、修筑梯田和台田、开挖沟渠、敷设管道和开凿水井等农田建设的施工机械。其中推土机、平地机、铲运机、挖掘机（见挖掘机械）、装载机（见单斗装载机）和凿岩机等土、石方机械，与道路和建筑工程用的同类机械基本相同，但大多数（凿岩机除外）与农用拖拉机配套使用，挂接方便，以提高动力的利用率。其他农田建设机械主要有开沟机、鼠道犁、铲抛机、水井钻机等。铧式开沟机,它的工作部件是带有犁铧式切土部件的开沟犁体,由拖拉机牵引,一次行程即可完成开沟作业,生产率较高,但牵引阻力大,须与大功率拖拉机配套,适用于较小沟渠的开挖作业。旋转开沟机,用旋转的铣抛盘铣切并抛掷土壤,可与中等功率的拖拉机配套使用,经一次或多次行程完成开沟作业。其作业速度低,一般为 50~400 米/小时,因而配套拖拉机需要备有或附加超低速档,单元土方量的能耗大于铧式开沟机。它适用于大型沟渠的开挖作业。鼠道犁,工作部件为类似炮弹形的锥端圆柱体,带有立柱和牵引装置,由拖拉机牵引在农田中开挖排水暗渠。开沟埋管机,能在一次行程中完成开沟、埋管、覆土和压实等多项作业。铲抛机,由挖土铲将土铲起后送往抛土部件,带抛土板的旋转圆盘式或向上倾斜的环形胶带式抛土部件将土壤向一侧横向抛掷,抛土距离可达 15~18米,可用于修筑梯田和开挖沟渠等多项土方运移作业。水井钻机,有回转式、冲击式和复合式三大类型。回转式应用较广,它由钻进装置和循环洗井装置两部分组成。钻进装置包括转盘、钻杆、钻头和驱动装置,可根据不同的岩层选用不同的钻头。循环洗井装置用以在钻进的同时将钻下的岩屑排出井外,可根据需要选用不同的类型。冲击式钻机是使上下往复运动的钻头冲击、破碎岩层,可用于较硬岩层和卵石层的钻井作业,但岩屑的清除与钻进不能同时进行,因而工效较低,一般用于 250 米以内浅井的开凿。复合式钻机是在回转式钻机上加装冲击机构,以回转钻进为主,当遇到卵石层时用冲击钻进通过,因而适应性较强。

### (三) 土壤耕作机械

土壤基本耕作机械,用以对土壤进行翻耕、松碎或深松、碎土所用的机械,包括桦式犁、圆盘犁、凿式犁和旋耕机等。

铧式犁,土壤耕作最常用的机具。它的主要工作部件是由犁铧、犁壁等组成的犁体。犁铧和犁壁的工作面为连续、光滑的犁体曲面,其形状和参数根据不同的土壤和耕作要求选取,并与机组的行进速度有关。不同的犁体曲面具有不同的翻土、松土、碎土和覆盖杂草残茬等作用。20 世纪 80 年代初出现的调幅犁是铧式犁传统结构的一个较大突破。调幅犁的调幅程度通过改变主梁与机器前进方向的夹角大小而变化,以适应在各种土壤条件下耕作时的不同阻力。双向犁是铧式犁的一种特殊形式,带有左翻和右翻两组犁体(普通铧式犁都用右翻犁体),或带有翻垡方向可以变换的一组犁体,使犁在耕作的来回行程都向同侧翻土,耕后地表不留沟埝。这种犁常用于斜坡地、灌溉地、小块地和形状不规则地块的耕翻作业。

圆盘犁,它的工作部件是与铅垂面约成 20°倾角、而与前进方向成 40°~50°偏角的凹面圆盘。作业时,圆盘在土壤反力作用下转动前进,由圆盘刃口切下的土垡沿凹面升起并翻转下落。圆盘犁能切碎干硬土块,切断草根和小树根。它适用于多石、多草和潮湿黏重的土壤以及高产绿肥田的秸秆还田后的耕翻作业，但在一般土壤条件下，其翻土、碎土和覆盖性能均不如铧式犁、凿式犁。

深松犁。它的工作部件是 1~3 列带刚性铲柱的凿形松土铲，耕地时松土而不翻转土层，耕后地表留有残茬覆盖，可减少水土流失，适用于干旱、多石和水土流失严重地区的土壤基本耕作。耕深一般为 30 厘米，用于干旱地的土壤改良时最大耕深可达 45~75 厘米。

旋耕机，工作部件旋耕刀滚是在一根水平横轴上按多头螺纹均匀配置的一组切土刀片，由拖拉机动力输出轴通过传动装置驱动，旋转切土和碎土，一次作业即可达到种床准备要求。它主要用于水田、蔬菜地和果园的耕作。

表土耕作机械，包括圆盘耙、钉齿耙、镇压器和中耕机等。圆盘耙，由成组排列的凹面圆盘配置而成。圆盘的刃口平面与地面垂直，而与前进方向成一偏角（作业状态）。它用于翻耕后的碎土平整、收获后的浅耕灭茬和果园的松土除草等项作业。钉齿耙，工作部件为等距、间隔配置在耙架上的若干排钉齿，可用于松碎耕地后的土壤、破碎雨后地表形成的硬壳和作物苗期除草等作业。水田耙，由圆盘耙组、缺口圆盘耙组、星形耙组和轧滚等工作部件前后配置而成，用于水田耕翻后的碎土、平整作业。根据地区和土壤条件的不同，可用这些工作部件组合成不同形式的水田耙。镇压器，用于耙后或播种后的表层碎土和压实作业，工作部件为镇压轮。镇压轮有圆筒形、环形或"V"形等，工作时活套在轮轴上。中耕机，用于作物生长期间的松土、除草、开沟和培土等项作业，常用的工作部件有除草铲、松土铲、通用铲和培土器等。在中耕机上加装施肥装置，可在中耕除草的同时施加肥料。水稻田的中耕可采用人力手推齿滚式水田中耕机，或由动力驱动的除草轮式水田中耕机。联合耕作机械，联合耕作机械能一次完成土壤的基本耕作和表土耕作，即耕地和耙地。其形式可以是两台不同机具的组合，如铧式犁—钉齿耙、铧式犁—旋耕机等；也可以是两种不同工作部件的组合，由铧式犁犁体与立轴式旋耕部件组成的耕耙犁等。果园专用耕作机械，铧式犁和中耕机上常装有工作部件能自动避开树干并自动复位的装置。除树干周围的小块面积土壤外，可同时耕作果树行间和株间的土壤。

## （四）种植和施肥机械

种植机械，按照种植对象和工艺过程的不同，可分为播种机、栽种机和秧苗栽植机三大类。

播种机。播种机种植的对象是作物的种子或制成丸粒状的包衣种子。它按播种方式可分为撒播机、条播机和穴播机 3 类。20 世纪 50 年代开始大量发展的各类型精密播种机，能精确控制播种量、穴（株）距和播深。70 年代开始发展的气力排种精密播种机，其排种器（气吸式、气压式或气吹式）利用正压或负压气流按一定的间隔排出一列种子，实现单粒精密穴播，与传统的机械式排种器相比，具有播量精确、不伤种子等特点。此外，还有一种机械式精密排种器，能用于大豆、玉米和高粱等中耕作物的条播和穴播。

栽种机，栽种机种植的对象是马铃薯、甘薯和葱头等作物的种块和甘蔗的种段等。由于不同作物种块、种段的性状和栽种要求差异较大，大多数栽种机为专用栽种机，常用的有马铃薯栽种机、甘蔗栽种机等。

秧苗栽植机的种植对象是水稻、棉花、烟草、蔬菜、果树和花卉等作物的秧苗和带营养钵或带土的秧苗。栽植机分为半机械化、机械化和自动化三种类型。半机械化秧苗栽植机是由机器完成开沟、覆土和镇压等工序，而取秧和栽秧则由安装在机器上的栽秧手完成。机械化秧苗栽植机的栽秧动作也由机器完成，但仍由栽秧手取秧并放入栽秧机构。

自动化秧苗栽植机仅用人工把成盘的秧苗（通常为带营养钵的秧苗）装到机器的秧盘架上，机器在行进中自动完成全部栽植工序。水稻插秧机是专用于水稻秧苗移栽的一种秧苗栽植机。中国生产的水稻插秧机有3种类型：一是拔取苗型：可以插从秧田拔取的秧苗；二是带土苗型：可以插按一定要求育成的带土秧苗；三是两用型：可以兼插两种秧苗。日本从1970年开始实行工厂集中育秧方法，推广带土苗型水稻插秧机，以及与其配套的工厂化水稻育秧设备。中国自20世纪70年代末开始发展工厂化水稻育秧设备，为水稻插秧机提供规格化的带土秧苗。人力水稻插秧机由秧箱、分插秧机构、机架和船板等组成，采用人力牵引、间歇插秧方式。插秧动作在机器移动一定距离后由人工操纵。机动水稻插秧机采用连续插秧方式，在机器行进过程中完成分秧、插秧动作。分插机构的秧夹或秧爪按照控制机构确定的路线，依次完成从秧箱中分取秧苗，并按一定深度稳定地插入土中。为保证分插机构每次能分取一定数量的秧苗，还设有横向送秧用的移箱机构和纵向送秧机构，其送秧动作与分插机构的动作密切配合。

施肥机械。用以在田间施放各种化学肥料（颗粒肥、液肥）、厩肥、粪肥和堆肥等，主要用于在耕地前施放基肥，而种肥和追肥一般分别由附装在播种机和中耕机上的施肥装置施放。常用的施肥机械有厩肥撒肥机、撒肥挂车、液肥喷洒机、化肥撒肥机和氨水条施机等。

### （五）植物保护机械

用于保护作物和农产品免受病、虫、鸟、兽和杂草等危害的机械，通常是指用化学方法防治植物病虫害的各种喷施农药的机械，也包括用化学或物理方法除草和用物理方法防治病虫害、驱赶鸟兽所用的机械和设备等。

植物保护机械主要有喷雾、喷粉和喷烟机具。喷雾机具用于将液体或粉状药剂的水溶液以雾滴状喷洒到防治目标上，主要分喷雾器、弥雾机和超低量喷雾器

3 类。常用的有手动喷雾器、担架式机动喷雾机、背负式机动迷雾机、与拖拉机配套的喷杆式喷雾机。果园用风送式迷雾机和手持电动机超低量喷雾器等。喷雾器或喷雾机是用液泵或气泵对药液加压，通过喷杆、喷头或喷枪将药液雾化成直径为 150~400 微米的雾滴喷出。迷雾机则是利用风扇产生的高速气流，将经液泵加压后的药液进一步击碎成直径为 50~150 微米的弥雾状雾滴，以获得更好的附着性能和喷洒均匀度。超低量喷雾器使用不加水或只加少量水的高浓度药液，在高速旋转（8 000~10 000 转/分）雾化盘的离心力作用下，将药液细碎成直径为 70~90 微米的微细雾滴，随风飘移并均匀地沉降到防治目标上，具有药剂用量少，防治效果好的特点。雾化盘可由锌-空电池或干电池驱动（手持电动式），装在农用飞机上时则可由特制的风轮在飞行时高速旋转驱动。在普通动力喷雾机上也可将喷雾喷头换装成带雾化盘的超低量喷雾喷头，用于超低量喷雾。喷粉机具，用风扇气流将粉状药剂通过喷管和喷粉头吹送到防治目标上，常用的有手动背负式和胸挂式喷粉器，担架式动力喷粉机以及拖拉机悬挂式喷粉机等。喷烟机，利用液体燃料燃烧时产生的高温气流或内燃机排出的废气，使油剂农药挥发、热裂成直径小于 50 微米的微粒，随高温气流喷出形成烟气悬浮在空中并沉降到防治目标上，适用于果园、仓库和温室内的病虫害防治。静电喷雾、喷粉机，在喷雾机或喷粉机上装设静电喷头，利用数百至数千伏的高压直流电源通电到喷头，使药液或药粉颗粒带电，而防治目标则由静电感应而引发出相反极性的电荷，从而使药液或药粉颗粒在静电场作用下奔向防治目标。利用静电作用能显著提高命中率，减少药剂损失和对环境的污染，并可将药剂喷洒到目标的背面以增强防治效果。多用植物保护机械，可以在同一机具上换用不同部件进行喷雾、喷粉、迷雾、超低量喷雾和喷粉等多种作业的机械。

## （六）农田排灌机械

农田排灌机械用于农田、果园和牧场等灌溉、排水作业的机械，包括水泵、水轮泵、喷灌设备和滴灌设备等。水泵，由电动机、内燃机或风力机等驱动，有离心泵、轴流泵、混流泵、活塞泵、隔膜泵、深井泵和潜水电泵等多种类型。多级离心泵常用于丘陵山地的高扬程提水灌溉。平原地区的大面积排灌多使用流量大而扬程小的大型轴流泵。扬程较大的大面积灌溉宜用大型混流泵。长轴深井泵和深井潜水电泵用于深井提水。活塞泵和隔膜泵（见往复泵）的流量较小，在农业中一般仍用于提供畜禽用水。喷灌设备用水泵将水加压（或利用高位水源的落差）通过管道和喷头喷洒到空中，分散成均匀的细小水滴，成雨状沉降到地面和作物上。与通过沟渠和地面管道灌溉的方法相比，使用喷灌设备可使灌水均匀、水的流失少，并易于实现灌溉管理的自动化。这种设备对于缓坡地、起伏不平地和水源较少的地区尤为适合。喷灌设备的类型很多，其中以圆形喷灌机或中心支轴式喷灌设备的自动化程度较高。其支管装在一列带行走轮的支架上，各支架由电动机或其他动力驱动。绕支管一端的中心支轴做圆周运动，压力水自中心沿支管通过各喷头喷出。支管长度有的达 500 米以上，可控制灌溉面积 1 500 亩以上。支管转一周的时间由数小时至数天不等，可根据田间需水情况实现自动控制。支管的运动类似钟表的时针，因而又称时针式喷灌设备。为解决方形地块四角空白地段的灌水问题，在有的圆形喷灌机上加装地角喷洒装置，在运转到地角时自动开启喷水。滴灌设备，这种设备能使低压水通过地下或地面管道，从安装在管道上的滴头持续而小量地向作物需水部位滴落，耗水量比喷灌设备小，常用于果园、苗圃和温室内的灌溉。

### （七）作物收获机械

作物收获机械包括用于收取各种农作物或农产品的各种机械。不同农作物的收获方式和所用的机械都不相同。有的机器只进行单项收获工序，如稻、麦、玉米和甘蔗等带穗茎秆的切割；薯类、甜菜和花生等地下部分的挖掘；棉花、茶叶和水果等的采摘；亚麻、黄麻等茎秆的拔取等。有的收获机械则可一次进行全部或多项收获工序，称为联合收获机。例如，谷物联合收获机可进行茎秆切割、谷穗脱粒、秸秆分离和谷粒清选等项作业；马铃薯联合收获机可进行挖掘、分离泥土和薯块收集作业。谷物联合收获机由收割台、输送装置、脱粒装置、分离装置、清选装置、粮箱和传动装置等组成。按作物的喂入方式分，有全喂入式和半喂入式两种。欧美各国都使用全喂入式谷物联合收获机，主要用于收获小麦和其他麦类作物，经部分改装和调整后也能用于收获玉米、豆类、水稻和向日葵等。作业时，收割台前端的往复式切割器在拨禾轮的配合下，将带穗禾秆割倒在收割台上，经收割台输送装置和中间输送装置送入脱粒装置，在通过脱粒滚筒与凹板之间的间隙时受搓擦和打击作用而脱粒。大部分谷粒穿过凹板筛孔后进入清选装置，少量谷粒夹带在凹板上的脱出物中被抛送到分离装置，在链式分离装置的上下、前后往复抖动下谷粒被分离出来进入清选装置，茎秆等大杂物则被向后输送而抛出机外。进入清选装置的谷粒经风扇和筛子将细小的杂质清除，干净的谷粒被送入粮箱。粮箱装满后，启动卸粮输送器，将谷粒卸入运粮车内。20 世纪 70 年代中后期，在北美相继出现多种类型的轴流滚筒式全喂入谷物联合收获机，它将脱粒装置与分离装置结合为一体，从而免除庞大的链式分离装置，缩短整机长度。在中国南方和日本先后发展了以收获水稻为主的半喂入式谷物联合收获机。作业时，割下的水稻禾秆在夹持输送过程中仅穗头部分进入脱粒装置，脱粒后的秸秆比较完整，便于综合利用。混杂在谷粒中的碎秸量少，一般可不设单独的分离装置，因而与全喂入式相比，结构简单而功率消耗较小。采棉机，它用旋转的带齿摘锭，将绽开棉桃中的带籽纤维抓带出来并靠气流送入棉箱。采棉机有两种主要类型，一种是美国使用的水平摘锭式采棉机，其采摘率较高，但结构复杂、制造精度要求和成本高；另一种是俄罗斯普遍使用的垂直摘锭式采棉机，其结构较简单、成本较低，但采摘率较低、落地棉较多、对棉株损伤较大。机采籽棉的含杂率高，质量等级较手摘籽棉显著降低。机采籽棉需要配备成套的清棉设备，采摘的棉花在轧花前后进行反复清理后才能用作纺织原料。

## （八）农产品加工机械

农产品加工机械包括对收获后的农产品或采集的禽、畜产品进行初步加工，以及某些以农产品为原料进行深度加工的机械设备。经加工后的产品便于储存、运输和销售，供直接消费或作为工业原料。不同的农产品有不同的加工要求和加工特性，同一种农产品通过不同的加工过程可以得到不同的成品。因此，农产品加工机械的品种很多，使用较多的有谷物干燥设备、粮食加工机械、油料加工机械、棉花加工机械、麻类剥制机械、茶叶初制和精制机械、果品加工机械、乳品加工机械、种子加工处理设备和制淀粉设备等。为实现各工序之间的连续作业和操作自动化，常将前后工序的多台加工机械组合成加工机组、加工间或综合加工厂。粮食加工机械，按工艺流程分为两大类：一类用于将稻谷、高粱、粟和黍等原粮脱壳去皮，碾制成成品米。例如，稻谷原粮先经各种除杂清理设备清除各种杂质后，进入砻谷机并分离稻壳。排出的谷糙混合物进入谷糙分离筛。分离筛利用稻谷和糙米在粒度、密度和表面特性等方面的差异，将未脱壳的稻谷分离出来并送回砻谷机。糙米则进入碾米机碾制成白米，然后经成品分级筛除去糠秕和碎米，即得成品白米。另一类用于将小麦、玉米、大麦、荞麦和莜麦等原粮去掉皮层和胚芽，研磨成成品粉。再如，小麦原粮经各种除杂清理设备清除各种杂质和沾附在麦粒表面的泥土、灰尘后，进入磨粉机研磨成粉，并经一组平筛筛理提取成品面粉。中间物料再进入另一台磨粉机研磨，如此反复提取面粉，最后经刷麸机将麸皮排出。油料加工机械，按制油工艺主要分压榨法、浸出法等。不同的制油工艺采用不同的机械设备，但制油原料都先经油料清理机械清除杂质，并用各种类型的油料剥壳机剥去外壳并使壳仁分离，然后用轧胚机压制成胚料。用浸出法时，将胚料浸在溶剂（己烷或轻汽油）中把油浸出，经过滤、蒸发和汽提等设备使油与溶剂分离，溶剂回收后可反复使用；用压榨法时，将胚料放在蒸炒锅内炒熟后，送入螺旋榨油机或液压榨油机内挤压出油。浸出或榨出的毛油再由各种精炼设备过滤、水化、碱炼、酸炼、脱色和脱臭等炼制成精油或成品油。

## （九）畜牧业机械

包括在放牧和圈舍养禽、畜饲养业生产过程中使用的各种机械设备。草场维护和改良机械，包括杀灭草场鼠类用的毒饵撒播机、改良草场以提高牧草产量的松土补播机和草场喷灌设备等。放牧场管理设备，包括电牧栏及其架设机械、流动防疫车和药淋设备等。电牧栏，将电脉冲发生器产生的高压脉冲电流通入电篱，使牲畜在触到电篱时受到非致命的电击，从而使其在电篱所围成的电牧栏内活动、采食。装设太阳能或风力发电机，可为电牧栏提供方便而廉价的电源。流动防疫车，一种越野性能好的专用汽车，车内装有防疫和兽医用的化验、消毒、治疗设备和内燃发电机组等，可运载数个防疫或兽医人员及时赶赴疫区。药淋设备，主要用于防治放牧羊群的疥癣和体表寄生虫。

牧草和青饲料收获机械，指在田间收取牧草并形成散草、草捆、草垛和草块等的机械，主要包括割草或割草调制机、搂草机、捡拾压捆机、集草堆垛机械、牧草装运机械和青饲料收获机等。割草机有往复式和旋转式两种类型。20 世纪 70 年代开始发展的旋转式割草机与传统的往复式相比，具有切割和前进速度高、工作平稳、对牧草适应性强的优点，适用于高产草场，但切割不够整齐，重割较多，能耗较大。在割草机上加装压辊即成为割草调制机，可将割下的鲜牧草茎秆压扁挤裂，以加速干燥过程。搂草机有横向和侧向两类，用于将割倒散铺在地面的牧草搂集成不同形式的草条。捡拾压捆机用以从地面拾起成条的干草，并将其压缩成矩形或圆形断面的紧密草捆，以便于运输和储存。青饲料收获机有甩刀式和通用型两类。前者用高速旋转的甩刀式切碎器把青饲作物砍断、切碎并抛送到挂车中，主要用于收获低矮青饲作物。后者备有全幅切割收割台、对行收割台和捡拾装置 3 种附件，因而可收获各种青饲作物。饲料加工机械，主要包括加工各种粗、精饲料的饲料粉碎机、锄草机和青饲料切碎机；配制混合饲料的饲料混合机；将粉状饲料制成颗粒状的饲料压粒机；处理秸秆饲料的茎秆调制机；用于加工薯类、瓜菜等多汁饲料的洗涤机、切片机、刨丝机、打浆机、菜泥机和饲粒蒸煮器等。

舍养禽、畜饲养管理机械，主要包括禽畜舍的通风换气、温度控制和照明等环境控制设备；禽畜喂饲和饮水设备；禽畜防疫设备；除粪和粪便处理设备，以及禽蛋收集和挤奶设备等。现代化的蛋鸡舍包括从孵化育雏到鸡蛋装箱的成套机械化、自动化设备，在与外界隔绝的条件下，可按要求自动控制舍内环境。按不同鸡龄和产蛋鸡的需要定量喂饲全价配合饲料，并装设自动饮水器和定期除粪设备。鸡蛋则通过集蛋系统自动收集，经清洗、分级后装箱待运。

### （十）农业运输机械

农业运输机械用于运输各种农副产品、农业生产资料、建筑材料和农村生活资料，包括各种农用运输车、由汽车或拖拉机牵引的挂车和半挂车、畜力胶轮大车、胶轮手推车以及农船等。拖拉机牵引的挂车和半挂车与汽车牵引的挂车和半挂车类似，但挂接点位置较低，车厢形式多种多样，以适应运输不同农业物料的需要，如散装谷物和饲料挂车；牧草和青饲料挂车；草捆运输车；甘蔗运输车；

鲜活禽畜运输车；厩肥、化肥和液肥运输车；农机具运输车等。半挂车的部分重量通过牵引杆压在拖拉机的牵引装置上，使拖拉机驱动轮增重，以利于发挥拖拉机的牵引力。

## 三、农业机械化概述

### （一）农业机械化概念与内涵

农业机械化是一个不断完善、不断发展、不断提高的过程，不同时期有着不同的含义。《中华人民共和国农业机械化促进法》（以下简称《农业机械化促进法》）给出现阶段的定义是：运用先进适用的农业机械装备农业，改善农业生产经营条件，不断提高农业的生产技术水平和经济效益、生态效益的过程。

从社会经济、地位作用理解：发展农业机械化，是新形势下加强农业基础地位，增加农民收入，提高农业综合生产能力的必然要求；农业机械化是大农业的机械化，包括种植业、园林园艺、养殖业、渔业、农产品初加工等；农业机械化的基本特征就是用机器代替人、畜力进行农业生产，最终实现机械化、自动化；农业机械化是一个不断提高、不断完善的过程。

现阶段发展农业机械化的指导思想是：将推进农业机械化纳入国民经济和社会发展计划，采取财政支持措施、实施国家规定的税收优惠政策和金融扶持等措施。逐步提高对农业机械化的资金投入，充分发挥市场机制的作用。按照因地制宜、经济有效、保障安全、保护环境的原则，促进农业机械化的发展。

### （二）农业机械化发展与现状

自新中国成立以来，随着经济和农机化发展水平的不同，大致经历了行政推动阶段（1949—1980 年）、机制转换阶段（1981—1994 年）和市场导向阶段（1995 年以后）3 个阶段。通过 70 年的建设，已形成了比较完整的农机工业体系；农业机械装备大量增加，成为农业生产的重要物质基础；农田作业机械化水平显著提高，形成了健全的农业机械化服务支持体系，促进了农业科技进步和农村社会进步。国营机械化农场使用各种较大型农业机械，除完成农场本身的农田作业外，还为附近农民代耕代种，对中国农业机械化的发展起到了很好的启蒙和示范作用。国营机械化农场培养了大量的农机人才，在农业机械化生产计划、机具的选型配套、农作物的机械栽培技术、机器的作业定额、维护保养等方面提供了宝贵的经验。可以说，农业机械化在推动科技进步，加快农业科技成果的转化，增强农业综合生产能力和抗灾能力、发展规模经营、增加职工收入等方面发挥了不可替代的作用。农业机械化的发展，为农业生产奠定了坚实的技术和物质基础，也为推进我国农业现代化建设进程发挥了示范作用。

1983 年，中共中央在《当前农村经济政策的若干问题》中指出："农民个人或联户购置农副产品加工机具、小型拖拉机和小型机动船，从事生产和运输，对发展农村商品生产，活跃农村经济是有利的，应当允许，大中型拖拉机和汽车，在现阶段原则上也不必禁止私人购置。"

1996年，首次在河南召开全国"三夏"跨区机收小麦现场会。

1997年，我国农机行业首家中外合资合作企业——洋马（中国）农机有限公司在江苏成立。

2004年2月，中共中央国务院一号文件（简称中央一号文件，全书同）出台农机购置补贴政策。

2004年11月1日，《中华人民共和国农业机械化促进法》颁布实施。

2009年7月，国务院办公厅印发《全国新增1 000亿斤粮食生产能力建设规划（2009—2020年）》，将机耕道和基层农机服务体系建设统筹纳入支持范围。

2009年11月1日，《农业机械安全监督管理条例》颁布实施。

2010年7月，《国务院关于促进农业机械化和农机工业又好又快发展的意见》印发。

2013年11月，农业部办公厅印发《关于开展农机深松整地作业补助试点的通知》。

2015年8月，农业部印发《关于开展主要农作物生产全程机械化推进行动的意见》。

2016年3月，《国民经济和社会发展第十三个五年规划纲要》明确要求"推进主要作物生产全程机械化，促进农机农艺融合""建设500个全程机械化示范县"。

农业生产机械化曾是新中国几代人的梦想，更是亿万中国农民的渴盼。但让梦想成真，把农民从"日出而作，日落而息""面朝黄土背朝天"的繁重体力劳动中解放出来、从束缚了几千年的土地上解放出来，创造农业古国几千年未有之惊天动地的巨变，却只是短短改革开放40年的时间。

历史总是在曲折中前进。早在1959年，毛主席就提出了"农业的根本出路在于机械化"的著名论断。1966—1978年，国务院先后3次召开全国农业机械化会议，部署实施"1980年全国基本上实现农业机械化"，但由于超越国情，缺乏经济基础，预期目标并没有实现。

2004年，在我国农机化发展史上，两件具有划时代意义的"大事件"相继出台，成为农机化发展"黄金十年"的肇始年，也由此奠定了我国农机化大发展的基石。一是当年的中央一号文件出台农机购置补贴政策，对农民和农业生产经营组织购买农业机械给予直接补贴；二是11月1日《中华人民共和国农业机械化促进法》的正式实施。从此，我国农业机械化迎来了改革开放以来最好的发展时期。

到 2018 年，全国农作物耕种收综合机械化率超过 67%，有 300 多个示范县率先基本实现全程机械化，农机新装备新技术在农业各产业各环节加速应用，我国农业机械化全程全面高质高效发展迈出了新步伐。2018 年水稻机插（播）率超过 48%，玉米、马铃薯机收率分别接近 70%、30%，同比均提高 2 个百分点以上；油菜收获、花生种植及收获机械化率均超过 40%，同比均提高 3 个百分点以上；新疆棉花机采率达到 35%，同比提高 8 个百分点，北疆地区和新疆兵团机采率超过 80%；广西等甘蔗主产区机械化装备能力、生产模式、运行机制等加快优化提升，预计 2018 年到 2019 年榨季机收面积比上个榨季增长 1 倍。全国果菜茶机械化技术推广面积超过 3.9 亿亩次，水果蔬菜生产综合机械化率接近 30%，茶叶种植加工全过程机械化模式在浙江等主产区开始普及。重庆、湖南等地农田"宜机化"改造步伐加快，丘陵山区机械化开始提速。全年机械化深松深翻整地、保护性耕作、秸秆还田面积分别超过 1.5 亿亩、1.1 亿亩、7.5 亿亩，为农业可持续发展增添了新动能。

### （三）农业机械化存在的主要问题

根据建设现代农业的要求，农业机械化发展中存在的一些突出问题必须加以解决。一是农业机械化发展已严重滞后于国民经济和社会发展的需要，农业机械化投入不足，农机品种、质量、农机作业项目和农业机械化服务不适应农业结构调整和农民增收需要的矛盾日益突出，农业人口过多和农业生产方式落后的状况没有根本改变，农业机械化落后已成为制约我国现代农业建设和农业现代化进程的主要症结，成为生产力发展和社会进步的障碍。二是农业机械化水平不高，特别是丘陵山区的农业机械化水平很低，与农业大国的地位及日益增强的经济实力很不相称，与党的十六大提出的建设现代农业的战略目标还有很大差距。三是农业机械化水平不适应农业参与国际竞争。

### （四）中国特色农业机械化发展道路

发展农业机械化，必须按照因地制宜、经济有效、保障安全、保护环境的原则，走政府扶持、市场引导、社会化服务、共同利用、提高效率的具有中国特色的农业机械化发展道路。走中国特色农业机械化发展道路，构建我国农业机械化发展的长效机制，必须把农民作为发展主体，同时也必须发挥好政府的扶持引导作用，想方设法解决农民"买得起、用得好、有效益"的问题。"买得起"就是要针对农民收入还处于较低水平的实际，一方面国家要加大财政补贴、信贷等政策扶持的力度，解决农民购买力不足和资金筹措困难等问题；另一方面要积极引导农机制造企业，重点研制生产适合当前农民购买力的先进适用农业机械。"用得好"是要解决好农业机械使用的可靠性、适应性和安全性问题，要加强农业机械产品的研究开发和质量监督工作，做好农业机械的试验选型、安全检验和技术推广工作，让农民安全放心地使用农机。"有效益"就是要积极培育农机作业市场，发展壮大市场主体，加强组织协调和引导服务，提高机具利用率和使用者的经济效益，让雇佣农机作业的农户能节本增效，让农机经营者有钱可赚，这是市场经济条件下农业机械化发展的不竭动力。

1. 始终坚持发展是第一要务，实现农业机械化又好又快发展

目前，我国农业机械化整体水平仍然较低，远远落后于欧美、日韩等国家，还不能适应现代农业发展的要求。今后一个时期，我们必须采取更加有效的措施，支持和推动农机装备总量持续增加，结构进一步优化，农机作业水平不断提高，努力做到速度、质量、效益的有机统一，实现农业机械化科学发展、和谐发展、安全发展，为发展现代农业打下坚实基础。

2. 始终坚持以人为本，发挥好广大农民群众发展农业机械化的积极性

农民群众是发展农业机械化的主体。当前，要重视培养为农业生产服务的农村人力资源队伍，以培养农村农机人才和典型为主要手段，加强农业机械化技术推广和普及，让农民群众充分共享社会进步的成果。

3. 始终坚持全面协调可持续发展，切实提高农业机械化的发展质量

在保持较高农业机械化发展速度的同时，要加强宏观调控，逐步改善农机装备总量中"三多三少"（动力机械较多，配套农具少；小型机具较多，大中型机具少；低挡次机具较多，高性能机具少）问题，促进各种作物、各个环节、各个区域的生产机械化协调发展。同时，要按照节能减排的要求，对高能耗、高排放的老旧机具逐步淘汰和更新，鼓励发展节油、节水、节肥、节种、节药的节约型农业机械，大力推广机械化综合利用、高效植保、保护性耕作等环保型机械化技术，促进农业可持续发展。

4. 始终坚持统筹兼顾，形成协力促进农业机械化发展的新局面

首先，要统筹农业机械化推广、鉴定、监理、修理等体系建设，提高农机产品质量、作业质量、维修质量；其次，要统筹农机工业、科研、流通等支撑行业发展，有效利用国内国际农业机械化技术资源，促进国内农业机械化技术进步和产品结构优化升级，不断提高为"三农"服务的能力和水平。

## 四、农业机械化与建设现代农业的关系

世界上大多数发达国家在20世纪60年代先后实现了农业机械化，继而相继实现农业现代化。这些国家在建设现代农业道路的选择上大致可分为3类。一类是人少地多、劳动力短缺的国家，如美国、加拿大等，凭借发达的现代工业和低价能源的优势，大力发展农业机械，以机器取代人力和畜力，通过扩大种植面

积，提高农作物的总产量，这类国家以提高劳动生产率为主要目标；一类是人多地少、耕地资源短缺的国家，如日本、荷兰等，把科技进步放在重要位置，通过改良农作物品种，加强农田水利设施建设，发展农用工业，提高化肥与农药施用水平，致力于提高单位面积产量，这类国家以提高土地生产率为主要目标；另一类是土地、劳动力比较适中，如法国、德国等，既重视现代工业装备农业，又重视现代科学技术的普及与推广，这类国家以提高劳动生产率和土地生产率并重为主要目标。综观发达国家建设现代农业和实现农业现代化的历程，虽然各国在建设现代农业的道路和技术路线的选择上有所不同，但都无一例外地先实现农业机械化，进而实现农业现代化。在由传统农业向现代农业发展的历史阶段，农业机械是农业生产要素中影响现代农业进程的关键因素，并且农业机械化水平是实现农业现代化和形成农业竞争力的核心能力，农业机械化水平的高低决定着农业现代化的进程和农业竞争力的强弱。农业机械是先进生产力的代表，是实施先进农业科技的载体，是建设现代农业的物质基础，机械化水平是衡量农业、农村发展水平的重要标志。可以说，农业机械化渗透和贯穿于社会主义新农村建设和现代农业发展的多个方面和各个环节，有着十分重要的战略地位和作用。

**（一）农业机械化大幅度提高农业劳动生产率，是现代农业的重要物质基础**

农业机械是农业生产的重要工具，是农业生产力的重要要素。发展农业机械化实质上是一场生产手段的技术革命。农业机械装备突破了人畜力所不能承担的农业生产规模的限制，机械作业实施了人工所不能达到的现代科学农艺要求，改善了农业生产条件，提高了农业劳动生产率和生产力水平，为农场规模扩大，农产品品质提高，形成专业化、商品化生产提供了可能。已经实现了农业现代化的国家，农业固定资产的大部分是农业机械，农业产前、产中、产后的作业都是靠机械设备来完成。据统计，20世纪90年代中后期美国每个农业工人拥有的机械设备达1.5万美元，比制造业工人拥有的机械装备高22%。法国和德国的每个农业工人拥有的固定资本也在2 000美元以上，日本每个农业工人也拥有1 500多美元的农业固定资产。这些国家的农业固定资本主要是机械装备。生产要素的选择和组合不同，反映出怎样生产、用什么劳动资料进行生产的方式不同，也反映出不同国家和不同时代的社会生产力具有不同的水平。在农业生产中选择生产方式不变、增加劳动投入和选择改变生产方式、增加机器投入、减少劳动投入是两种不同的技术路线，其结果是前者生产力提高缓慢，现代农业建设进程缓慢，竞争力弱；后者生产力提高快，现代农业建设进程加快，竞争力强。

**（二）农业机械化发展促进了农业劳动者文化素质的提高**

舒尔茨在《改造传统农业》中说："在解释农业生产的增长量和增长率的差别时，土地的差别是最不重要的，物质资本的差别是相当重要的，而农民的能力的差别是最重要的。"从人力资本理论角度阐述了农民的能力和素质与现代农业的关系。实现农业机械化的过程，要求农民必须具备一定的科技文化素质和修养，才能较好地掌握农业机械的操作、使用、维修及相应的农业机械化技术。根据1990—2002年农业机械化作业水平和农业劳动力文化素质（用每百个农业劳动力中文化状况表示）的历史数据，对农业机械化与农业劳动力文化素质之间的关系进行定量分析。结果显示，农业机械化水平与农业劳动力文化素质指数显著正相关，在此期间，农业机械化水平每提高1个百分点，农业劳动力文化素质指数提高0.238 9。国际经验也能给我们提供很多例证。例如，农业机械化水平很高的美国农民，不但普遍受到12年义务教育，受高等教育的也占30%以上，而且这个比例越来越高，无论是农场主还是一般农民，都会使用农业机械，农业劳动生产率都非常高，这也是其农业现代化水平高、农业国际竞争力强的重要原因。

**（三）农业机械化过程将产生内生增长的良性循环效应，是现代农业建设的重要内容**

从一定意义上说，农业现代化是农村工业化过程，其中包含农业机械化过程。从各国推进农业机械化的内容和实现农业现代化的形式看，尽管各国选择了不同的发展模式和途径，但共同点都要解决农业机械化问题。可以说，农业机械化是农业现代化的重要内容。

由于农业机械化是对传统农业改造的技术进步过程，农业机械化投入是农业生产方式除旧布新或推陈出新的新陈代谢过程。根据现代经济增长理论，农业机械化投资会引致知识的积累，农业机械投入与知识积累形成一种有形投入与内生增长相结合的复合资本品，又将加快技术进步的进程，技术进步又可以提高农业机械化投资的效益，使农业经济系统出现增长的良性循环，从而推进现代农业建设和农业现代化进程，促进长期经济增长，提高竞争能力。

**（四）农业机械化为农业和国民经济发展提供支撑和保障，是现代农业的重要标志**

马克思在《资本论》中提出，划分一个时代的生产力水平，不是看它生产什么，而是看它怎样生产，用什么样的工具进行生产。衡量农业现代化水平的主要指标是农业劳动生产率，而农业机械化是提高农业劳动生产率的主要手段。20世纪末，美国工程技术界把"农业机械化"评为20世纪对人类社会进步起巨大推动作用的20项工程技术之一，列第7位。这一评价基于100年来农业机械在农业生产中广泛应用所引发的农业生产方式的根本变革，大幅度提高了农业劳动生产率，有力地保障了世界农业发展和食物安全。客观地反映了农业机械化在人类社会发展中的巨大作用，在农业发展和农业现代化进程中的重要地位。因此，国际上通常把农业机械化水平和效益的高低作为农业现代化水平的主要标志。

**（五）农业机械化促进农业劳动力转移和农民收入提高，加快现代农业建设进程**

农业机械化的过程，是农业生产要素中农业机械增多、农业劳动力减少的过程，也是农民收入提高，工农差距、城乡差距缩小，农工贸协调发展的过程。因此，农业机械化与农业劳动力向非农产业转移、农民收入和生活水平提高有密切关系。农业劳动力占全社会从业人员的比重、农民收入是衡量农业现代化程度、社会进步、产业结构和贫富状况的重要指标。已经实现农业机械化、现代化的发达国家，农业劳动力占全社会从业人员的比重都小于8%，第一产业占GDP的比重为2%~5%，现代农业生产不仅能用很少的人力生产出保障社会需求的丰富多样的农产品，保障人民生活质量提高和食物安全，还可转移出很多的农业劳动力从事二三产业的生产经营，创造出更多的社会财富，使世界经济更加繁荣，人民生活进一步改善。此时，农业劳动生产率、农民收入和生活水平都能达到甚至超过社会平均水平。农业和整体经济协调发展，社会需求和消费水平提高。农业机械化的发展，提高了农业生产力，使农业劳动力向二三产业大量转移和由农村向城镇转移成为可能，产业结构、城乡结构调整优化，使资源配置更有效率，从而加快现代农业建设进程。党的十六大提出"统筹城乡经济社会发展，建设现代农业，发展农村经济，增加农民收入，是全面建设小康社会的重大任务"。现代农业是以农业机械化为物质技术基础的农业。农业机械化水平的高低，是国家农业工业化和现代化水平的重要标志。农业机械化作为农业生物高新技术研究成果得以有效实施和推广的关键载体，对于提高粮食综合生产能力，保障国家粮食安全，促进农业产业结构调整，加快农业劳动力的转移，逐步发展农业规模经营，发展农村经济，增加农民收入，加快现代农业建设进程，提高农产品市场竞争力都具有重要的作用。

**（六）发展农业机械化，是全面建设小康社会的有效途径**

实现全面建设小康社会的难点、重点在农村。农业机械化能大大减少土地耕作的劳动力，改变9亿农民搞饭吃的局面，改善农民的生产生活条件，共享现代社会物质文明和精神文明的成果。同时，农业机械化有利于促进农业节本增效，拓宽农民增收的途径，缩小城乡、工农差距，不断提高广大农民的生活质量和水平。美国工程界评出的20世纪对人类社会生活影响最大的20项工程技术成就中，第7项就是农业机械化。其理由有两个：一是20世纪世界人口从16亿增加到60亿，如果农业没有实现机械化，很难养活这么多人口；二是农业机械化使从事农业的人口比重急剧下降，使更多的人能够从事其他的工作，创造更多的社会财富，从而使世界更加繁荣。

### （七）发展农业机械化，是建设社会主义新农村的重要内容

农业机械在农业生产中的广泛运用，既有利于节本增效，又有利于扩大农民增收渠道，促进农民生活宽裕。农民经营联合收割机，一般 3 年就可收回投资，受益期在 5 年以上。2006 年，全国有 4 100万农民从事农机服务业，农机服务经营利润达 1 087亿元，相当于每人可以从农机经营中获得 2 650元的纯收入。此外，发展农业机械化，不仅可以提高秸秆等农业废弃物综合利用水平，使用农机参与乡村道路建设、河道疏浚等基础设施建设，有效地推动村容整洁，而且有利于推动农业产业化经营，带动农民素质和农业生产组织化程度的不断提高，促进乡风文明和管理民主。目前，很多农机大户已经成为致富奔小康和建设新农村的带头人。

### （八）发展农业机械化，是建设现代农业的迫切需要

农业机械化是现代农业的物质基础，是衡量现代农业发展程度的重要标志。深耕深松、化肥深施、节水灌溉、精量播种、设施农业、高效收获技术等新技术的推广应用，只有以农业机械为载体，通过机械的动力、精确度和速度才能达到。农业生产中的抢收抢种、抗旱排涝、大规模的病虫害防治等，更是需要依靠机械化作业。使用农机作业，可以大幅度提高农业生产效率和质量，并且节种、节水、节肥、节药、节省人工，降低生产成本，减少污染。水稻机插秧效率是人工插秧的 20 倍，亩均降低成本 30 元、增产 25 千克以上，且抗病虫害、抗倒伏性好。机械施肥、高性能植保机械喷药分别可节省 40%的化肥、35%的农药。干旱地区使用机械进行保护性耕作，平均增加土壤蓄水量 17%，提高粮食产量 14%。武汉的如意集团使用高效鲜豆类收获机收获毛豆，效率为每小时 10 亩，相当于 40 个劳动力一天 12 小时工作的采摘量，每亩采摘成本 15 元，相当于人工成本的 1/10，新疆机械化采棉，一台采棉机相当于 300 个劳动力一天 12 小时工作的采摘量。发展经验表明，农业现代化的实现以农业机械化为前提，没有农业的机械化就没有农业的现代化。目前，我国农业基础依然薄弱、生产手段落后、农业生产力水平还比较低，迫切需要发展农业机械化，用现代物质条件装备农业，进一步增强农业综合生产能力和农业防灾抗灾能力。

### （九）发展农业机械化，是我国农村劳动力转移的必然结果

近年来，农村劳动力向二三产业转移呈明显加快趋势。据农业部统计，2006年全国有 2.1 亿农村劳动力外出务工，其中大多是有一定文化的青壮年，在农村从事农业生产越来越多的是妇女和中老年人，农业劳动力素质呈现结构性下降，部分农户因劳力外出，对农业生产的某些环节无力顾及，经营比较粗放，土地生产率、劳动生产率得不到有效提高。农村劳动力转移是经济社会发展的客观需要和必然趋势，将伴随我国现代化建设的全过程。目前，我国农村劳动力转移带来

的变化不是表象的、局部的、暂时的，而是深刻的、全面的、长期的。随着留在农村的青壮劳动力减少，迫切需要用农业机械替代人力，缓解农业生产中劳动力的结构性、季节性、区域性短缺的突出矛盾，以巩固农业基础地位，保障国家粮食安全。

### （十）提高农业效益必须首先提高农机化水平

目前，我国已经加入世界贸易组织，与发达国家相比，我国农产品的竞争能力还比较低。要解决这个问题，就必须千方百计降低农业生产成本，提高农产品质量。农机化作为农业科技的载体，除了大幅度地提高劳动生产率外，在提高粮食单产和改善农作物品质方面均有非常有效的作用，如机械化收获、粮食产后烘干、粮食初加工等都是农业增效的有效途径。近几年，农民收入增加缓慢，而农机化能够开辟农民增收的新渠道。在全国农村形成的小麦跨区机收 5 年共为农民增加收入 100 多亿元，全国小麦机收水平达到 70% 以上。当然，我国农机化的总体水平还不高，今后农业机械化的重点，要从关键环节的机械化向全过程机械化发展，因地制宜，重点突破，通过农机化水平提高来推动我国高效农业的发展。

### （十一）发展农机化必须确保农机安全

推进农业现代化，发展农业机械化，其最终目的都是为了提高农业综合生产能力，提高农民的生活质量。农机化发展必须遵循"安全第一"的方针。要抓好农机安全生产就要做好农机安全的监督管理工作。全国各级农机安全监理部门是执行国家安全生产法规，维护农机安全生产秩序的行政执法部门。目前，农业机械已进入农村千家万户，主要为农民个人所有和经营，具有量大、面广、分散的特点，农业机械作业不安全因素和安全隐患增多，加之部分农民机手素质不高，法制意识淡薄，安全意识差，农机事故屡见不鲜。因此，要充分发挥农机安全监理对农业和农业机械化的保驾护航作用，保障农业和农业机械化健康发展。

## 五、农业机械化科学发展的战略思想

在我国实现农业机械化的历史进程中，必须始终坚持用科学发展观为统领，坚定走中国特色的农业机械化发展道路。

一要始终坚持发展是第一要务，努力实现农业机械化又好又快发展。目前，我国农业机械化整体水平仍比较低，相当于日韩 20 世纪 70 年代末 80 年代初的水平，还不能适应建设现代农业的要求。今后一个时期，必须采取更加有效的措施、更大的支持力度，推动农机装备总量持续增加，结构进一步优化，农机作业水平不断提高，努力做到速度和质量、效益、安全发展的有机统一，实现农业机械化科学发展、和谐发展、安全发展，为发展现代农业打下坚实的基础。

二要始终坚持以人为本，充分发挥好广大农民群众发展农业机械化的积极性。农民群众是发展农业机械化的主体，是推动农业机械化发展的关键因素。要加强农业机械化技术推广和普及，让农民群众充分共享社会进步的成果，加强农机质量和安全监督，实现好、发展好、维护好广大农民的根本利益。

三要始终坚持全面、协调、可持续发展，切实提高农业机械化的发展质量。要围绕大农业，建设新农村，全面发展农业机械化。不仅要推进粮食生产的机械化，而且要推动经济作物、林果业、畜牧业、渔业、设施农业的机械化；不仅要推动耕种收环节的机械化，还要推动种子处理、灌溉、植保、烘干、贮藏、初加工等各个环节的机械化；不仅要提高产中机械化水平，还要提高产前、产后机械化水平；不仅要精心组织农业机械为农业生产服务，而且要充分发挥农机在改善农民生活条件、开展农村基础设施建设方面的作用。当前，一些作物由于生产环节劳动强度太大、人工成本过高，已经影响到农民种植的积极性。我国大中型拖拉机及配套农具、一机多用和高效复式作业的机械比例仍很低，适应特色农产品生产需求的新型农业机械比较缺乏。在保持较高农业机械化发展速度同时，我们要采取有效措施加强宏观调控，强化科研开发，逐步改善农机装备总量中"三多三少"问题。效益是推动农机化可持续发展的根本动力，要研制推广经济适用、节本增效的农业机械，满足农民对提高农机产品质量、作业效率、舒适性等各方面不断增长的需求，探索出符合农业生产实际的农机化技术路线，激发农民购置更新和经营使用农业机械作业的积极性。同时要按照节能减排的要求，对高能耗、高排放的老旧机具逐步淘汰和更新，鼓励发展节油、节水、节肥、节种、节药和资源综合利用的节约型农业机械，以及秸秆机械化综合利用、高效植保、保护性耕作等环保型机械化技术，促进农业可持续发展。

四要始终坚持统筹兼顾，形成协调一致共促农业机械化发展的局面。要统筹机耕道路、农机场库棚、农机化信息系统等基础设施建设，不断改善农机作业条件。要统筹农业机械化推广、鉴定、监理、培训、修理等体系建设，不断改善工作条件手段，提高公共服务能力。要统筹农机工业、科研、流通等支撑行业发展，统筹国内国际农业机械化技术资源，促进国内农业机械化技术进步和产品结构优化升级。

新阶段推动农业机械化科学发展，转变发展方式是当务之急。实现由数量增长型发展方式向质量效益型、创新驱动型发展方式转变，要处理好以下6个关系。

——提高农机装备水平，必须处理好量和质的关系，做到量质并举、结构合理，走资源高效利用、效益显著、可持续发展的路子；

——提高农机化水平，必须处理好主要粮油作物生产机械化和其他农产品生产机械化的关系，做到农林牧副渔业机械化的全面发展；

——提高农机科技创新能力，必须处理好产学研推、农机农艺的关系，提高协同创新能力和创新效率，加快攻破技术瓶颈，扭转高端新产品新技术受制于人的局面；

——提高区域共同发展水平，必须加大对欠发达地区农机化工作的扶持和引导，找准薄弱环节、重点突破，实行政策倾斜，推动与发达地区良性互动、资源共享，缩小发展差距；

——提高农机社会化服务能力，必须以市场为导向培育扶持农机合作社等农机服务组织发展，拓展服务领域，提高服务组织化程度，提升服务效益；

——确保农机安全发展，必须提升农机安全监督管理能力，完善监管机制，加强对农机产品质量监管、准入管理，以及安全使用培训教育和监督检查，让农民放心购置和正确使用、质量可靠、防护到位的农业机械。

新的历史条件下，深入贯彻落实科学发展观，实现农业机械化科学发展，就要遵循农业机械化发展的一般规律，立足我国基本国情，走中国特色的农业机械化发展道路。实践证明，一个国家只有在经济可行这个前提下，结合农业劳动力、土地资源、农业种植制度、自然经济条件等情况，辅以恰当的政策引导，探索出适合国情的良性发展机制，才能促进农业机械化持续快速健康地发展。我国农村人口多、地块小，农民收入低、自我积累能力很弱，这样的国情决定了每家每户买农机既不现实也不经济。必须认识到，与其他已经实现农业机械化的国家不同，我国的农机不仅要作为替代人畜力作业的手段，而且要作为农民勤劳致富的工具；我国农民购买农机，特别是价值较高的大中型机具，不仅要为自家服务，更重要的是要开展社会化服务。所以我国农业机械化工作的重心应该是发展以跨区作业为代表的农机社会化服务，发展壮大各类农机服务组织，不断拓展农机服务领域，利用市场有效配置农机资源，促进农机的共同利用，提高农业机械利用率和效益，走"农民自主、政府扶持、市场引导、社会化服务、共同利用、提高效率"为主要特征的中国特色农业机械化发展道路。

## 六、农业机械化科学发展的战略措施

党中央国务院对发展农业机械化的支持力度越来越大，对农机化工作的要求越来越高。为贯彻落实党的十七大、十七届三中全会精神，加快建设现代农业，研究提出了今后一个时期农业机械化发展目标：推动农机装备总量稳步增长，装备结构不断优化，粮棉油糖等作物田间机械化水平大幅度提高，养殖业、林果业、渔业、设施农业及农产品初加工机械化协调推进，农机自主创新能力和制造水平显著提升，农机化服务体系不断完善，对农业持续稳定发展的服务能力进一步增强。到 2020 年，农机总动力达到 9.5 亿千瓦以上，主要农作物耕种收综合机械化水平超过 65%，建立完善的农机自主创新体系，能够自主制造农业生产所需要的各种关键农机产品，努力实现农业机械化发展由中级阶段向高级阶段的历史跨越。

在发展思路上，要坚定走中国特色农业机械化发展道路，以发展农机服务组织为主攻点，以提升薄弱环节机械化水平为突破点，以推广先进适用农机化装备和技术为着力点，落实完善政策，培育发展主体，加强管理指导，大力提高农机装备水平、作业水平、安全水平、科技水平和服务水平，促进农业机械化全面协调可持续发展。

要确保以上发展目标和发展思路实现，应采取以下对策措施。

1. 完善政策，创造环境

贯彻执行《农业机械化促进法》，推动法定扶持措施全面落实。一方面，要用足、用好、用活当前的农机购置补贴等优惠政策，切实发挥补贴政策的宏观调控作用，引导农民购置先进适用、安全可靠、节能环保的农机具，真正解决农民买不起而农业生产又急需的机具购置问题。要积极协调，使农机作业服务税费减免、重点环节农机作业补贴等政策具体化，培育扩大农机需求市场，在促进农机社会化服务发展方面发挥应有作用。另一方面，要抓住当前农业机械化发展的良好机遇，积极争取得到各方面的支持，争取更多的信贷支持、政策性保险、科研、工业技术改造等优惠政策和项目，争取实施农机化推进工程，增加农村机耕道、机库棚等基础设施投入，完善农机检测、监管、推广、培训手段，力争在农机化公共服务能力建设、科技创新能力建设投入方面取得新突破。

2. 科技创新，振兴工业

大力提高农机科技创新能力，集中力量攻克困扰产业发展的工艺材料、基础部件、关键作业装置等技术瓶颈，增加技术储备，形成一批具有自主知识产权的核心技术成果，培养一批具有创新能力的人才和团队。适应农业规模化、精准化、设施化等要求，加快组织开发多功能、智能化、经济型农业装备设施，重点在田间作业、设施栽培、健康养殖、精深加工、贮运保鲜等环节取得新进展，加快研制适合丘陵山区使用轻便农业机械。进一步优化农机产业和产品结构。整合资源，形成布局合理、优势互补、协调发展的产业格局，提升大中型农机产品生产集中度，提高动力机械与配套农具、主机与配件开发生产标准化、系列化、通用化程度。加大农机企业技术改造力度，改善企业研发和生产条件，促进新技术、新工艺、新设备、新材料应用，推广柔性制造等先进生产方式，提升制造能力和质量水平。

3. 把握重点，全面发展

找准制约粮食作物和优势农产品发展的农机化环节，加快普及应用主要粮油作物播种收获等环节机械化技术，重点加快普及水稻育插秧、玉米机收技术，积极推广棉花、甘蔗、茶叶等经济作物生产机械化技术，促进农业生产节本增效。大力推广保护性耕作、旱作节水、精量播种、化肥深施、高效植保和农作物秸秆综合利用等节约环保型农机化技术，促进农业可持续发展。同时，要全面理解农业机械化的概念，协调推进种植业、畜牧业、林果业、渔业、设施农业及农产品加工的生产机械化，拓展服务领域，实现农机化的全面发展。多形式、多渠道开展农机技术培训。依托阳光工程等农民培训工程、农技推广项目，充分利用农机企业、基层农机推广体系以及各类教育资源，开展技术技能培训和新技术普及，提高农民对新技术的认知程度和农业机械操作水平，全面提升农机从业人员素质，造就一批新型职业农民。

4. 培育主体，社会服务

推进农机服务市场化、专业化和产业化，培育农机作业、维修、销售服务市场。把积极培育新型农机服务组织作为建设农业社会化服务体系的主攻方向，把农机专业合作社作为推进农业机械化发展的重要组织形式。鼓励农业生产经营者通过机械、土地、资本、技术等生产要素联合，创办农机合作社、农机作业公司、农机协会等新型农机服务组织，提高农机作业组织化程度。在资金投入、税费减免、人员培训、信息服务等方面加大扶持力度，加强示范引导，积极培育建设，强化指导服务，推动农机专业合作社等农机服务组织数量大幅度增加，发展质量明显提升，服务领域进一步拓展，农机利用率和经营效益进一步提高。鼓励农机制造企业自建品牌营销网络，专业流通企业发展连锁经营和区域中心市场，方便农民选购农机，提供优质的维修和配件供应等售后服务。健全县、乡农机维修网点，做到中小型机具小修不出乡、大修不出县。

5. 强化监管，安全发展

完善农机质量标准体系，制（修）订农业机械安全技术强制性国家标准，保障农机产品质量、维修质量和作业质量。依法组织开展在用农业机械的质量调查，强化对财政补贴机具质量保障督导和质量跟踪调查，对生产、销售不符合安全技术标准，以及未获得必需的许可、认证的农业机械，依法追究生产者、销售者产品质量责任。健全农机质量投诉网络，督促企业履行质量承诺和售后服务承诺。严厉打击制售假冒伪劣农业机械产品的行为，规范农机作业服务、维修服务、中介服务、机具租赁服务、旧农机具交易市场。尽快制定农业机械更新报废制度。加强对农业机械安全法律、法规、标准和知识的宣传教育，结合农时季节，定期组织对在用的、涉及人身财产安全的农业机械安全状况进行实地的安全检验。加强基层农机安全监理执法队伍建设，提高安全监管能力，预防和减少农机事故发生。

6. 完善体系，创新机制

加强农机管理、鉴定、推广、监理、维修、教育、培训体系建设，改善工作条件手段，提升人员队伍素质，提高为农业机械化发展提供公共服务的能力，切实发挥体系的支撑保障作用。要创新农机化发展体制机制。加快建立健全以企业为主体、市场为导向、产学研推有机结合的农机科技创新体系，强化中央与地方科研团队的纵向协作，强化农机化科研院所、高等学校、骨干企业及其他部门相关科技力量的横向联系，充分发挥农机化科技的整体优势。建立健全农机与农艺专家协同攻关机制，制定科学合理的农艺标准和机械作业规范，将适宜机械化生产作为作物品种选育和农艺技术研究的重要考核指标，促进农机和农艺技术有机结合。推进农业机械化技术推广体系的改革和建设，逐步建立推广机构服务指导、农机服务组织、企业参与合作的新型农机推广机制。加快完善农业机械安全监督管理法规，健全农业机械安全生产责任制，形成农业机械化主管部门主抓、有关部门联动、社会广泛参与的农机使用安全监督管理机制。

## 七、中国农业机械化近期发展的思考

### （一）明确"三步走"的战略目标

按照党的"十九大"提出的三步走战略和乡村振兴战略目标任务安排，我国农机科技创新和农业机械化发展三步走的战略是：

到 2025 年，基本实现农业机械化，农机科技创新能力显著增强，重点突破农机化发展的薄弱环节和关键核心技术，实现我国农业机械化"从无到有"和"从有到全"。

到 2035 年，全面实现农业机械化，农机科技创新能力基本达到发达国家水平，重点以信息技术提升农机化水平，实现我国农业机械化"从全到好"。

到 2050 年，农业机械化达到更高水平，实现自动化和智能化，农机科技创新能力与发达国家"并跑"，部分领域"领跑"，重点以智能技术引领农机发展，实现我国农业机械化"从好到强"。

### （二）坚持两项发展原则

1. 全程全面机械化同步推进

全程机械化主要从植物和动物的生产环节上考虑，包括产前、产中和产后各个环节的生产机械化。以植物生产为例，产前包括育种和清选、分级、包衣、丸粒化处理等种子加工机械化；产中包括耕整、种植、田间管理、收获、干燥和秸秆处理 6 个环节的机械化；产后包括加工和储藏机械与装备。

全面机械化，指机械化在农业生产领域横向的拓展。主要指农业机械化向三个方面的全面发展，包括"作物"全面化、"产业"全面化和"区域"全面化。

"作物"全面化，指由粮食作物向经济作物、园艺作物和饲草料作物全面发展，由粮、经二元结构向粮、经、饲三元结构转变。"产业"全面化，指由种植业向养殖业（畜、禽、水产）、农产品初加工等全面发展。"区域"全面化，一是指各种农产品的优势区域布局。二是指农业机械化由平原地区向丘陵山区拓展。目前平原地区的机械化程度较高，但丘陵山区的机械化程度很低甚至无机可用，所以亟需研究推进由平原地区机械化向丘陵山区机械化拓展。

2. 农机 1.0 至农机 4.0 并行发展

农机 1.0 是指"从无到有"，特点是以机器代替人力和畜力，如以拖拉机耕田代替人犁田、以插秧机插秧代替人插秧、以喷雾机施药代替人打药、以收获机收获代替人拔禾、以干燥机干燥代替人晒谷。目前我们在这一阶段已取得了很大的成绩，但还有很多"短板"和薄弱环节，所以还要"补课"。

农机 2.0 是指"从有到全"，特点是全程全面机械化，包括植物生产和动物生产的产前、产中和产后各个环节的全程机械化，以及农业机械化向"作物"全面化、"产业"全面化和"区域"全面化三个方面的全面发展。这是我们现阶段要大力"普及"的方向。

农机 3.0 是指"从全到好"，特点是用信息技术提升农业机械化水平，包括农业机械设计、制造、作业和管理水平。融合现代微电子技术、仪器与控制技术、信息通讯技术，推动农业机械装备向数字化、信息化、自动化和智能化方向快速发展。这一阶段我们正在进行试验"示范"。

农机 4.0 是指"从好到强"，即要实现农机自动化和智能化，"农机+互联网"这个方向我们要积极探索。

根据我国的国情，从农机 1.0 至农机 4.0 我们不能走顺序发展的道路，必须并行发展，实现弯道超车。

**（三）落实三项重点任务**

1. 薄弱环节农业机械化科技创新"补短板"

开展薄弱环节机械化技术创新研究，主要包括应用基础研究，粮食、经济作物和饲草料薄弱环节技术研发，健康设施养殖工程，区域、水果蔬菜饲草料与畜禽水产机械化技术体系集成研究示范，农村生活废弃物处理与综合利用等 7 个方面。系统地解决当前和今后一个时期我国农业机械化发展的薄弱环节，提高农业机械化发展科技含量，加速推进农业现代化进程，全面提升我国农业综合生产能力和农产品国际竞争力，促进农业可持续发展和农民增收。

应用基础研究包括：土壤合理耕层构建机理与优化方法、主要作物精准高速种植机理与规范、主要作物高效低损收获机理与规范、畜禽适度规模养殖和水产健康养殖设施与环境系统机理研究、农业装备标准化体系研究和机械化技术体系构建与评价方法研究。

粮食作物生产薄弱环节关键技术研究包括：水稻、小麦、玉米、马铃薯、甘薯、杂豆杂粮、粮食干燥与贮藏。

经济作物和饲草料薄弱环节关键技术研发包括：棉油糖、大宗水果、大宗露地蔬菜、设施园艺和饲草料生产加工。

健康设施养殖工程关键技术研发包括：生猪健康养殖、家禽健康养殖和规模化设施水产养殖。

区域机械化技术集成与示范包括：东北地区、黄淮海地区、长江中下游地区、西北地区、西南地区和华南地区。

水果蔬菜、饲草料与畜禽水产养殖加工机械化技术集成与示范包括：蔬菜水果生产、饲草料生产、适度规模种养循环、奶牛中小规模养殖设施设备升级与智能化、水产养殖和畜禽屠宰加工。

农村生活废弃物（固、液）处理与综合利用包括：农村池塘清淤、生活废水、生活垃圾、畜禽粪便和病死动物的机械化处理技术集成与示范。

2. 现代农机装备关键核心技术科技创新"攻核心"

为贯彻习近平总书记关于"在关键领域、卡脖子的地方下大功夫，集合精锐力量，做出战略性安排，尽早取得突破"的重要讲话精神。根据我国现代农机装备发展现状，当前我国亟需在共性关键技术、重大装备、基础零部件以及材料和制造工艺4个方面尽早取得突破。

共性关键技术主要包括：非道路用柴油发动机技术，大功率拖拉机电控液压提升技术，农业机械用传动系统技术。

重大装备主要包括：200 马力（1 马力约合 735 瓦，全书同）以上拖拉机，大型谷物联合收割机，高效青贮饲料收割机，农机装备生产与检测平台。

基础零部件主要包括：拖拉机 200 马力以上用电控提升器和悬浮前驱动桥，收获机械承载能力 18 吨以上大型收获机械电控换挡变速箱，高性能大排量电控变量泵和变量马达，圆盘式和链轨式高效青贮机割台，高速轴承(4 000转/分以上)，采棉机摘锭总成，液压件液压阀阀心、阀套。

材料与制造工艺主要包括：低速动力输出轴，高速翻转型体，动力换挡变速箱离合器材料与工艺。

3. 农机装备智能化科技创新"强智能"

以"信息感知、定量决策、智能控制、精准投入、个性服务"的智能农机为目标，以大田规模化种植、设施农业、果园和畜禽水产养殖等领域为重点，开展智能农机装备传感器、农机导航、精准作业和运维管理4个方面研究。

一是在农机装备专用传感器方面，开展作业载荷、工况环境、本体信息、生理生态和作业质量等测试对象特性与测试机理研究，研发敏感材料和关键芯片，开发专用传感器。

二是在农机导航及自动作业技术方面，开展轮角转向测定技术研究，研发电动方向盘电机、以机具为基准的机组定位技术和星基增强技术，提高导航精度与稳定性及自动作业性能。

三是在精准作业方面，开展与农艺相适应的作物精准播种、灌溉、施肥、施药、收获和干燥等技术研究，实现农机作业过程的实时分析决策与自主优化控制；开展养殖生产中的精准环控、饲喂和防疫等研究。

四是在运维管理智能化方面，开展农机信息获取、高效调度、远程运维、故障预警、智能诊断和协同作业等技术研究，通过信息技术系统集成，实现农机装备高效智能运维管理。

"农业的根本出路在于机械化"。世界各国的经验表明，农业机械化是现代农业建设的重要科技支撑。我国的农业机械化为提高我国农业的劳动生产率、土地产出率和资源利用率发挥了重要作用，为保障我国粮食安全和食物安全做出了重要贡献。但与发达国家相比，我国的农业机械化还有很大差距，并面临差距拉大的严峻挑战。形势逼人，挑战逼人，使命逼人，我们要充分认识农机科技创新是农业机械化发展的第一动力，深刻把握农机科技创新与发展大势，坚决贯彻落实习总书记的重要讲话精神，"矢志不移自主创新，坚定创新信心，着力增强自主创新能力"，努力推进农业机械化又好又快地发展，为我国现代农业建设提供强有力的科技支撑。

# 第二节　农业机械检验

## 一、检验的目的

掌握机具的技术状态，督促有关单位和有机户及时维护、保养、修理，使农业机械保持良好的技术状态，防止因机械设备故障失灵或附件不全而造成人机事故，确保安全作业。

## 二、检验的种类及内容

检验的种类分为初检、年检和临时检验3种。

### （一）初检

即初次检验。凡用户购置农业机械后，到农机监理机关申请入户、过户、领取号牌及行使或使用证时的检验称为初次检验。

拖拉机检验主要项目：

1. 认定标记

（1）厂牌型号（商标）标记必须装设在机车前部的外表面上。

（2）发动机的型号和出厂编号应打印在发动机汽缸体侧平面部位。

（3）底盘的型号和出厂编号应打印在车架主体的易见平面部位。

2. 外廓尺寸（长、宽、高，轴距、轮距、挂车栏板高、车厢面积）

（1）大型方向盘拖拉机总长不大于 1 000 厘米，总宽不大于 250 厘米，总高不大于 300 厘米。

（2）小型方向盘拖拉机总长不大于 590 厘米，总宽不大于 175 厘米，总高不大于 175 厘米。

（3）手扶拖拉机总长不大于 510 厘米，总宽不大于 150 厘米，总高不大于 170 厘米。

3. 挂车核载

挂车允许装载总质量按主车发动机额定功率、厂家设计最大轴载质量、轮胎的承载能力、车厢面积及正式批准的技术文件进行核定，一般按最少允载质量核定。按发动机功率来核定时每 7 千瓦牵引 1 吨。

4. 驾驶室乘坐人数核定

前排以驾驶室内部宽度等于或大于 1 200 毫米核定 2 人，等于或大于 1 650 毫米核定 3 人，小型汽车、运输车驾驶室内部宽度等于或大于 1 550 毫米核定 3 人。后排座位以座垫长度核定，每 400 毫米核定 1 人。

5. 漏水检验

在发动机运转及停车时检查水箱、水泵、缸体、缸盖及所有连接部位，不允许漏水。

6. 漏油检查

机车连续行驶 10 千米停车 5 分钟后观察，不得有漏油现象。

7. 外观要求

车容整洁、设备齐全、机件完好、制动灵敏、安全可靠。

**（二）年度检验**

凡领有号牌和行驶证的拖拉机及其配套农业机械，自申领号牌次年起，须每年进行一次检验，这种检验称为年度检验。

1. 年度检验的内容

（1）检验号牌、行驶证有无损坏、涂改、字迹不清等情况。

（2）检查号牌、行驶证、主挂车登记是否相符，如相互不符，必须查明原因及时处理。

（3）拖拉机的入户、过户、转籍是否按规定办理了手续。

（4）检查农业机械的技术状态。

2. 拖拉机的安全技术检测要求

拖拉机的安全技术检测项目包括发动机的检测、传动系统的检测、行走系的检测、转向系的检测和车身及附属设备的检测等 7 项。其具体的技术要求如下：

（1）发动机部分：要求部件完整，安装、调整正确；仪表齐全且指示正常；起动性能良好，运转平稳，无异响，怠速稳定，耗油正常，功率不得低于额定功率的 75%；供给、润滑、冷却系统作用良好；不漏水、不漏油、不漏气、不漏电。

（2）传动系统：传动系统要求工作平稳可靠，无异常噪声；离合器结合平稳，分离彻底，不打滑，踏板自由行程符合规定；变速机构工作正常，互锁、自锁装置有效，无乱挡、自动脱挡现象；手扶拖拉机皮带松紧适度，根数、规格符合要求。

（3）行走系部分：轮式拖拉机轮胎应完好无损，气压适宜，左右一致，不准内垫外包，转向轮不得使用翻新的轮胎；钢圈应无裂纹、变形，螺栓紧固，前轮前束符合要求；履带拖拉机的履带松紧适度，轴、销完好无缺，无跑偏和脱轨现象。

（4）转向系部分：方向盘应转动灵活，操纵方便，无阻滞现象；自由行程应符合技术要求；转向轮转向后应有自动回正功能；履带拖拉机操纵杆自由行程和总行程应符合技术要求；手扶拖拉机转向离合器手把的调整应符合技术要求，操作方便可靠。

（5）制动系部分：制动踏板的自由行程应符合规定，回位敏捷，并有连锁和锁定装置；不偏刹不蹦跳，两轮拖印一致，制动距离符合要求；大中型拖拉机应装有与挂车制动系统相配套的部件，如气泵、储气筒、制动阀、控制阀、气压表等。小型拖拉机必须配备合格的气（油）刹装置。

（6）灯光部分：拖拉机的前部应装有大灯两只（手扶拖拉机可装一只）、转向灯两只，后部要有刹车灯、尾灯、工作灯。有驾驶室的拖拉机，驾驶室内还应有仪表灯。各种灯具应安装牢固可靠，不得因震动而松脱、损坏、失去作用或改变光照方向。各类灯的安装位置、强度、光色，应符合规定。

（7）车身及其附属设备：拖拉机驾驶室须视野良好，轮式拖拉机两侧须装有后视镜，前挡风玻璃不得有水纹、气泡、斑点等有碍视线的印迹；发电机、调节器、蓄电池、起动机、喇叭等应工作良好；液压悬挂装置灵敏有效，锁定机构完好；牵引连接装置要紧固，要有保险锁和安全链。

3. 年度检验有关规定

（1）参加年度申验时应申领年度检验表，并按要求填写有关项目，由车主交有关部门签名盖章。检验合格后由农机监理机关发放年度检验合格证，并在拖拉机行驶证和年度检验登记表上签章。

（2）机车因故不能按时参加年度审验，应事先向农机监理部门申请延期审验，填写拖拉机延期审验表，经批准后可在规定的期限内补审，但缓审期限不超过3个月，预期仍不检验按不合格论处，不得继续使用。

（3）年度审验不合格的拖拉机及农具，应在规定的期限内修复后重新申请检验，重新检验仍不合格者不得继续使用，收回号牌和行驶证。

（4）无故不参加年度审验者按不合格论处，不得继续使用。

**（三）临时检验**

发生下列情况之一者须进行临时检验。

1. 封存或报修后启封复驶。

2. 拖拉机遭到严重破坏，经过修复后使用。例如，由于农机事故等原因造成车架严重变形，经更换后车辆继续使用。

3. 申请临时号牌。

4. 农机部门认为必要时的临时检验。

例如，在集中拉运甜菜时，对参加拉运甜菜的农机具进行安全方面的临时检验等。

# 第三节　拖拉机和联合收割机登记

## 一、农业机械号牌规定

### （一）号牌分类

按使用性质分为正式号牌和临时号牌两种。

1. 正式号牌

材质：铁质，形状：矩形，冲压而成，由农机监理部门指定厂家制作，号牌上制有凸字，由汉字（省、自治区、直辖市名称或简写）、英文字母（地、州、市代号）和阿拉伯数字（车辆编号）组成。

2. 临时号牌

农牧业机械在没有领取正式号牌、行驶（使用）证以前，需要移动或试车时，必须申领移动证和临时号牌。

临时号牌是纸质，长338毫米，宽110毫米的矩形，白纸黑字；在省（市、区）前面标有"临时"字样。

**（二）号牌的悬挂**

1. 履带式拖拉机号牌悬挂在拖拉机前端中央。

2. 方向盘式轮式拖拉机和手扶拖拉机号牌一共有两块，一块悬挂在拖拉机前端，一块悬挂在驾驶室后面。

挂车后箱板侧面喷刷与号牌相同的放大字样。

实习车、教练车除挂有正式号牌外，要有实习车、教练车字样。

## 二、拖拉机和联合收割机登记

拖拉机和联合收割机登记，是指依法对拖拉机和联合收割机进行的登记。包括注册登记、变更登记、转移登记、抵押登记和注销登记。拖拉机包括轮式拖拉机、手扶拖拉机、履带拖拉机、轮式拖拉机运输机组、手扶拖拉机运输机组。联合收割机包括轮式联合收割机、履带式联合收割机。

县级人民政府农业机械化主管部门负责本行政区域内拖拉机和联合收割机的登记管理，其所属的农机安全监理机构（以下简称农机监理机构）承担具体工作。县级以上人民政府农业机械化主管部门及其所属的农机监理机构负责拖拉机和联合收割机登记业务工作的指导、检查和监督。

农机监理机构办理拖拉机、联合收割机登记业务，应当遵循公开、公正、便民、高效原则。农机监理机构在办理业务时，对材料齐全并符合规定的，应当按期办结。对材料不全或者不符合规定的，应当一次告知申请人需要补正的全部内容。对不予受理的，应当书面告知不予受理的理由。

农机监理机构应当在业务办理场所公示业务办理条件、依据、程序、期限、收费标准、需要提交的材料和申请表示范文本等内容，并在相关网站发布信息，便于群众查阅、下载和使用。农机监理机构应当使用计算机管理系统办理登记业务，完整、准确记录和存储登记内容、办理过程以及经办人员等信息，打印行驶证和登记证书。计算机管理系统的数据库标准由农业部制定。

**（一）注册登记**

初次申领拖拉机、联合收割机号牌、行驶证的，应当在申请注册登记前，对拖拉机、联合收割机进行安全技术检验，取得安全技术检验合格证明；依法通过农机推广鉴定的机型，其新机在出厂时经检验获得出厂合格证明的，出厂一年内免予安全技术检验，拖拉机运输机组除外。

1. 拖拉机、联合收割机所有人应当向居住地的农机监理机构申请注册登记，填写申请表，交验拖拉机、联合收割机，提交以下材料：

（1）所有人身份证明。

（2）拖拉机、联合收割机来历证明。

（3）出厂合格证明或进口凭证。

（4）拖拉机运输机组交通事故责任强制保险凭证。

（5）安全技术检验合格证明（免检产品除外）。

2. 农机监理机构应当自受理之日起 2 个工作日内，确认拖拉机、联合收割机的类型、品牌、型号名称、机身颜色、发动机号码、底盘号/机架号、挂车架号码，核对发动机号码和拖拉机、联合收割机底盘号/机架号、挂车架号码的拓印膜，审查提交的证明、凭证；对符合条件的，核发登记证书、号牌、行驶证和检验合格标志。登记证书由所有人自愿申领。办理注册登记，应当登记下列内容：

（1）拖拉机、联合收割机号牌号码、登记证书编号。

（2）所有人的姓名或者单位名称、身份证明名称与号码、住址、联系电话和邮政编码。

（3）拖拉机、联合收割机的类型、生产企业名称、品牌、型号名称、发动机号码、底盘号/机架号、挂车架号码、生产日期、机身颜色。

（4）拖拉机、联合收割机的有关技术数据。

（5）拖拉机、联合收割机的获得方式。

（6）拖拉机、联合收割机来历证明的名称、编号。

（7）拖拉机运输机组交通事故责任强制保险的日期和保险公司的名称。

（8）注册登记的日期。

（9）法律、行政法规规定登记的其他事项。

3. 拖拉机、联合收割机登记后，对其来历证明、出厂合格证明应当签注已登记标志，收存来历证明、出厂合格证明原件和身份证明复印件。

有下列情形之一的，不予办理注册登记：

（1）所有人提交的证明、凭证无效。

（2）来历证明被涂改，或者来历证明记载的所有人与身份证明不符。

（3）所有人提交的证明、凭证与拖拉机、联合收割机不符。

（4）拖拉机、联合收割机不符合国家安全技术强制标准。

（5）拖拉机、联合收割机达到国家规定的强制报废标准。

（6）属于被盗抢、扣押、查封的拖拉机和联合收割机。

（7）其他不符合法律、行政法规规定的情形。

**（二）变更登记**

1. 有下列情形之一的，所有人应当向登记地农机监理机构申请变更登记：

（1）改变机身颜色、更换机身（底盘）或者挂车的。

（2）更换发动机的。

（3）因质量有问题，更换整机的。

（4）所有人居住地在本行政区域内迁移、所有人姓名（单位名称）变更的。

2. 申请变更登记的，应当填写申请表，提交下列材料：

（1）所有人身份证明。

（2）行驶证。

（3）更换整机、发动机、机身（底盘）或挂车需要提供法定证明、凭证。

（4）安全技术检验合格证明。

3. 农机监理机构应当自受理之日起 2 个工作日内查验相关证明，准予变更的，收回原行驶证，重新核发行驶证。拖拉机、联合收割机所有人居住地迁出农机监理机构管辖区域的，应当向登记地农机监理机构申请变更登记，提交行驶证和身份证明。农机监理机构应当自受理之日起 2 个工作日内核发临时行驶号牌，收回原号牌、行驶证，将档案密封交所有人。所有人应当携带档案，于 3 个月内到迁入地农机监理机构申请转入，提交身份证明、登记证书和档案，交验拖拉机、联合收割机。迁入地农机监理机构应当自受理之日起 2 个工作日内，查验拖拉机、联合收割机，收存档案，核发号牌、行驶证。

4. 办理变更登记，应当分别登记下列内容：

（1）变更后的机身颜色。

（2）变更后的发动机号码。

（3）变更后的底盘号/机架号、挂车架号码。

（4）发动机、机身（底盘）或者挂车来历证明的名称、编号。

（5）发动机、机身（底盘）或者挂车出厂合格证明或者进口凭证编号、生产日期、注册登记日期。

（6）变更后的所有人姓名或者单位名称。

（7）需要办理档案转出的，登记转入地农机监理机构的名称。

（8）变更登记的日期。

**（三）转移登记**

1. 拖拉机、联合收割机所有权发生转移的，应当向登记地的农机监理机构申请转移登记，填写申请表，交验拖拉机、联合收割机，提交以下材料：

（1）所有人身份证明。

（2）所有权转移的证明、凭证。

（3）行驶证、登记证书。

农机监理机构应当自受理之日起 2 个工作日内办理转移手续。转移后的拖拉机、联合收割机所有人居住地在原登记地农机监理机构管辖区内的，收回原行驶证，核发新行驶证；转移后的拖拉机、联合收割机所有人居住地不在原登记地农机监理机构管辖区内的，按照规定第十三条办理。

2. 办理转移登记，应当登记下列内容：

（1）转移后的拖拉机、联合收割机所有人的姓名或者单位名称、身份证明名称与号码、住址、联系电话和邮政编码。

（2）拖拉机、联合收割机获得方式。

（3）拖拉机、联合收割机来历证明的名称、编号。

（4）转移登记的日期。

（5）改变拖拉机、联合收割机号牌号码的，登记拖拉机、联合收割机号牌号码。

（6）转移后的拖拉机、联合收割机所有人居住地不在原登记地农机监理机构管辖区内的，登记转入地农机监理机构的名称。

3. 有下列情形之一的，不予办理转移登记：

（1）有不予办理注册登记所列相应条款的。

（2）拖拉机、联合收割机与该机的档案记载的内容不一致。

（3）在抵押期间。

（4）拖拉机、联合收割机或者拖拉机、联合收割机档案被人民法院、人民检察院、行政执法部门依法查封、扣押。

（5）拖拉机、联合收割机涉及未处理完毕的道路交通违法行为、农机安全违法行为或者道路交通事故、农机事故。

4. 被司法机关和行政执法部门依法没收并拍卖，或者被仲裁机构依法仲裁裁决，或者被人民法院调解、裁定、判决拖拉机、联合收割机所有权转移时，原所有人未向转移后的所有人提供行驶证的，转移后的所有人在办理转移登记时，应当提交司法机关出具的《协助执行通知书》或者行政执法部门出具的未取得行驶证的证明。农机监理机构应当公告原行驶证作废，并在办理所有权转移登记的同时，发放拖拉机、联合收割机行驶证。

**（四）抵押登记**

1. 申请抵押登记的，由拖拉机、联合收割机所有人（抵押人）和抵押权人共同申请，填写申请表，提交下列证明、凭证：

（1）抵押人和抵押权人身份证明。

（2）拖拉机、联合收割机登记证书。

（3）抵押人和抵押权人依法订立的主合同和抵押合同。

农机监理机构应当自受理之日起1日内，在拖拉机、联合收割机登记证书上记载抵押登记内容。

2. 农机监理机构办理抵押登记，应当登记下列内容：

（1）抵押权人的姓名或者单位名称、身份证明名称与号码、住址、联系电话和邮政编码。

（2）抵押担保债权的数额。

（3）主合同和抵押合同号码。

（4）抵押登记的日期。

3. 申请注销抵押的，应当由抵押人与抵押权人共同申请，填写申请表，提交以下证明、凭证：

（1）抵押人和抵押权人身份证明。

（2）拖拉机、联合收割机登记证书。

农机监理机构应当自受理之日起 1 日内，在农机监理信息系统注销抵押内容和注销抵押的日期。

抵押登记内容和注销抵押日期应当允许公众查询。

**（五）注销登记**

1. 有下列情形之一的，应当向登记地的农机监理机构申请注销登记，填写申请表，提交身份证明，并交回号牌、行驶证、登记证书。

（1）报废的。

（2）灭失的。

（3）所有人因其他原因申请注销的。

2. 农机监理机构应当自受理之日起 1 日内办理注销登记，收回号牌、行驶证和登记证书。无法收回的，由农机监理机构公告作废。

**（六）其他规定**

拖拉机、联合收割机号牌、行驶证、登记证书灭失、丢失或者损毁申请补领、换领的，所有人应当向登记地农机监理机构提出申请，提交身份证明和相关证明材料。经审查，属于补发、换发号牌的，农机监理机构应当自受理之日起 15 日内办理；属于补发、换发行驶证、登记证书的，自受理之日起 1 日内办理。办理补发、换发号牌期间，应当给所有人核发临时行驶号牌。补发、换发号牌、行驶证、登记证书后，应当收回未灭失、丢失或者损坏的号牌、行驶证、登记证书。

未注册登记的拖拉机、联合收割机需要驶出本行政区域的，所有人应当申请临时行驶号牌，提交以下证明、凭证：

1. 所有人身份证明。

2. 拖拉机、联合收割机来历证明。

3. 出厂合格证明或进口凭证。

4. 拖拉机运输机组须提交交通事故责任强制保险凭证。

农机监理机构应当自受理之日起 1 日内，核发临时行驶号牌。临时行驶号牌有效期最长为 3 个月。拖拉机、联合收割机所有人发现登记内容有错误的，应当及时到农机监理机构申请更正。农机监理机构应当自受理之日起 2 个工作日内予以确认并更正。已注册登记的拖拉机、联合收割机被盗抢，所有人应当在向公安机关报案的同时，向登记地农机监理机构申请封存档案。农机监理机构应当受理申请，在计算机管理系统内记录被盗抢信息，封存档案，停止办理该拖拉机、联合收割机的各项登记。被盗抢拖拉机、联合收割机发还后，所有人应当向登记地农机监理机构申请解除封存，农机监理机构应当受理申请，恢复办理各项登记。在被盗抢期间，发动机号码、底盘号/机架号、挂车架号码或者机身颜色被改变的，农机监理机构应当凭有关技术鉴定证明办理变更。登记的拖拉机、联合收割机应当每年进行 1 次安全检验。

拖拉机、联合收割机所有人可以委托代理人代理申请各项登记和相关业务，但申请补发登记证书的除外。代理人办理相关业务时，应当提交代理人身份证明、经申请人签字的委托书。申请人以隐瞒、欺骗等不正当手段办理登记的，应当撤销登记，并收回相关证件和号牌。

# 思考题

1. 什么是农业机械？一般分为哪些种类？

2. 什么是农业机械化？为什么要率先实现农业机械化？

3. 拖拉机和联合收获机为什么要进行登记？主要有哪些登记种类？

# 第五章  农机驾驶操作人员管理

## 第一节  农业机械驾驶操作人员分类

### 一、农机驾驶员

驾驶拖拉机、联合收割机及自走式农业机械的人员统称为农机驾驶员。农机驾驶员分为正式驾驶员和学习驾驶员。正式驾驶员是经过学习、培训、考核取得国家颁发的拖拉机、联合收割机、其他自走式农业机械执照，并参加审验在有效期内的人员。学习驾驶员是经过初步考核，在学习期内的人员。

### 二、农机操作员

操作内燃机、脱粒机、农副产品加工机械及其他农业机械的人员。农机操作员也分为正式操作员和学习操作员。

## 第二节  农业机械驾驶证

### 一、农机驾驶证分类

拖拉机和联合收割机驾驶证是指驾驶拖拉机、联合收割机所需持有的证件。县级人民政府农业机械化主管部门负责本行政区域内拖拉机和联合收割机驾驶证的管理，其所属的农机监理机构承担驾驶证申请受理、考试、发证等具体工作。县级以上人民政府农业机械化主管部门及其所属的农机监理机构负责驾驶证业务工作的指导、检查和监督。驾驶拖拉机、联合收割机，应当申请考取驾驶证。拖拉机、联合收割机驾驶人员准予驾驶的机型分为：

1. 轮式拖拉机，代号为 G1。
2. 手扶拖拉机，代号为 K1。
3. 履带拖拉机，代号为 L。
4. 轮式拖拉机运输机组，代号为 G2（准予驾驶轮式拖拉机）。

5. 手扶拖拉机运输机组，代号为 K2（准予驾驶手扶拖拉机）。

6. 轮式联合收割机，代号为 R。

7. 履带式联合收割机，代号为 S。

## 二、申请驾驶证的基本条件与属地

### （一）申请驾驶证的基本条件

1. 年龄

18 周岁以上，70 周岁以下。

2. 身高

不低于 150 厘米。

3. 视力

两眼裸视力或者矫正视力达到对数视力表 4.9 以上。

4. 辨色力

无红绿色盲。

5. 听力

两耳分别距音叉 50 厘米能辨别声源方向。

6. 上肢

双手拇指健全，每只手其他手指必须有 3 指健全，肢体和手指运动功能正常。

7. 下肢

运动功能正常，下肢不等长度不得大于 5 厘米。

8. 躯干、颈部

无运动功能障碍。

### （二）申领驾驶证，按照下列规定向农机监理机构提出申请

1. 在户籍所在地居住的，应当在户籍所在地提出申请。

2. 在户籍所在地以外居住的，可以在居住地提出申请。

3. 境外人员，应当在居住地提出申请。

### （三）初次申领驾驶证的，应当填写申请表，提交以下材料

1. 申请人身份证明。

2. 身体条件证明。

农机监理机构办理驾驶证业务，应当依法审核申请人提交的资料，对符合条件的，按照规定程序和期限办理驾驶证。申领驾驶证的，应当向农机监理机构提交规定的有关资料，如实申告规定事项。

### （四）有下列情形之一的，不得申领驾驶证

1. 有器质性心脏病、癫痫、美尼尔氏症、眩晕症、癔病、震颤麻痹、精神病、痴呆以及影响肢体活动的神经系统疾病等妨碍安全驾驶疾病的。

2. 3 年内有吸食、注射毒品行为或者解除强制隔离戒毒措施未满 3 年，或者长期服用依赖性精神药品成瘾尚未戒除的。

3. 吊销驾驶证未满 2 年的。

4. 驾驶许可依法被撤销未满 3 年的。

5. 醉酒驾驶依法被吊销驾驶证未满 5 年的。

6. 饮酒后或醉酒驾驶造成重大事故被吊销驾驶证的。

7. 造成事故后逃逸被吊销驾驶证的。

8. 法律、行政法规规定的其他情形。

## 三、学习驾驶拖拉机的规定

### （一）驾驶学习

1. 按有关规定办理学习驾驶证

凭个人身份证明及乡镇农机管理部门或单位介绍信，到所在县、市、农牧团场农机管理部门领取并填写《拖拉机驾驶员登记表》，到指定的医院体检，由地、州、市（局）农机监理机关审查，对符合规定的，考试理论科目合格后，发给《学习证》，有效期两年。

2. 参加县、市、师（局）以上农机校（或农机常训班）的正规培训。

3. 在教练员指导下，按规定时间、路线学习驾驶车辆。

4. 学习驾驶员一次只准学习驾驶一种机型的拖拉机。

5. 学习期限

（1）大中型拖拉机四个月，其中驾驶操作不少于 80 小时。

（2）小型拖拉机两个月，其中驾驶操作不少于 40 小时。

（3）联合收割机，学习两个月，其中驾驶操作不少于 40 小时。

（4）链轨拖拉机两个月，其中驾驶操作不少于 40 小时。

### （二）驾驶、操作人员考试

考试分类：初考、增考和复考。

符合驾驶证申请条件的，农机监理机构应当受理并在 20 日内安排考试。

1. 初考科目及规定

科目一：理论知识考试。

科目二：场地驾驶技能考试。

科目三：田间作业技能考试。

申请人应当在科目一考试合格后 2 年内完成科目二、科目三、科目四考试。未在 2 年内完成考试的，已考试合格的科目成绩作废。每个科目考试 1 次，考试不合格的，可以当场补考 1 次。补考仍不合格的，申请人可以预约后再次补考，每次预约考试次数不超过 2 次。各科目考试结果应当场公布，并出示成绩单。成绩单由考试员和申请人共同签名。考试不合格的，应当说明不合格原因。申请人在考试过程中有舞弊行为的，取消本次考试资格，已经通过考试的其他科目成绩无效。申请人全部科目考试合格后，应当在 2 个工作日内核发驾驶证。准予增加准驾机型的，应当收回原驾驶证。

2. 考试内容与要求

（1）交通法规及安全常识：以《中华人民共和国道路交通管理条例》及地方规定的安全法规、操作规程为主。掌握其有关规定和在各种复杂路面、异常气候条件和特殊情况下的安全驾驶知识。了解事故处理规定及农机管理、驾驶证管理的有关规定。

（2）机械常识：以学驾拖拉机主要构造、一般检修与保养知识为主。要求学员了解所学驾驶拖拉机的整体构造、主要装置和机构的作用，掌握拖拉机日常检查、保养、使用知识，拖拉机常见故障的判定方法，紧急情况处理和遇险自救常识。

（3）场地驾驶：在场地设桩和划线组成场内驾驶图，要求驾驶员按规定的图形式样驾驶。主要是考察驾驶员在驾驶拖拉机过程中各项基本技能的熟练程度以及前进、倒退、转弯的判断能力，可以当场考两次。

（4）田间作业（包括挂接农具）：在田间或规定的场地上进行，挂接农具时，可以用实际农具，也可以挂接假设农具。主要考验驾驶员在农田作业中挂接农具、地头转弯、地头农具起落以及田间直线行驶的基本技能。可以当场考两次。

（5）道路驾驶：在有代表性的道路上进行，也可在有道路模拟设施的教练场内进行。各种拖拉机应带挂车进行，考试时间不少于 20 分钟，考试行车里程不少于 3 千米。道路驾驶主要考验驾驶员行车中观察、判断、预见能力和根据情况控制与正确操纵拖拉机的能力。

3. 考试成绩评定及有关规定

（1）交通法规及安全常识笔试百分制，90 分为及格。

（2）机械常识及操作规程笔试百分制，70 分为及格。

（3）场地驾驶分为及格与不及格，按操作要求完成为及格。有下列情况之一者为不及格：

①未按规定路线行驶。

②移库不入。

③车身任何部位出线，碰标杆。

④原地打方向盘。

⑤溜动。

⑥车速不稳，严重晃动。

⑦中途停车熄火。

⑧开门探视。

⑨联合收割机停车后没有放下收割台。

4. 田间作业分为及格与不及格

按操作要求完成为及格，有下列情况之一者为不及格：

（1）未按规定路线行使。

（2）挂错挡位。

（3）划线器或尾轮的印痕线在进、回程中偏差达 15 厘米以上者。

（4）升降划线器不及时，距地头起点线依次超前或滞后 1 米以上。

（5）转弯掉头时，碰杆，压线或不提升划线器。

（6）中途停车、熄火。

（7）严重违反操作规程或有投机取巧行为。

（8）挂不上农具或牵引环与农具挂接点中心的俯视投影视差超过 5 厘米。

5. 道路驾驶

100 分为满分、70 分为及格。

（1）有下列情况之一者为不及格：

①违反交通规则和有关交通法规。

②起步未松制动踏板锁定器或起步溜动 30 厘米以上。

③起步前不关好车门，气制动车辆起步时不看气压者，不观察各种仪表，行车中温度上升造成冷却水沸腾者。

④起步、驶入快车道、停靠和通过岔路口前，不注意观察周围环境、其他车辆和行人动态者。

⑤违反操作规程，驾驶姿势不正确，不能正确掌握和运用方向盘（或转向手柄），行车中方向不稳、不准，有双手同时离开方向盘（或转向手柄）的现象，或一只手不能有效地掌握方向盘（或转向手柄）。

⑥换挡时手脚配合不协调，经常出现严重齿轮撞击声，挂错挡，挂不进挡位，硬拉进挡位，换挡时低头下看，换挡时机掌握较差，换挡前后造成机车严重闯动者。

⑦转弯角度过大、过小，在一般路口掉不过头者；操作不当造成发动机熄火

者；不会使用两脚离合器，降挡不会加空油，或升挡加空油者。

⑧行驶中空挡滑行或踏下离合器滑行者，车速超过 10 千米/时减速时，先踩离合器后踩制动器者。

⑨判断能力差，反应迟钝，不能按实际交通情况调整车速，情节严重，造成危险情况者。

⑩在行驶中，对本身所处位置判断不准，行车中偏左、偏右，管前不顾后，停车不靠边，距路沿超过 30 厘米或擦路沿者；停车溜动 30 厘米以上，停车后不锁制动踏板锁定器者；转弯不开、不回转向信号灯者。

（2）有下列情况之一者扣 20 分：

①起步忘松制动器踏板锁定器一次但能及时纠正者。

②挂错挡一次，但能及时纠正者。

③配合不当，严重车闯一次。

④换挡时齿轮响一次，情况较严重者。

⑤转向后忘回转向灯一次，自己发现纠正较迟者。

⑥行驶中判断失误，造成一次该行驶而不行驶者。

⑦忘开电门使用起动机一次。

（3）有下列情况之一者扣 10 分：

①起步停车溜动 30 厘米以内未造成危险者。

②油门和离合器配合不当，车辆轻闯动或有发动机高速空转现象，加油过急使发动机工作粗暴。

③换挡时机掌握较差，使用离合器联动，加油门勉强行驶者。

④换挡时齿轮有轻响不严重者。

⑤控制调整车速较差。

⑥行车选择路面稍差者。

⑦停车不正或停车欠稳妥者。

⑧转向角度较差，打方向、回方向偏早、偏晚者。

6. 考试科目按顺序进行考试

在考试过程中，任何一项不及格，后续科目暂停进行，及格科目成绩予以保留。在学习证有效期内，全部科目可补考两次，间隔不少于 10 天，两次补考仍不及格者终止考试，原来及格科目也不再保留。如果要求继续考试，须重新报考从头学起。

7. 报考人员如有违反考试纪律现象，或驾驶操作中危及安全者，考验员有权终止考试。

8. 增考

增考：持有有效的《中华人民共和国机动车驾驶证》的驾驶员，安全驾驶满一年后，需要驾驶准驾机型以外的拖拉机、联合收割机等自走式农业机械的考试。

（1）增考的有关规定：

①必须持有有效的机动车驾驶证安全行车1年以上。

②在地、州、市（局）监理机关办理增驾手续（填写增驾表，办理学习证）。

③按规定的增考科目参加学习，进行考试。

④考试合格者，核发新的《中华人民共和国机动车驾驶证》。增考的车型与原车型同时有效，没有实习期。

（2）增考科目及学习期随增驾的机型而不同，考试科目比初学要少，学习期也比初学短，一般在2个月左右。

**（三）驾驶证记载与核发**

驾驶证记载和签注以下内容：

1. 驾驶人信息

姓名、性别、出生日期、国籍、住址、身份证明号码（驾驶证号码）、照片。

2. 农机监理机构签注内容

初次领证日期、准驾机型代号、有效期限、核发机关印章、档案编号、副页签注期满换证时间。

驾驶证有效期为6年。驾驶人驾驶拖拉机、联合收割机时，应当随身携带。驾驶人应当于驾驶证有效期满前3个月内，向驾驶证核发地或居住地农机监理机构申请换证。申请换证时应当填写申请表，提交以下材料：

（1）驾驶人身份证明。

（2）驾驶证。

（3）身体条件证明。

驾驶人户籍迁出原农机监理机构管辖区的，应当向迁入地农机监理机构申请换证；驾驶人在驾驶证核发地农机监理机构管辖区以外居住的，可以向居住地农机监理机构申请换证。申请换证时应当填写申请表，提交驾驶人身份证明和驾驶证。驾驶证记载的驾驶人信息发生变化的或驾驶证损毁无法辨认的，驾驶人应当及时到驾驶证核发地或居住地农机监理机构申请换证。申请换证时应当填写申请表，提交驾驶人身份证明和驾驶证。驾驶证遗失的，驾驶人应当向驾驶证核发地或居住地农机监理机构申请补发。申请时应当填写申请表，提交驾驶人身份证明。符合规定的，农机监理机构应当在2个工作日内补发驾驶证，原驾驶证作废。驾驶证被依法扣押、扣留或者暂扣期间，驾驶人不得申请补证。拖拉机运输机组驾驶人在一个记分周期内累计达到 12 分的，农机监理机构在接到公安部门通报后，应当通知驾驶人在 15 日内接受道路交通安全法律法规和相关知识的教育。驾驶人接受教育后，农机监理机构应当在 20 日内对其进行科目一考试。驾驶人在一个记分周期内两次以上达到 12 分的，农机监理机构还应当在科目一考试合格后的 10 日内对其进行科目四考试。

驾驶人具有下列情形之一的，其驾驶证失效，应当注销：

（1）申请注销的。

（2）身体条件或其他原因不适合继续驾驶的。

（3）丧失民事行为能力，监护人提出注销申请的。

（4）死亡的。

（5）超过驾驶证有效期 1 年以上未换证的。

（6）年龄在 70 周岁以上的。

（7）驾驶证依法被吊销或者驾驶许可依法被撤销的。

有前款情形之一，未收回驾驶证的，应当公告驾驶证作废。有前款第（5）项情形，被注销驾驶证未超过 2 年的，驾驶人参加科目一考试合格后，可以申请恢复驾驶资格，办理期满换证。

# 第三节　驾驶操作人员的年度审验

## 一、年审的目的

驾驶操作人员的年度审验是农机安全监理工作的重要组成部分，是对驾驶操作人员进行安全教育，对违章肇事人员清理的一项重要措施，是提高驾驶操作人员素质行之有效的途径。

## 二、年审的对象

1. 持有正式驾驶操作证的驾驶操作人员。

2. 当年取得驾驶证的驾驶操作人员可以免审，但应办理年审手续。

3. 受扣证处分期限未满、违章肇事后未结案的不予审验，待处分期满或结案后进行补审。

## 三、审验的内容及方法

1. 驾驶员填写《驾驶员年度审验鉴定表》到指定的医院体检，进行全年工作总结，自我鉴定（主要是安全驾驶操作，遵守法规，有无违章肇事等）。

2. 农机管理部门对其一年的安全生产及技术表现做出鉴定。

3. 农机监理机关审查：

（1）驾驶证有无涂改、伪造、损坏等现象，照片与本人近貌是否相符。

（2）身体是否合乎驾驶要求，有无妨碍安全驾驶操作的变异。

（3）有无未经处理的违章，肇事案件。

4. 对驾驶员进行安全驾驶、遵章守法教育和驾驶理论、操作技术学习交流。

5. 审验合格者，在驾驶证副证及驾驶员登记表上加盖年度审验合格章，在《年度审验表》上登记审验结果并归档。

6. 驾驶员因故不能按期参加年度审验，应当申请缓审，填写《延期审验表》，待批准后在规定的期限内补审，但延期审验期限最长不超过 3 个月。

7. 审验不合格或未办理年审手续者，不准驾驶拖拉机。逾期 1 年以上不参加审验，注销其驾驶证。

# 第四节　驾驶操作人员的移动登记

驾驶操作人员因工作调动或驾驶操作证上的有关记录发生变化，需要办理的手续，成为驾驶操作人员的移动登记。

驾驶操作人员移动登记有两种：转籍和变更。

## 一、转　籍

驾驶操作人员调出本监理辖区（外省区或本省甲乙两辖区内调动）称为转籍。需进行转籍登记，办理转出转入手续。

**（一）转出手续**

1. 调出单位证明及驾驶证。

2. 监理机关在驾驶证及《拖拉机驾驶员登记表》异地变更栏分别填写转至地方，加盖印章。填写《驾驶员转出通知单》，装封驾驶操作人员档案，交新转入的农机监理机关，注销原证号。

**（二）转入手续**

1. 调入单位证明及驾驶证。

2. 新调入监理机关起封档案，收回原驾驶证，发给新证时在《拖拉机登记表》上填写有关内容，将有关材料建立档案备查。

3. 将《驾驶员转出通知单》第三联回执及时寄回原农机监理机关。

## 二、变更

驾驶操作人员在本辖区内调动工作单位或在单位名称，地址以及驾驶证内有关记录发生变化称为变更，变更时需办理的手续称变更登记。

1. 凭单位证明及有效的驾驶操作证。
2. 填写《驾驶员异动登记表》，有关部门签署意见。
3. 监理机关在驾驶操作证和《登记表》内签注变更内容，加盖印章。

### 思考题

1. 为什么要对农业机械进行检验？分为哪几种？
2. 拖拉机初检有哪些内容？年度检验有什么规定？
3. 什么叫拖拉机移动和移动登记？如何办理拖拉机转籍手续？
4. 学习农机驾驶员有哪些基本条件？
5. 学习拖拉机驾驶员需考哪些科目？有什么要求？

# 第六章　道路交通安全法概述

## 第一节　交通安全法产生背景与意义

### 一、交通安全法出台前我国道路交通安全概况

#### （一）交通事故多，死伤人员多

改革开放以来，随着车辆的增加，特别是个体车辆的快速发展，交通事故也迅速膨胀。进入 20 世纪 80 年代后，全国交通事故发生次数由 1986 年的 29 万起上升到 2002 年的 77.3 万起，年均增长 6.3%。死亡人数由 1986 年的 5 万人上升到 2002 年的 10.9 万人，年均增长 5%。2004 年全国因道路交通事故死亡 10.9 万人（每天 300 人），受伤 56.2 万人，直接经济损失 33.2 亿元。"群死群伤"的特大事故频发，2000—2002 年，平均每年发生一次死亡 10 人以上的特大事故 40 起左右。10.9 万人是一个什么样的概念？相当于一个中等县城的人口，坐满两个北京工人体育场还有余。33.2 亿元的经济损失又如何形容？专家分析，如果建一所希望小学需用 20 万元，那么全年因交通事故造成的经济损失可建 16 600 所希望小学；如果救助一名失学儿童每年需 500 元，那么全年因交通事故造成的经济损失就可以让 664 万名失学儿童重返校园。33.2 亿元还能建中型水电站 13 个，能生产中档轿车 22 133 辆，能修高速公路 300 多千米……

交通事故已经成为危及人民群众生命财产安全的"第一杀手"：在 2002 年的各类事故中，交通事故死亡人数已达 78.5%；2003 年上半年达 76.3%。事故上升趋势将持续三五年。中国全国预防道路交通事故专家组成员、江苏大学交通工程系刘志强教授介绍，像美国、日本等发达国家国民经济高速发展后，道路交通条件、管理水准和人的素质与高速发展的机动车数量不相适应，都曾出现交通事故高发期。刘志强指出，这可以说是经济发展过程中，一个令人沮丧的"副产品"。他同时预测，中国道路交通事故不断上升的态势还将持续 3~5 年。

#### （二）交通拥堵严重

在全国 667 个城市中，大多数城市不同程度存在交通拥堵现象，约有 2/3 城市交通高峰时段主干道机动车车速下降，出现拥堵。一些大城市如北京、上海交

通拥堵严重，主、次干道车流缓慢，常发生大面积、长时间拥堵，居民出行时间、交通运输成本明显增加。北京等特大城市交通高峰主、次干道交通流量已达到饱和或超饱和状态。

影响我国道路交通安全和畅通的原因是多方面的，归结起来主要有以下 5 方面。

一是交通供需矛盾日益加剧。2002 年，全国汽车保有量近 2 141 万辆，是 1986 年的 5.9 倍。全国有机动车驾驶员 9 147 万人，是 1986 年的 9.1 倍。全国公路客运量高达 146.6 亿人次、公路货运量高达 110.6 亿吨，分别是 1986 年的 2.7 倍和 1.8 倍。2002 年，全国城市人均道路面积约为 8 平方米，远远低于发达国家人均 25 平方米的水平。36 个大城市百辆车停车位不足 20%，城市中心区停车困难。随着客、货运量和机动车保有量的增长，道路建设和安全管理设施远远满足不了形势发展，这是导致交通事故发生风险几率增加，道路拥挤堵塞明显增多的一个重要原因。

二是城市路网结构不合理，公路质量低，通行条件差。城市道路瓶颈路、断头路、畸形交叉口多。不少城市热衷于修主干道，不注重次干道、支路的建设，道路密度低，交通流过于集中，主、次干道、支路比例严重失调，特别是在主、次干道过渡或衔接路口、路段通行能力低。由于历史原因，相当多的公路修建的等级低、质量差，86%的公路为 3 级以下公路和等外公路，一些公路线型设计存在严重缺陷，形成急弯、连续的弯路、陡坡或连续长坡、宽路窄桥，而且缺少标志、标线和安全防护设施。

三是道路交通工具总体构成不合理，安全性能差。到 2002 年年底，我国机动车保有量突破 1 亿辆，其中汽车 2 141 万辆，仅占 26.85%，大部分为摩托车、农用运输车、拖拉机等安全性低的车辆。货运车辆"大吨小标"、超长超宽、超大吨位，以及大量拼、组装的摩托车，低质量的农用运输车和简易机动车等问题非常突出。人车混行、机动车与非机动车混行的交通方式直接影响了道路通行效率和安全。

四是违反交通法规现象十分普遍，交通秩序不好。国民的整体交通法律意识、交通安全意识和交通文明意识不高，道路通行秩序差。2002 年，全国共处理交通违法 2.59 亿人次，处罚 1.97 亿人次。违法通行、交通秩序混乱是影响通行效率、造成交通拥堵，危害交通安全、导致交通事故的直接原因。

五是管理道路交通的整体水平不高。目前我国道路建设、交通组织缺乏科学的整体规划，路网结构不合理，道路建设中设计标准低、功能不足、设施不全、通行能力低。交通结构不合理，特别是公共交通发展滞后。现有道路资源开发利用率不高、管理水平偏低，科技含量少。

人们交通法规意识淡薄的问题，在公安部交通管理局交通事故原因分析中占据了较大篇幅。总结分析道路交通事故原因中，人们的交通安全法规意识淡薄是一条"铁定"原因。

从 2002 年交通肇事主要原因分析看，机动车驾驶员肇事死亡的原因有超速行驶、违章占道行驶、不按规定让行、违章超车、酒后驾车、违章会车、逆向行驶和纵向间距不够 8 种违章，合计肇事 30.8 万余起，造成 35 344 人死亡。

## 二、我国道路交通法规发展概况

党和政府历来就十分重视交通安全，早在 1955 年，我国就发布了《城市交通规则》，1972 年发布了《城市和公路交通法规》，1988 年国务院颁布了《中华人民共和国交通管理条例》共 10 章 93 条，对交通管理的重要性、总的原则、交通指挥系统、车辆及装载、车辆驾驶及乘坐人员、车辆行驶及行人、道路违章处罚等都做了具体规定。

中国实行改革开放以来，道路交通迅速发展，对经济、社会发展发挥了重要的推动作用。但是总体上看，道路交通发展与经济、社会发展不适应，道路交通安全形势严峻，城市道路拥堵问题日趋严重，在一定程度上制约了经济发展。现行的《道路交通管理条例》《机动车管理办法》的权威性、适用性都与当前的道路交通安全、畅通形势不相称。

有鉴于此，在经过十年酝酿，人大会四次审议，最终于 2003 年 10 月 28 日，十届全国人大常委会第五次会议几乎全票通过了备受社会关注的首部《中华人民共和国道路交通安全法》（以下简称《道路交通安全法》），从中国道路交通的实际出发，在总结历史经验和借鉴发达国家成功做法的基础上，对中国道路交通活动中交通参与人的权利义务关系进行了全面规范。2011 年 4 月 22 日进行了修改，2011 年 5 月 1 日开始施行。

## 三、制定道路交通安全法的重要意义

重要意义主要体现在四个方面：

1. 进一步规范交通行为。
2. 进一步严格了公安机关交通管理部门的执法行为。
3. 进一步体现了以人为本的理念。
4. 进一步理顺了管理关系。

# 第二节 道路交通安全法基础知识

## 一、《道路交通安全法》立法宗旨

该法总则指出，其立法宗旨是为了维护道路交通秩序，预防和减少交通事故，保护人身安全，保护公民、法人和其他组织的财产安全及其他合法权益，提高通行效率。

## 二、《道路交通安全法》的适用范围及适用对象

交通在人们的日常生活中是必备的基本要素，人们生活离不开交通，通常所说的交通是指人们将身体通过自己支配借助于自身的能力或借助于外力在空间位置上的移动。例如，人类自由行走、跑步或乘坐飞机、飞船、火车、汽车，等等都可以称作交通。

但是，以上列举的交通行为并不全部都可以适用《道路交通安全法》来调整，根据该法第二条"中华人民共和国境内的车辆驾驶人、行人、乘车人以及与道路交通活动有关的单位和个人都应当遵守本法"，本法所管理的交通的范围只限于在中华人民共和国境内陆地上的道路上的交通活动，除此以外的范围不适用。

## 三、《道路交通安全法》的立法原则和特点

道路交通安全法突出体现了五大立法原则：尊重生命、以人为本、保护弱势群体、为民护利、制约权力。

《道路交通安全法》的立法特点包括以下内容。

### （一）赋予驾驶员更高的注意义务

《道路交通安全法》用现代思维模式来应对因为社会经济的发展、道路交通状况的改变给立法工作带来的挑战。

该法第七十六条规定："机动车发生交通事故造成人身伤亡、财产损失的，由保险公司在机动车第三者责任强制保险责任限额范围内予以赔偿。"超过责任限额的部分，按照下列方式承担赔偿责任：

1. 机动车之间发生交通事故的，由有过错的一方承担责任；双方都有过错的，按照各自过错的比例分担责任。

2. 机动车与非机动车驾驶人、行人之间发生交通事故的，由机动车一方承担责任；但是，有证据证明非机动车驾驶人、行人违反道路交通安全法律、法

规，且机动车驾驶人已经采取必要处置措施的，减轻机动车一方的责任。交通事故的损失是由非机动车驾驶人、行人故意造成的，机动车一方不承担责任。

近年来，由于道路交通中行人、非机动车违章造成的交通事故大量增加，社会上对这个问题也非常关注。部分地方在对这类道路交通事故进行行政处罚以及确定民事责任时，出现了免于机动车驾驶员的行政和民事赔偿责任的案例，比较典型的是行人在机动车快速路上翻越栏杆造成重大交通事故的有关案例。

在本次立法过程中，对于因行人和非机动车违章造成交通事故，机动车驾驶员是否应该免责的问题成为热点问题。社会上对此有广泛议论，一种被俗称为"撞了白撞"的说法浮出了水面。有的专家学者、立法机构的委员等对此也有相近的意见。这个观点的核心就是在出现因行人、非机动车驾驶员违章造成交通事故时，如机动车驾驶员无主观过错，不应承担行政和民事责任。

确立机动车交通事故的民事责任原则，不能按照一般侵权的过错责任原则来确定。在立法过程中，应充分考虑机动车是一种高速危险工具这一特点，在道路交通过程中，对于交通安全应赋予机动车驾驶员更高的注意义务。新出台的《道路交通安全法》中的相关规定是适当的：既考虑了现在机动车及其驾驶人员大量增加，需要有效地规范不同主体的交通行为的实际情况，同时又不违背法律的基本精神。此次立法参照了西方国家交通立法的很多思想和具体做法，这是我们在立法时应该大力提倡的。这种吸取先进国家经验、结合中国具体情况予以应用的做法，是一种先进的现代思维模式。

### （二）用现代经济手段介入交通管理

《道路交通安全法》规定了机动车实行第三者责任强制保险制度，并设立道路交通事故社会救助基金。

利用强制保险解决交通事故损害赔偿，通过浮动保费减少交通安全违法行为和交通事故，是发达国家的通常做法。实行机动车第三者责任强制保险，同时建立道路交通事故社会救助基金，用于支付交通事故受伤人员的抢救费用，对于尽力挽救交通事故中伤者的生命，体现社会对生命权的尊重，减少社会矛盾，都有着积极的意义。同时，将机动车第三者责任强制保险与机动车行车安全实绩挂钩，实行费率上下浮动，利用经济杠杆控制交通事故的发生，不仅有利于规范保险市场，更重要的是有利于交通事故的预防，促进道路交通安全。

现代社会是经济高度发展、社会高度发达的社会，经济因素渗透到社会生活的方方面面。我国的经济发展从总体上已步入小康水平，社会主义市场经济体制已经初步建立，这就要求政府在处理各类社会问题时应充分考虑经济因素。传统的计划经济的手段，一切靠国家的模式已经被打破，市场经济的各种规避风险的经济手段越来越发挥主要作用，这就是这次立法中加入强制保险制度和建立社会救助基金的原因。

## 四、我国道路交通法规的性质

1. 道路交通法规具有社会属性，属于上层建筑的范畴。

2. 道路交通法规具有自然属性，它必须符合道路交通的客观规律。

3. 道路交通法规的法律属性，是我国法律规范组织部分，它具有一切法律规范的共同的属性。

## 五、道路交通法规的特征

1. 广泛的社会性。

2. 层次多样性。

3. 行为规范与技术规范统一性。

4. 很强的适应性。

5. 可操作性。

## 六、交通法规的作用

### （一）一般作用

1. 保证道路交通管理的任务和目的的实现。

2. 保护道路交通参与者合法权利。

3. 维护良好的交通秩序和交通环境，防止交通公害。

4. 增强全民交通安全意识和交通法制观念。

### （二）特有作用

指国家为实现道路交通而制定的用以调整人们在道路交通活动和与道路有关的交通活动中所产生的各种社会关系的法规规范总称，其调整对象如下。

1. 调整公安机关在道路交通管理中与其他有关机关的相互关系。

2. 调整道路交通管理者与参与者之间的相互关系。

3. 调整人们在道路交通活动中产生的相互之间的关系。

4. 调整人们在道路上进行与交通有关活动中所产生的社会关系。

## 第三节 交通安全法的主要内容及交通法规的组成部分

### 一、交通安全法和实施条例主要内容

《道路交通安全法》分8章124条，对本法的宗旨、使用范围和对象、管理部门职责、法律的贯彻实施、车辆和驾驶人、道路通行条件和规定、交通事故处理、执法监督、法律责任等做出规定。

实施条例体现了道路交通安全法保障道路交通有序、安全、畅通的指导思想和依法管理、方便群众的基本原则。在内容上重点对道路交通安全法规定要在配套法规中明确的，予以明确规定；对道路交通安全法的原则规定予以细化，增强可操作性。

条例主要从四个方面体现与法律的配套：一是道路交通安全法对道路交通基本法律制度做了概括性规定的，如车辆登记制度、检验制度，机动车驾驶人累积记分制度，驾驶证定期审验制度，这些制度的实施需要有具体的配套规定；二是道路交通安全法授权国务院对有关内容制定具体办法的，如道路通行规则、机动车安全技术检验社会化等做出具体的配套规定；三是将道路交通安全法有关道路交通事故处理的内容进行细化，增强操作性；四是道路交通安全法已将行人、乘车人、非机动车、机动车的道路通行违法行为做了授权性处罚规定，实施条例的法律责任部分不再区分具体的违法行为并规定处罚，而是对道路交通安全法规定的处罚以及强制措施的实施作了程序性规定。

### 二、我国道路交通法规的组成部分

1. 全国人大及其常委会制定的有关道路交通管理的法律。
2. 省级人大及其常委会制定的有关道路交通管理的规范性文件。
3. 国务院和地方人民政府的有关道路交通管理的行政法规。
4. 国务院所属部委及地方政府机关部门制定的有关道路交通管理的规范性文件。

# 第四节 道路行驶基本规定

## 一、交通信号

### （一）交通信号概念、种类和作用

1. 概念

指示车辆和行人通行或停止的装置、设备和信息。

2. 种类

指示灯信号、车道灯信号、人行横道灯信号、指挥棒信号、手势信号。

3. 作用

动态指挥车辆和行人有秩序通行，维护交通秩序，减少交通冲突，解决交通阻塞，保障交通安全。

### （二）指挥灯信号

设置在交通流量大、有电源的路口，采用人工或自动控制（现大多采用自动控制）的不同颜色灯光控制交通流。

指挥灯颜色为绿、黄、红 3 种。根据光学原理，在赤、橙、黄、绿、青、蓝、紫七色中，以红色光波最长，穿透周围介质的能力最强，在光度相同的条件下，红色显示最远。此外，人们对红色能联想到"火"和"血"等危险信息，所以选用红色灯光作为"停止信号"。黄色光波仅次于红色，在七色中居第二位，也会使人感到危险，但没有红色那么强烈，因此被用作"缓冲信号"。绿色光波的波长是七色中除红、橙、黄以外较长的一种色光，由于它与红色反差很大，易于辨认，也由于它使人联想起"树木""花草"，给人以宁静、安全的感觉，因此，被用来作为"允许通行信号"。

1. 绿灯亮时，通行信号，准许车辆行人通行，但转弯的车辆不准妨碍直行的车辆和被放行的行人通行。

2. 黄灯亮时，停止信号，不准车辆、行人通行，但已越过停止线的车辆和已进入人行横道的行人，可以继续通行。

3. 红灯亮时，停止信号，不准车辆行人通过，但右转弯的车辆和"T"形路口右边无横道的直行车辆，在不妨碍被放行的车辆和行人通行的情况下，可以通行。

4. 绿色箭头灯亮时，准许车辆按箭头所示方向通行。

5. 黄灯闪烁时，车辆行人须在确保安全的原则下通行（一般在交通流小时使用）。

### （三）车道灯信号

1. 绿色箭头灯亮时，本车道准许车辆通行。

2. 红色叉形灯亮时，本车道不准车辆通行。

### （四）人行横道灯信号

1. 绿灯亮时，准许行人通过人行横道。

2. 绿灯闪烁时，不准行人进入人行横道，但已进入人行横道的，可以继续通行。

3. 红灯亮时，不准通行。

### （五）交通指挥棒信号

1. 直行信号

右手持棒举臂向右平伸，然后向左曲臂放下，准许左右两方直行的车辆通行；各方右转弯的车辆在不妨碍被放行的车辆通行的情况下，可以通行。

2. 左转弯信号

右手持棒举臂向前平伸，准许左方的左转弯和直行的车辆通行；左臂同时向右前方摆动时，准许车辆左小转弯；各方右转弯的车辆和"T"形路口右边无横道的直行车辆，在不妨碍被放行的车辆通行的情况下，可以通行。

3. 停止信号

右手持棒举臂向上直伸，不准车辆通行，但已越过停止线的，可以继续通行。

交通指挥棒是以轻质木料或有机玻璃及塑料制成的，长度为51厘米，顶端直径为32毫米，下端直径为25毫米，并用红白漆涂成3节（3等份），中间为红色，两头为白色。

### （六）手势信号

1. 直行信号

右臂（左臂）向右（向左）平伸，手掌向前，准许左右两方直行的车辆通行；各方右转弯的车辆在不妨碍被放行的车辆通行的情况下，可以通行。

2. 左转弯信号

右臂向前平伸，手掌向前，准许左方的左转弯和直行的车辆通行，左臂同时向前方摆动时，准许车辆左小转弯；各方右转弯的车辆和"T"形路口右边无横道的直行车辆，在不妨碍被放行的车辆通行的情况下可以通行。

3. 停止信号

左臂向上直伸，手掌向前，不准前方车辆通行；右臂同时向左前方摆动时，车辆须靠边停车。

手势信号是交通警察用规定的手势指挥交通的一种信号，它与指挥灯、棒的指挥效力相同，驾驶人员必须遵守，而且指挥手势的信号与交通标志、交通标线以及其他指挥信号不一致时，应以指挥手势信号为准。

交通警察值勤时，态度要庄严郑重，指挥姿势应清晰正确，不准将指挥棒和手随便摇摆，以免驾驶员发生误解。指挥车辆时应用立正姿势；变换方向应用正规转法，如连续变换指挥信号时，必须待前一信号做完归还立正姿态后，方可变换另一信号，但为腾空已进入路口的车辆，可打起停止信号转动。

## 二、交通标志

### （一）交通标志的构成、作用及分类

1. 构成

交通标志是用形状、颜色、符号、文字等绘制的揭示牌，向驾驶人员、行人传递有关交通信息，用以管理交通。

2. 作用

是交通指挥的设施，反映路状、环境概况和交通管制等。同交通信号一样，是车辆和行人必须严格遵守的交通法规，对防止交通事故，保障安全，促进交通畅通具有重要作用，它是静态控制交通秩序的一种形式。

3. 分类

指示标志、警告标志、禁令标志、指路标志、辅助标志、其他交通设施。

### （二）指示标志

1. 作用

指示车辆和行人按标志指导的方式行进或停止。

2. 构造

圆形或矩形、蓝色底、白色图案。

3. 种类

共计 17 种 25 个图形。

### （三）警告标志

1. 作用

告诫行人车辆引起注意，谨慎驾驶，以防发生危险。

2. 构造

顶角朝上的等边三角形、黑线框、黄底黑色图案（只有叉形符号除外）。

3. 种类

共计 23 种 33 个图形。

**（四）禁令标志**

1. 作用

它是根据道路交通流量和道路本身的要求对车辆行人的通行加以禁止或限制的标志。

2. 构造

除停车让行及减速让行是倒三角形，禁止驶入标志是红底中间一道白杠，停车让行标志为红底、白字，禁止通行标志为白底、红线圈外，其余大部分都是圆形，红线圈、白底，黑图案上加一红杠。

3. 种类

共计 35 种。

**（五）指路标志**

1. 作用

指示道路方向，距离，地点，及服务设施，以使车辆及驾驶人员合理安排行驶路线及方法，迅速完成任务。

2. 构造

蓝底，白字，白图案的矩形。

3. 种类

共计 9 种 26 个图形。

**（六）辅助标志**

1. 作用

对主要标志做说明。

2. 构造

白底、黑框、黑字、黑图案的矩形。

3. 种类

有 5 种，分别为区域或距离；表示时间；组合辅助标志；表示警告、禁令理由；表示车辆种类。

**（七）其他交通安全设施**

路栏；锥形交通路标；导向标；道口标柱。

## 三、道路交通标线

**（一）作用**

与交通标志配合，是静态指挥交通的一种形式，引导车辆行人在道路上有秩序的行进或停止，对解决混合交通，提高道路通行能力，减少交通事故有着重要作用。

### （二）形式

线、白、黄符号和文字，先进的方法筑路时预埋或用不同材料建造。

### （三）分类

指示性和禁令性两大类。

1. 车道线

（1）车道中心线：（4种，中心线为虚线、实线、双实线、实虚两线）。

（2）车道分界线：（2种，分界线、导向车道线）。

（3）车道边缘线：1种。

2. 停车线

停止线、停止让行线、减速让行线、停车标位线、停靠站标线。

3. 导向线

导流标线（5种）、接近路面障碍物标线（3种）、导向箭头、左转弯导向线。

4. 人行横道线

斑马线。

5. 标记

限速标记、车道标记（3种，大型机动车、小型机动车、超车道标记）。

## 四、车辆行驶与装载规定

### （一）机动车辆行驶的规定

总的原则：右侧通行，各行其道。

1. 道路选择

按交通标志，标线指示的路线各行其道。

在划分机动车道和非机动车的道路上，机动车在机动车道行驶，轻便摩托车在机动车道内靠右边行驶，非机动车、残疾人专用车在非机动车道行驶。

在没有划分中心线和机动车道与非机动车道的道路上，机动车在中间行驶，非机动车靠右边行驶。

在划分小型机动车道和大型机动车道的道路上，小型客车在小型机动车道行驶，其他机动车在大型机动车道行驶，大型机动车道的车辆在不妨碍小型机动车道的车辆正常行驶时，可以借道超车。小型机动车道的车辆低速行驶或遇后车超越时，须改在大型机动车道行驶。在道路上划有超车道的，机动车超车是可以驶入超车道，超车后须驶回原车道。

履带式车辆，需要在铺装路面上横穿或短距离行驶时，须经公路管理部门同意，按公安机关指定的时间、路线行驶。

2. 行驶速度

（1）有限速标志的道路，须按规定的速度行驶。

（2）小型客车在设有中心双实线，中心分隔带，机动车道与非机动车道分隔设施的道路上，城市街道为 70 千米，公路为 80 千米。大型客车、货运汽车城市街道的 60 千米，公路为 70 千米，在其他道路上，小型客车城市街道为 60 千米，公路为 70 千米，大型客车城市街道为 50 千米，公路为 60 千米。

（3）拖拉机、轻便摩托车为 30 千米。

（4）小型拖拉机，轮式专用机械为 15 千米。

（5）在通过胡同，铁路道口，危弯路窄路、桥、隧道，掉头转弯，下陡坡及雨雪雾恶劣气候及冰雪、泥泞的道路及拖拉故障的机动车时。机动车最高车速不超过 20 千米，大中型拖拉机 < 15 千米，小型拖拉机 < 10 千米。

3. 通过交叉路口的规定（没有信号标志控制），应遵守"一慢、二看、三通过"的原则。

（1）支路车让干路车。

（2）支干路不分，非机动车让机动车，非公共车、电车让公共车、电车。同类车让右边没有来车的车先行。

（3）相同方向同类车相遇，左转弯的车让直行或右转弯的车。

（4）进入环形路的车让已在路口内的车先行。

4. 会车规定

（1）在没有划中心线的道路和窄路、窄桥，须减速靠右通过，并注意非机动车和行人的安全，会车有困难时，有条件让路的一方让对方先行。

（2）在有障碍路段，有障碍的一方让对方先行。

（3）在狭窄的坡路，下坡车让上坡车先行，但下坡车已行至中途而上坡车未上坡时，让下坡车先行。

（4）夜间在没有路灯或照明不良的道路上，须距对面来车 150 米以外互闭远光灯，改用近光灯。在窄路、窄桥与非机动车会车时，不准持续使用远光灯。

5. 超车

（1）超车前，须开左转向灯，鸣喇叭（禁止鸣喇叭除外），夜间变换远近光灯，确认安全后，从被超车的左边超越，在同被超车保持必要的安全距离后，开右转向灯，驶回原车道。

（2）被超车示意左转弯掉头时，不准超车。

（3）在超车过程中与对面车有会车可能时，不准超车。

（4）不准超越正在超车的车辆。

（5）行经交叉路口，人行横道，漫水路，漫水桥或与有特殊情况不准超车

（铁路道口，窄路桥，下坡等）。

（6）机动车行驶中，遇后车发出超车信号时，在条件允许的情况下，必须靠右让路，并开右转向灯，不准故意不让或加速行时。

6. 通过铁路道口的规定

（1）遇有道口栏杆（栏门）关闭，音响器发出报警红灯亮时或看守人员示意停止时，须依次停在停止线外，没有停止线的停在距外股钢轨 500 厘米外。

（2）通过无人看守的道口时，须停车瞭望，确认安全时方准通过。

（3）遇到红灯交替闪烁或红灯亮时，不准通过。白灯亮时准许通过，红灯、白灯同时熄灭时，须按②条规定通过。

7. 停放

（1）各种车辆应按指定地点依次停放，在其他地点临时停放时，按顺行方向靠右边停留，不得妨碍交通。

（2）在设有人行道护栏路段，人行横道，施工地段，障碍物对面不准停车。

（3）交叉路口，铁路道口，弯路，窄路，桥梁，陡坡，隧道以及距上述地点 30 米以内不许停其他车辆。

**（二）拖拉机装载规定**

1. 载货规定

（1）不准超过行驶证上核定的装载质量。

（2）装载须均衡平稳，捆扎牢固。装载容易散落飞扬、流漏的物品须封盖严密。大中型拖拉机载物高度从地面起不准超过 3 米，宽度不准超过车厢长度，前端不准超出车身，后端不准超出车厢一半；小型拖拉机载物高度从地面算起不超过 2 米，宽度不超过车厢，长度前端不准超出车厢，后端不准超出车厢 50 厘米。

（3）载物长度未超出车厢后栏板时，不准将栏板平放或放下；超出时，货物栏板不准遮挡号牌、转向灯、制动灯、尾灯。

（4）车辆载运不可解体的物品，其体积超过规定时，须经公安机关批准后，按规定时间、路线、时速行驶，并须悬挂明显标志。

2. 载人规定

（1）驾驶室不准超过行驶证上核定的人数。

（2）拖拉机挂车一般不许载人，但经车辆管理机关批准，可以负载押运或装卸人员 1~5 人，须留安全乘坐位置，载物超过车箱栏板时，货物上不准乘人。

（3）除驾驶室和车厢外的任何部位不准载人。

# 第五节 《道路交通安全法》与《实施条例》新规定

道路交通安全法与过去的交通法规相比，法规条文更加全面和完善，内容更加具体，具有良好的可操作性，具体有以下重大突破和新规定。

## 一、《道路交通安全法》17 项重大突破

### （一）一年内积分为零可延长驾照审验期

公安机关交通管理部门对机动车驾驶人违反道路交通安全法律、法规的行为，除依法给予行政处罚外，实行累积记分制度。对遵守道路交通安全法律、法规，在一年内无累积记分的机动车驾驶人，可以延长机动车驾驶证的审验期。

按照法律，公安机关交通管理部门对累积记分达到规定分值的机动车驾驶人，扣留机动车驾驶证，对其进行道路交通安全法律、法规教育，重新考试；考试合格的，发还其机动车驾驶证。

法律还规定，机动车的驾驶培训实行社会化，由交通主管部门对驾驶培训学校、驾驶培训班实行资格管理。驾驶培训学校、驾驶培训班应当严格按照国家有关规定，对学员进行道路交通安全法律、法规、驾驶技能的培训，确保培训质量。任何国家机关以及驾驶培训和考试主管部门不得举办或者参与举办驾驶培训学校、驾驶培训班。

### （二）机动车年检不得随意搭车停车泊位证将与安检脱钩

根据刚刚通过的《道路交通安全法》，任何地方在进行机动车安全技术检验时，只需提供机动车行驶证和机动车第三者责任强制保险，机动车安检机构应当予以检验，任何单位不得附加其他条件。这就意味着，机动车安检将与停车泊位等完全脱钩，任何人不得在机动车送检时要求车主提供停车泊位证明以及其他与机动车安全性能无关的任何证明。

根据法律，对登记后上道路行驶的机动车，应当依照法律、行政法规的规定，根据车辆用途、载客载货数量、使用年限等不同情况，定期进行安全技术检验。对符合机动车国家安全技术标准的，公安机关交通管理部门应当发给检验合格标志。

法律还规定，机动车安检实行社会化，具体办法由国务院规定。对于机动车安检实行社会化的地方，任何单位不得要求机动车到指定场所进行检验。机动车安检机构对机动车检验收取费用，应当严格执行国务院价格主管部门核定的收费标准。

对于停车泊位，法律规定，新建、改建、扩建的公共建筑、商业街区、居住

区、大（中）型建筑等，应当配建、增建停车场；停车泊位不足的，应当及时改建或者扩建；投入使用的停车场不得擅自停止使用或者改作他用。在城市道路范围内，在不影响行人、车辆通行的情况下，政府有关部门可以施划停车泊位。

### （三）机动车行经人行横道须减速行人违反交规将受罚

道路交通安全法明确保护行人的权益，规定机动车行经人行横道时，应当减速行驶；遇行人正在通过人行横道，应当停车让行。

机动车行经没有交通信号的道路时，遇行人横过道路，应当避让。学校、幼儿园、医院、养老院门前的道路没有行人过街设施的，应当施划人行横道线，设置提示标志。城市主要道路的人行道，应当按照规划设置盲道。盲道的设置应当符合国家标准。

行人通过路口或者横过道路，应当走人行横道或者过街设施；通过有交通信号灯的人行横道，应当按照交通信号灯指示通行；通过没有交通信号灯、人行横道的路口，或者在没有过街设施的路段横过道路，应当在确认安全后通过。行人不得跨越、倚坐道路隔离设施，不得扒车、强行拦车或者实施妨碍道路交通安全的其他行为。

行人、乘车人、非机动车驾驶人违反道路交通安全法律、法规关于道路通行规定的，处警告或者五元以上五十元以下罚款；非机动车驾驶人拒绝接受罚款处罚的，可以扣留其非机动车。

### （四）我国普遍实行机动车第三者责任强制保险制度

针对现实生活中，一些机动车没有参加第三者责任险，发生交通事故后，有无力为伤者治疗或者善后处理的情况，国家实行机动车第三者责任强制保险制度，设立道路交通事故社会救助基金。

按照法律，国务院将就此规定具体的实施办法。第三者责任强制保险将是机动车定期安检需要查验的一项重要内容。法律还规定，机动车所有人、管理人未按照国家规定投保第三者责任强制保险的，由公安机关交管部门扣留车辆至依照规定投保后，并处依照规定投保最低责任限额应交纳的保险费的二倍罚款。罚款全部纳入道路交通事故社会救助基金。

机动车发生交通事故造成人身伤亡、财产损失的，由保险公司在机动车第三者责任强制保险责任限额范围内予以赔偿。超过责任限额的部分再由当事人承担赔偿责任。

医疗机构对交通事故中的受伤人员应当及时抢救，不得因抢救费用未及时支付而拖延救治。肇事车辆参加机动车第三者责任强制保险的，由保险公司在责任限额范围内支付抢救费用；抢救费用超过责任限额的，未参加机动车第三者责任强制保险或者肇事后逃逸的，由道路交通事故社会救助基金先行垫付或者全部抢救费用，道路交通事故社会救助基金管理机构有权向交通事故责任人追偿。

**（五）醉酒驾车要处以吊销机动车驾驶证及依法追究刑事责任**

《道路交通安全法》严禁酒后驾车，加大了对饮酒、醉酒后驾车的法律处罚力度。按照这一法律，饮酒后驾驶机动车的，处暂扣六个月机动车驾驶证，处以十五日拘留，并处五千元罚款。醉酒后驾驶机动车的，由公安机关交通管理部门约束至酒醒，吊销机动车驾驶证，五年内不得重新取得机动车驾驶证，依法追究刑事责任。

对于驾驶营运机动车的，酒后驾车的法律处罚更加严厉：饮酒后驾车，处十五日拘留，吊销机动车驾驶证，五年内不得重新取得机动车驾驶证，依法追究刑事责任，并处五千元罚款；醉酒后驾车，由公安机关交管部门约束至酒醒，吊销机动车驾驶证，五年内不得重新取得机动车驾驶证，依法追究刑事责任。

此外，法律还规定，除饮酒外，服用国家管制的精神药品或者麻醉药品，或者患有妨碍安全驾驶机动车的疾病，或者过度疲劳影响安全驾驶的，不得驾驶机动车。任何人不得强迫、指使、纵容驾驶人违反道路交通安全法律、法规和机动车安全驾驶要求驾驶机动车。

**（六）法律给予行人特别保护**

《道路交通安全法》对于机动车与非机动车驾驶人、行人之间发生交通事故的，规定由机动车一方承担责任。法律还规定，有证据证明非机动车驾驶人、行人违反道路交通安全法律、法规，机动车驾驶人已经采取必要处置措施的，减轻机动车一方的责任。法律还规定了机动车一方唯一的免责条件：交通事故的损失是由非机动车驾驶人、行人故意造成的，机动车一方不承担责任。

全国人大常委会在审议这部法律草案时，许多委员认为，行人应当遵守交通规则，但是机动车作为高速运输工具，对行人、非机动车驾驶人的生命财产安全具有一定危险性，发生交通事故后，受伤害的通常是行人和非机动车驾驶人，应当区分机动车之间相撞和机动车撞人的不同赔偿原则。国外对行人受伤害一般也是予以特别保护的。同时，按照《中华人民共和国民法通则》的规定，高速运输工具造成损害的，应当承担无过失责任。因此法律做了上述规定。

但对于机动车之间发生交通事故的，法律则采用过错原则分担责任：由有过错的一方承担赔偿责任；双方都有过错的，按照各自过错的比例分担责任。

由于法律规定机动车必须参加第三者责任强制保险，按照法律规定，机动车发生交通事故造成人身伤亡、财产损失的，由保险公司在机动车第三者责任强制保险责任限额范围内予以赔偿。只有超过责任限额的部分，才会牵涉到事故各方的赔偿责任问题。

### （七）"特权车"非执行紧急任务不享有优先通行权

对警车、消防车、救护车、工程救险车这类"特权车"的通行做出规定：非执行紧急任务时，不得使用警报器、标志灯具，不享有相应的道路优先通行权。

法律规定，警车、消防车、救护车、工程救险车应当按照规定喷涂标志图案，安装警报器、标志灯具。其他机动车不得喷涂、安装、使用上述车辆专用的或者与其相类似的标志图案、警报器或者标志灯具。警车、消防车、救护车、工程救险车应当严格按照规定的用途和条件使用。公路监督检查的专用车辆，应当依照公路法的规定，设置统一的标志和示警灯。

法律规定，警车、消防车、救护车、工程救险车执行紧急任务时，可以使用警报器、标志灯具；在确保安全的前提下，不受行驶路线、行驶方向、行驶速度和信号灯的限制，其他车辆和行人应当让行。道路养护车辆、工程作业车进行作业时，在不影响过往车辆通行的前提下，其行驶路线和方向不受交通标志、标线限制，过往车辆和人员应当注意避让。洒水车、清扫车等机动车应当按照安全作业标准作业；在不影响其他车辆通行的情况下，可以不受车辆分道行驶的限制，但是不得逆向行驶。

法律还规定，非法安装警报器、标志灯具的，由公安机关交通管理部门强制拆除，予以收缴，并处二百元以上二千元以下罚款。

对于军车，全国人大常委会在审议法律时没有将其纳入"特种车"的管理范畴，全国人大法律委员会认为军车一般情况下应遵守交通规则，对执行军事任务时需要优先通行的，可以在有关法律中作规定。因为法律规定，中国人民解放军和中国人民武装警察部队在编机动车牌证、在编机动车检验以及机动车驾驶人考核工作，由中国人民解放军、中国人民武装警察部队有关部门负责。

### （八）法律规定超载运输严禁上路违者重罚

当前，机动车超载是造成重大交通事故频发的主要原因之一。道路交通安全法对机动车超载特别是营运车辆为追求经济效益一再超载的违法行为，加大处罚力度。

法律规定，机动车载物应当符合核定的载质量，严禁超载。机动车载人不得超过核定的人数，客运机动车不得违反规定载货。禁止货运机动车载客。

按照法律规定，公路客运车辆载客超过额定乘员、货运机动车超过核定载质量的，处二百元以上五百元以下罚款；客运车辆载客超过额定乘员20%或者违反规定载货的，货运机动车超过核定载质量30%或者违反规定载客的，处五百元以上二千元以下罚款。有类似行为的，由公安机关交通管理部门扣留机动车至违法状态消除。运输单位的车辆有类似情形，经处罚不改的，对直接负责的主管人员处二千元以上五千元以下罚款。

**（九）　法律设定十三条"高压线"严禁交警权力寻租行为**

《道路交通安全法》要求交通警察依据法定的职权和程序实施道路交通安全管理，严禁通过权力寻租的方式来谋取私利。

法律规定，交通警察有下列行为之一的，依法给予行政处分：

1. 为不符合法定条件的机动车发放机动车登记证书、号牌、行驶证、检验合格标志的。

2. 批准不符合法定条件的机动车安装、使用警车、消防车、救护车、工程救险车的警报器、标志灯具，喷涂标志图案的。

3. 为不符合驾驶许可条件、未经考试或者考试不合格人员发放机动车驾驶证的。

4. 不执行罚款决定与罚款收缴分离制度或者不按规定将依法收取的费用、收缴的罚款及没收的违法所得全部上缴国库的。

5. 举办或者参与举办驾驶学校或者驾驶培训班、机动车修理厂或者收费停车场等经营活动的。

6. 利用职务上的便利收受他人财物或者谋取其他利益的。

7. 违法扣留车辆、机动车行驶证、驾驶证、车辆号牌的。

8. 使用依法扣留的车辆的。

9. 当场收取罚款不开具罚款收据或者不如实填写罚款额的。

10. 徇私舞弊，不公正处理交通事故的。

11. 故意刁难，拖延办理机动车牌证的。

12. 非执行紧急任务时使用警报器、标志灯具的。

13. 违反规定拦截、检查正常行驶的车辆的。

14. 非执行紧急公务时拦截搭乘机动车的。

15. 不履行法定职责的。

法律规定，公安机关交通管理部门有上述行为之一的，对直接负责的主管人员和其他直接责任人员给予相应的行政处分；给予交通警察行政处分的，在做出行政处分决定前，可以停止其执行职务；必要时，可以予以禁闭；受到降级或者撤职行政处分的，可以予以辞退；交通警察受到开除或者被辞退的，应当取消警衔；受到撤职以下行政处分的交通警察，应当降低警衔。

法律还规定，公安机关交通管理部门及其交警有这些行为之一，给当事人造成损失的，应当依法承担赔偿责任。

**（十）　无照驾车可能被并处十五日以下拘留**

未取得机动车驾驶证、机动车驾驶证被吊销或者机动车驾驶证被暂扣期间驾驶机动车的，由公安机关交通管理部门处二百元以上二千元以下的罚款，还可并处十五日以下拘留。

将机动车交由未取得机动车驾驶证或者机动车驾驶证被吊销、暂扣的人驾驶的；造成交通事故后逃逸，尚不构成犯罪的；机动车行驶超过规定时速50%的；强迫机动车驾驶人违反道路交通安全法律、法规和机动车安全驾驶要求驾驶机动车，造成交通事故，尚不构成犯罪的；违反交通管制的规定强行通行，不听劝阻的；故意损毁、移动、涂改交通设施，造成危害后果，尚不构成犯罪的；非法拦截、扣留机动车辆，不听劝阻，造成交通严重阻塞或者较大财产损失的，由公安机关交通管理部门处二百元以上二千元以下的罚款，根据不同情节，还可并处吊销机动车驾驶证或十五日以下拘留。

**（十一）因道路违法施工受损可获赔偿**

在道路上违法施工，不仅影响道路通行，还常常会使行人、车辆受到损害。为此，道路交通安全法规定，未经批准，擅自挖掘道路、占用道路施工或者从事其他影响道路交通安全活动的，由道路主管部门责令停止违法活动，并恢复原状，可以依法给予罚款；致使通行的人员、车辆及其他财产遭受损失的，依法承担赔偿责任。

法律规定，未经许可，任何单位和个人不得占用道路从事非交通活动。因工程建设需要占用、挖掘道路，或者跨越、穿越道路架设、增设管线设施，应当事先征得道路主管部门的同意；影响交通安全的，还应当征得公安机关交通管理部门的同意。施工作业单位应当在经批准的路段和时间内施工作业，并在距离施工作业地点来车方向安全距离处设置明显的安全警示标志，采取防护措施；施工作业完毕，应当迅速清除道路上的障碍物，消除安全隐患，经道路主管部门和公安机关交通管理部门验收合格，符合通行要求后，方可恢复通行。

法律规定，道路施工作业或者道路出现损毁，未及时设置警示标志、未采取防护措施，或者应当设置交通信号灯、交通标志、交通标线而没有设置或者应当及时变更交通信号灯、交通标志、交通标线而没有及时变更，致使通行的人员、车辆及其他财产遭受损失的，负有相关职责的单位应当依法承担赔偿责任。

法律还规定，在道路两侧及隔离带上种植树木、其他植物或者设置广告牌、管线等，遮挡路灯、交通信号灯、交通标志，妨碍安全视距的，由公安机关交通管理部门责令行为人排除妨碍；拒不执行的，处二百元以上二千元以下罚款，并强制排除妨碍，所需费用由行为人负担。

**（十二）拖车不得向车主收取费用**

《道路交通安全法》规定，公安机关交通管理部门拖车不得向当事人收取费用，并应当及时告知当事人停放的地点。因采取不正确的方法拖车造成机动车损坏的，应当依法承担补偿责任。

法律还规定，对违反道路交通安全法律、法规关于机动车停放、临时停车规定的，公安机关交通管理部门可以指出违法行为，并予以口头警告，令其立即驶离。机动车驾驶人不在现场或者虽在现场但拒绝立即驶离，妨碍其他车辆、行人通行的，处二十元以上二百元以下罚款，并可以将该机动车拖移至不妨碍交通的地点或者公安机关交通管理部门指定的地点停放。

在《道路交通安全法》制定过程中，拖车收费的问题引起了全国人大常委会组成人员的关注。有关方面主要反映的问题有：有的在未设禁停标志或标志不明显的地点停车，结果被拖走；有的拖车收费过高，从二三百元到数千元不等；有的将车辆拖走后不通知车主，车主不知应到哪里取车；有的在拖车过程中野蛮操作，造成被拖车辆损坏；有的将无法拖走的车锁住，影响道路通行，等等。

经过多次审议、修改后，表决通过的法律关于"拖车"的规定与原先的草案相比，更加注意保护车主的合法权益。

### （十三）道路交通事故可以"私了"

在道路上发生交通事故，未造成人身伤亡，当事人对事实及成因无争议的，可以即行撤离现场，恢复交通，自行协商处理损害赔偿事宜。这意味着，一些小的交通事故可以由双方当事人协商"私了"，而不必通过公安机关交通管理部门处理。

在道路上发生交通事故，车辆驾驶人应当立即停车，保护现场；造成人身伤亡的，车辆驾驶人应当立即抢救受伤人员，并迅速报告执勤的交通警察或者公安机关交通管理部门。因抢救受伤人员变动现场的，应当标明位置。乘车人、过往车辆驾驶人、过往行人应当予以协助。

在道路上发生交通事故，仅造成轻微财产损失，并且基本事实清楚的，当事人应当先撤离现场再进行协商处理。

公安机关交通管理部门接到交通事故报警后，应当立即派交通警察赶赴现场，先组织抢救受伤人员，并采取措施，尽快恢复交通。公安机关交通管理部门应当根据事故现场勘验、检查、调查情况和有关的检验、鉴定结论，及时制作交通事故认定书，作为处理交通事故的证据。

对交通事故损害赔偿的争议，当事人可以请求公安机关交通管理部门调解，也可以直接向人民法院提起民事诉讼。经公安机关交通管理部门调解，当事人未达成协议或者调解书生效后不履行的，当事人可以向人民法院提起民事诉讼。

### （十四）司机肇事逃逸将终生禁止开车

在现实生活中，个别司机在发生交通事故时，为逃避责任，不但不救人，反而会驾车逃跑。根据《道路交通安全法》，如果机动车驾驶人造成交通事故后逃逸，将被吊销驾照，且终生不得重新取得机动车驾驶证。

法律规定，违反道路交通安全法律、法规的规定，发生重大交通事故，构成犯罪的，依法追究刑事责任，并由公安机关交通管理部门吊销机动车驾驶证。造成交通事故后逃逸的，由公安机关交通管理部门吊销机动车驾驶证，且终生不得重新取得机动车驾驶证。

法律规定，车辆发生交通事故后逃逸的，事故现场目击人员和其他知情人员应当向公安机关交通管理部门或者交通警察举报。举报属实的，公安机关交通管理部门应当给予奖励。

法律还规定，对六个月内发生二次以上特大交通事故负有主要责任或者全部责任的专业运输单位，由公安机关交通管理部门责令消除安全隐患，未消除安全隐患的机动车，禁止上道路行驶。

### (十五) 高速公路行车最高时速不得超过 120 千米

道路交通安全法规定，机动车行驶超过规定时速 50% 的，公安机关交管部门将处二百元以上二千元以下罚款，可以并处吊销机动车驾驶证。

法律还对高速公路行车的最高时速做了限制：高速公路限速标志标明的最高时速不得超过 120 千米。

有常委会委员审议时提出，高速公路 120 千米的最高限速太低，建议不做具体规定或者对最高时速再提高一些。全国人大法律委员会经与国务院法制办、公安部反复研究认为，在高速公路上车速太快，十分危险，一旦出现紧急情况，往往难以控制，极易发生恶性事故。因此，对高速公路规定最高限速是必要的。从我国目前的路况、车况和以往发生交通事故的情况考虑，规定高速公路的最高时速为 120 千米比较合适。

法律规定，行人、非机动车、拖拉机、轮式专用机械车、铰接式客车、全挂拖斗车以及其他设计最高时速低于 70 千米的机动车，不得进入高速公路。任何单位、个人不得在高速公路上拦截检查行驶的车辆，公安机关的人民警察依法执行紧急公务除外。

### (十六) 任何单位不得给交通管理部门下达或者变相下达罚款指标

《道路交通安全法》明确规定，任何单位不得给公安机关交通管理部门下达或者变相下达罚款指标，公安机关交通管理部门也不得以罚款数额作为考核交通警察的标准。这一规定有利于从源头上杜绝交通管理中的乱罚款现象。

在《道路交通安全法》制定过程中，有的部门反映，交通警察的经费来源很不统一。除国家行政编制警以外，还有地方行政编制警、地方事业编制警等共四种编制。财政不能保障交警的经费，大量"吃杂粮"的"规费警察"需要靠罚款、收费养活；有的地方政府由于财政困难，甚至给交警下达罚没指标；有的虽然没有明确的指标，但是把拨付交警的经费与交警上交的罚款挂钩。要从根本上解决乱收费、乱罚款问题，必须实行真正的收支两条线制度，一方面要保证交警的经费，另一方面要切断交警执法与其自身利益之间的联系。

公安机关交管部门及其交通警察对超越法律、法规规定的指令，有权拒绝执行，并同时向上级机关报告。依照本法发放牌证等收取工本费，应当严格执行国务院物价主管部门核定的收费标准，并全部上缴国库。公安机关交通管理部门依法实施罚款的行政处罚，应当依照有关法律、行政法规的规定，实施罚款决定与罚款收缴分离；收缴的罚款以及依法没收的违法所得，应当全部上缴国库。

这一规定切断了交警执法与其自身利益之间的联系，有效遏制交通管理中乱罚款、以罚代法等现象。

### （十七）公车私用故意遮挡车号牌可处二百元以下罚款

按照《道路交通安全法》规定，机动车号牌应当按照规定悬挂并保持清晰、完整，不得故意遮挡、污损。故意遮挡、污损或者不按规定安装机动车号牌的，将处警告或者二十元以上二百元以下罚款。

机动车登记证书、号牌、行驶证的式样由国务院公安部门规定并监制。公安机关交通管理部门以外的任何单位或者个人不得发放机动车号牌或者要求机动车悬挂其他号牌（除法律另有规定的除外）。任何单位和个人不得收缴、扣留机动车号牌。

## 二、《道路交通安全法》实施条例新规定

### （一）新手上路驾车要贴标

在实习期内驾驶机动车的，不能在车上张贴"我是新手，请多关照"之类的标语，而应当在车身后部粘贴或者悬挂统一式样的实习标志。另外，机动车驾驶人初次申领机动车驾驶证后的 12 个月为实习期，在实习期内不得驾驶公共汽车、营运客车或者正在执行任务的警车、消防车、救护车、工程救险车以及载有爆炸物品、易燃易爆化学物品、剧毒或者放射性等危险物品的机动车；驾驶的机动车不得牵引挂车。

### （二）司机守规矩换证有奖

实施条例中，对驾驶证的换发采取了一种"奖励式"的方法。具体为：机动车驾驶人在驾驶证的 6 年有效期内，每个记分周期均未达到 12 分的，换发 10 年有效期的机动车驾驶证；在驾驶证的 10 年有效期内，每个记分周期均未达到 12 分的，换发长期有效的机动车驾驶证。换发机动车驾驶证时，公安机关交通管理部门应当对驾驶证进行审验。

### （三）警车夜里不准拉警笛

实施条例对特种车使用警报器做出了严格的规定。对于警车、消防车、救护车、工程救险车这类的特种车，如果在执行紧急任务遇交通受阻时，可以断续使用警报器，但必须遵守下列规定：不得在禁止使用警报器的区域或者路段使用警报器；夜间在市区不得使用警报器；列队行驶时，前车已经使用警报器的，后车不再使用警报器。

### （四）开车打手机等着挨罚

很多车祸是由驾驶员在行车过程中打手机、看电视而引起的，为了杜绝这种现象，"新交法"实施条例中对此做出了相应的处罚规定。

在车门、车厢没有关好时不得行车；在机动车驾驶室的前后窗范围内不得悬挂、放置妨碍安全驾驶的物品；不得有拨打接听手持电话、观看电视等妨碍安全驾驶的行为；严禁下陡坡时熄火或者空挡滑行；禁止向道路上抛撒物品；驾驶摩托车不得手离车把或者在车把上悬挂物品；连续驾驶机动车超过 3 小时必须停车休息或者停车休息时间至少要 20 分钟；严禁在禁止鸣喇叭的区域或者路段鸣喇叭。

### （五）年检时间有新规定

与过去的交通管理条例相比，"新交法"实施条例对车辆年检的时间有了新的规定。比如营运载客汽车 5 年以内每年检验 1 次；超过 5 年的，每 6 个月检验 1 次；载货汽车和大型、中型非营运载客汽车 10 年以内每年检验 1 次；超过 10 年的，每 6 个月检验 1 次；小型、微型非营运载客汽车 6 年以内每 2 年检验 1 次；超过 6 年的，每年检验 1 次；超过 15 年的，每 6 个月检验 1 次；摩托车 4 年以内每 2 年检验 1 次；超过 4 年的，每年检验 1 次。

随着我国道路高速网络的不断扩大，摩托车将有可能在高速公路上驰骋。实施条例中，还对车辆在高速公路上的行驶速度有了更严格的规定。条例规定：高速公路应当标明车道的行驶速度，最高车速不得超过每小时 120 千米，最低正常行驶车速不得低于每小时 60 千米；在高速公路上行驶的小型载客汽车最高车速不得超过每小时 120 千米，其他机动车不得超过每小时 100 千米，摩托车不得超过每小时 80 千米。

### （六）卸载费用超载司机出

每到春运或者旅游高峰，公路客运超载的现象频频见诸报端，成了社会一大公害。这次实施条例草案中对这些受利益驱动置相关规定于脑后的司机也做出了明确的处罚规定：公路客运载客汽车超过核定乘员、载货汽车超过核定载质量，公安机关交通管理部门依法扣留机动车后，驾驶人应当将超载的乘车人转运、将超载的货物卸载，费用由超载机动车的驾驶人承担。

### （七）事故救助费用有出处

在处理交通事故中，对于事故现场需要救助的做出了详细的说明，交通警察应当及时赶到交通事故现场，协助医疗急救部门对受伤人员实施紧急救助。医疗机构救治交通事故受伤人员的抢救费用，由公安机关交通管理部门通知保险公司支付或者道路交通事故社会救助基金管理机构先行垫付。另外，机动车与机动车、机动车与非机动车在道路上发生未造成人身伤亡的交通事故，当事人对事实及成因无争议的，在记录交通事故的时间、地点、对方当事人的姓名和联系方式、机动车牌号、驾驶证号、保险凭证号、碰撞部位，并共同签名后，撤离现场，自行协商损害赔偿事宜。

### （八）事故多单位要被处理

出现车祸，以前都是驾驶员的责任，现在单位也脱不了干系。特别加注了对专业运输单位频发恶性事故有了相关处罚条款：6个月内发生2起一次死亡3人以上的交通事故，且其单位或者车辆驾驶人在交通事故中为单方过错或者主要过错的，专业运输单位所在地的公安机关交通管理部门应当报经地级公安机关交通管理部门批准后，做出责令限期消除安全隐患的决定，禁止其未消除安全隐患的机动车上路行驶，并通报交通事故发生地及运输单位属地的安全生产监督管理部门和交通行政主管部门。

## 第六节　新法规主要方面讨论

### 一、行人在人行横道上拥有绝对优先权

为了保证人的健康权、生命权，保障良好的交通秩序，本法特别从通行权利的分配上充分保护行人的生命安全：一是赋予行人在人行横道上的绝对优先权。规定机动车行经人行横道，应当减速行驶。遇行人通行，必须停车让行；二是保护无交通信号情况下的行人横过道路权。规定在没有交通信号的道路上，机动车要主动避让行人。这些规定有利于让机动车驾驶人尽高度注意义务，防止因疏忽大意、采取措施不当而发生交通事故，同时也与国际上通行的规定一致，是一个重大的进步。

### 二、尊重生命快速处理事故

规定了交通事故当事人、交通警察、医院的救治义务，尽可能地保护事故伤者的生命安全。一是规定事故车辆驾驶人应当立即抢救伤者，乘车人、过往车辆驾驶人、过往行人应当予以协助；二是规定交通警察赶赴事故现场处理，应当先

组织抢救受伤人员；三是规定医院应当及时抢救伤者，不得因抢救费用问题而拖延救治。

实行事故现场的快速处理。一是在道路上发生交通事故，未造成人员伤亡，当事人对事实及成因无争议的，可以即行撤离现场，恢复交通，自行协商处理损害赔偿事宜。不即行撤离现场的，应当迅速报告执勤的交通警察或者公安交通管理部门；二是在道路上发生交通事故，仅造成轻微财产损失，并且基本事实清楚的，当事人应当先行撤离现场再进行协商。

## 三、机动车一方承担交通事故民事责任

《道路交通安全法》对机动车与行人、非机动车驾驶人发生交通事故的民事赔偿责任进行了规定。

根据《中华人民共和国民法通则》的规定，机动车作为高速运输工具，对行人、非机动车驾驶人的生命财产安全具有一定危险性，发生交通事故时，应当由机动车一方承担民事责任；如果能够证明损害是由受害人故意造成的，不承担民事责任。本法第七十六条第一款第（二）项规定：机动车与非机动车驾驶人、行人之间发生交通事故的，由机动车一方承担责任；但是，有证据证明非机动车驾驶人、行人违反道路交通安全法律、法规，且机动车驾驶人已经采取必要处置措施的，减轻机动车一方的责任。从目前各国规定的发展趋势看，有些国家已从过去采用的过错原则、无过错原则，到严格责任，即对机动车与非机动车及行人发生交通事故，由机动车一方承担责任。但是，有证据证明非机动车驾驶人、行人违反道路交通安全法律、法规，且机动车驾驶人已经采取必要处置措施的，可以减轻责任，以体现对行人、非机动车驾驶人的保护。

## 四、强制保险和社会救助基金

《道路交通安全法》规定了机动车实行第三者责任强制保险制度，并设立道路交通事故社会救助基金。利用强制保险解决交通事故损害赔偿，通过浮动保费减少交通安全违法行为和交通事故，是发达国家的通常做法。实行机动车第三者责任强制保险，同时建立道路交通事故社会救助基金，用于支付交通事故受伤人员的抢救费用，对于尽力挽救伤者生命，体现社会对生命权的尊重，减少社会矛盾，都有着积极的意义；同时，机动车第三者责任强制保险由于与机动车行车安全实绩挂钩，实行费率上下浮动，利用经济杠杆控制交通事故的发案，不仅有利于规范保险市场，更重要的是有利于交通事故的预防，促进道路交通安全，有利于社会的稳定。

## 五、罚款力度加大

随着社会经济发展和人民生活水平的提高，对交通违法行为的处罚，如不按规定停车、违反交通信号（闯红灯）、违反交通标志标线规定，尤其是超载、超速行驶等严重违反交通管理的行为，原规定罚款 5 元，处罚明显偏低。综合考虑处罚的惩戒效果、人们的承受能力与其他法律罚款设定的协调以及全国各地的差异等因素，本法规定的罚款幅度为：对行人、乘车人、非机动车驾驶人违反道路交通安全法律、法规关于道路通行规定的，处警告或者二十元以上二百元以下罚款；对机动车驾驶人违反道路交通安全法律、法规关于道路通行规定的，可以处二十元以上二百元以下罚款；对饮酒后驾驶机动车的，处一千元以上二千元以下罚款；饮酒后驾驶营运机动车的，处十五日拘留，并处五千元罚款；公路客运车辆载客超过额定乘员的，处二百元以上五百元以下罚款；超过额定乘员百分之二十或者违反规定载货的，处五百元以上二千元以下罚款；货运机动车超过核定载质量的，处二百元以上五百元以下罚款；超过核定载质量百分之三十或者违反规定载客的，处五百元以上二千元以下罚款。运输单位车辆超载的，经处罚不改的，对直接负责的主管人员处二千元以上五千元以下罚款；对无证驾驶，将机动车交给无证人或被吊销、暂扣的人驾驶，造成交通事故后逃逸尚不构成犯罪的，机动车超过规定时速 50%的，驾驶无牌无证机动车等严重违法行为，处二百元以上二千元以下罚款，等。

非法安装警报器、标志灯具的，由公安机关交通管理部门强制拆除，予以收缴，并处二百元以上二千元以下罚款。

机动车所有人、管理人未按照国家规定投保机动车第三者责任强制保险的，由公安机关交通管理部门扣留车辆至依照规定投保后，并处依照规定投保最低责任限额应缴纳的保险费的两倍罚款。

未取得机动车驾驶证、机动车驾驶证被吊销或者机动车驾驶证被暂扣期间驾驶机动车的；将机动车交由未取得机动车驾驶证或者机动车驾驶证被吊销、暂扣的人驾驶的；造成交通事故后逃逸，尚不构成犯罪的；机动车行驶超过规定时速百分之五十的；强迫机动车驾驶人违反道路交通安全法律、法规和机动车安全驾驶要求驾驶机动车，造成道路交通事故，尚不构成犯罪的；违反交通管制的规定强行通行，不听劝阻的；故意损毁、移动、涂改交通设施，造成危害后果，尚不构成犯罪的，处二百元以上二千元以下罚款。

驾驶拼装的机动车或者已达到报废标准的机动车上道路行驶的，处二百元以上二千元以下罚款，并吊销机动车驾驶证。

在道路两侧及隔离带上种植树木、其他植物或者设置广告牌、管线等，遮挡路灯、交通信号灯、交通标志，妨碍安全视距的，由公安机关交通管理部门责令行为人排除妨碍；拒不执行的，处二百元以上二千元以下罚款，并强制排除妨碍，所需费用由行为人负担。

## 六、7 类交通违法者将被拘留

《道路交通安全法》对于以下 7 类交通违法行为规定了拘留的处罚：对醉酒后驾驶机动车或营运机动车的；对未取得机动车驾驶证、机动车驾驶证被吊销或者被暂扣期间驾驶机动车的；造成交通事故后逃逸，尚不构成犯罪的；强迫机动车驾驶人违反道路交通安全法律、法规和机动车安全驾驶要求驾驶机动车，造成交通事故，尚不构成犯罪的；违反交通管制的规定强行通行，不听劝阻的。

# 第七节　道路交通安全法相关热点问题解析

## 一、对交通事故处理的新规定

### （一）尊重人的生命

规定了交通事故当事人、交通警察、医院的救治义务，尽可能地保护事故伤者的生命安全。一是规定事故车辆驾驶人应当立即抢救伤者，乘车人、过往车辆驾驶人、过往行人应当予以协助（第七十条第一款）；二是规定交通警察赶赴事故现场处理，应当先组织抢救受伤人员（第七十二条第一款）；三是规定医院应当及时抢救伤者，不得因抢救费用问题而拖延救治（第七十五条）。

### （二）实行事故现场的快速处理

一是在道路上发生交通事故，未造成人员伤亡，当事人对事实及成因无争议的，可以即行撤离现场，恢复交通，自行协商处理损害赔偿事宜；不即行撤离现场的，应当迅速报告执勤的交通警察或者公安交通管理部门（第七十条第二款）；二是在道路上发生交通事故，仅造成轻微财产损失，并且基本事实清楚的，当事人应当先行撤离现场再进行协商（第七十条第三款）。

### （三）取消责任认定，重证据收集

公安机关交通管理部门应当根据交通事故现场勘验、检查、调查情况和有关检验、鉴定结论，及时制作交通事故认定书，作为处理交通事故的证据。交通事故认定书应当载明交通事故的基本事实、形成原因和当事人的责任，并送达当事人（第七十三条）。

### （四）改革交通事故赔偿的救济途径

除自行协商、向保险公司索赔外，不再把公安机关交通管理部门的调解作为民事诉讼的前置程序，而是规定对交通事故损害赔偿的争议，当事人可以请求公安机关交通管理部门调解，也可以直接向人民法院提起民事诉讼（第七十四条）。

**（五）路外事故，有法可循**

规定车辆在道路以外通行时发生的事故，公安机关交通管理部门接到报案后，也要参照交通事故处理的规定予以办理（第七十七条）。

**（六）重新定义了交通事故的概念，扩大了道路交通事故的范围**

"交通事故"是指车辆在道路上因过错或者意外造成人身伤亡或者财产损失的事件。与现行的《道路交通事故处理办法》中的道路交通事故定义相比，新定义有了明显变化：第一，交通事故不仅是由特定的人员违反交通管理法规造成的，也可以是由于地震、台风、山洪、雷击等不可抗拒的自然灾害造成；第二，交通事故的定义和含义基本与国际接轨。（旧定义：道路交通事故（简称交通事故），是指车辆驾驶人员、行人、乘车人以及其他在道路上进行与交通有关活动的人员，因违反《中华人民共和国道路交通管理条例》和其他道路交通管理法规、规章的行为，过失造成人身伤亡或者财产损失的事故。道路交通事故是当事人的交通违章行为引起的人员伤亡或财产损失的意外事件。）

《道路交通安全法》中还规定了交通事故快速处理。这是因为，目前造成城市道路交通拥堵的重要原因之一，是现行道路交通事故处理模式不适应城市道路交通发展的需要。大量轻微交通事故得不到快速处理，造成交通堵塞。据统计，70%以上的交通事故是仅造成车辆及少量物品损失的轻微交通事故，这些交通事故发生后，当事人都必须等候交通警察到现场来处理，造成道路堵塞。因此，《道路交通安全法》第七十条规定了当事人可以自行撤离现场和必须撤离现场的规定。交通事故快速处理既符合民法中的自愿原则，为当事人自行协商解决提供了法律保障，又借助社会保障机制解决了损害赔偿问题，符合现代社会的生活节奏和时间效率至上的观念；从公安机关交通管理部门执法实践来看，实施交通事故快速处理，对于提高事故处理工作效率，解决警力不足的矛盾，提高办案质量，更好地保障群众合法权益有着重要意义。

## 二、《道路交通安全法》中事故责任的归责原则

《道路交通安全法》对机动车之间发生交通事故、机动车与非机动车驾驶人、行人之间发生交通事故进行了明确的区分，并分别规定了截然不同的事故责任归责原则及承担损害赔偿责任的方式。

**（一）机动车之间发生交通事故的归责原则**

《道路交通安全法》第七十六条第（一）项规定：机动车之间发生交通事故

的，由有过错的一方承担责任；双方都有过错的，按照各自过错的比例分担责任。这意味着，机动车之间发生交通事故时的归责原则是过错责任原则，即机动车之间发生交通事故由有过错的一方承担民事赔偿责任，就是说，机动车驾驶员对交通事故的发生存在主观上的故意或过失（统称有过错）时，才对交通事故损失承担赔偿责任，否则就不必承担赔偿责任。对发生的交通事故，机动车双方都有过错的，那么都应为自己的过错承担相应的赔偿责任。此处并不意味着过错双方仅对各自的损失负责，不对对方损失负责，而是按照过错大小在造成交通事故全部损失中的作用，按比例承担相应的责任。

**（二）机动车与非机动车驾驶人、行人之间发生交通事故的归责原则**

《道路交通安全法》第七十六条第（二）项规定：机动车与非机动车驾驶人、行人之间发生交通事故的，由机动车一方承担责任；但是，有证据证明非机动车驾驶人、行人违反道路交通安全法律、法规，机动车驾驶人已经采取必要处置措施的，减轻机动车一方的责任。这一规定有下列几层含义。

第一，机动车与非机动车驾驶人、行人之间发生交通事故的，其归责原则是严格责任原则即无过错责任原则。无过错责任原则是指行为人对因自己的行为造成的损失，不论其是否有过错都应承担民事责任的一种归责原则。根据《民法通则》的规定，机动车作为高速运输工具，对行人、非机动车驾驶人的生命财产安全具有一定危险性，发生交通事故时，应当由机动车一方承担民事责任。

严格责任原则的确立，符合我国的基本国情，是坚持实事求是和以人为本的结果。实行这一原则特别强调了机动车驾驶员的谨慎驾驶义务，体现了对基本人权的尊重和对弱势群体的保护，可以有效地避免交通事故的发生，最大限度地保障人民的生命财产免受损失。

第二，在实行严格责任原则的同时，如果符合法定的条件，机动车一方的责任可以减轻。这个法定条件包含两个方面，一是"有证据证明非机动车驾驶人、行人违反道路交通安全法律、法规"，二是"机动车驾驶人已经采取必要处置措施"。这两个方面必须同时具备才可以减轻机动车一方的赔偿责任，缺一不可，仅具备一个方面时仍不能减轻机动车一方的责任。这里需要特别指出的是，即使具备上述法定条件的两个方面，在机动车与非机动车驾驶人、行人发生交通事故时，仍只是"减轻"机动车一方的责任，而不是"免除"或"不负"责任。道路交通安全法的这一规定也意味着，非机动车驾驶人、行人违反道路交通安全法律、法规时，也要承担部分损害后果，但只要损害后果不是由非机动车驾驶人、行人故意造成的，就不得全部免除机动车一方的责任。

第三，在特定情况下，机动车一方完全免除责任。如果交通事故的损失是由非机动车驾驶人、行人故意造成的，机动车一方不承担责任，如非机动车驾驶人、行人出于自杀或者非法谋取保险赔偿等目的故意造成交通事故的，机动车一方完全免责，一切后果均由造成该交通事故的非机动车驾驶人、行人承担。

## 三、交通事故损害赔偿主体

赔偿主体为对交通事故损害担负赔偿责任的人。根据我国有关法律的规定，基本上可按照以下两种情况来确定交通事故损害赔偿主体：

### （一）在一般情况下，交通事故责任者是交通事故损害赔偿主体

交通事故责任者因自己的过错行为引起交通事故，对造成的损失应当承担赔偿责任。承担赔偿责任的机动车驾驶员暂时无力赔偿的，由驾驶员所在单位或者机动车所有人负责垫付。

### （二）机动车驾驶员在执行职务中发生交通事故，负有交通事故责任的，由驾驶员所在单位或者机动力所有人承担赔偿责任

驾驶员在执行职务中，即在工作或者生产过程中履行驾驶职责的行为中，其行为是受所在单位或者其机动车所有人委派或者认可的，而且其所在单位或者其机动车所有人是其行为的受益者，所以在执行职务中发生交通事故，负有交通事故责任的，应由其所在单位或者机动车所有人承担赔偿责任。如果机动车驾驶员与其驾驶的机动车不在同一单位，应由驾驶行为的受益方承担赔偿责任。这样规定是跟我国《民法通则》的有关精神相符合的。

## 四、交通事故损害赔偿方式

### （一）保险公司赔偿

《道路交通安全法》第七十六条规定：机动车发生交通事故造成人身伤亡、财产损失的，由保险公司在机动车第三者责任强制保险责任限额范围内予以赔偿。这一规定意味着，在机动车发生交通事故造成人身伤亡、财产损失的，不论是肇事方的责任，还是受害方的责任，其事故损失先由保险公司在机动车第三者责任强制保险责任限额范围内予以赔偿，即由保险公司先行承担赔偿责任。如果在保险责任限额内能够完全弥补受害人的人身损害和财产损失的，则肇事方不再向受害方承担任何赔偿责任。如果保险责任限额不足以弥补交通事故所造成损失的，对超出部分的赔偿责任划分，适用《道路交通安全法》第七十六条第（一）、（二）项确定的归责原则。

### （二）过错责任方赔偿

机动车之间发生交通事故的，由过错一方承担赔偿责任，双方均有过错的，各自承担相应的责任。

### （三）机动车一方赔偿

机动车与非机动车驾驶人、行人之间发生交通事故的，由机动车一方承担赔偿责任。

### （四）非机动车驾驶人、行人自行承担责任

机动车与非机动车驾驶人、行人之间发生交通事故时，如果事故完全是由非机动车驾驶人、行人故意造成的，则机动车一方不承担任何责任，一切损失由非机动车驾驶人、行人负责。

在确定交通事故损害赔偿方式问题上，有两点值得注意：

一是在道路上发生交通事故，未造成人身伤亡，当事人对事实及成因无争议的，可以即行撤离现场，恢复交通，自行协商处理损害赔偿事宜。这意味着，一些小的交通事故可以由双方当事人协商"私了"，而不必通过公安机关交通管理部门处理。

二是为切实保障交通事故受害人及时得到救治和赔偿，国家除了实行机动车第三者责任强制保险制度外，还设立道路交通事故社会救助基金。法律规定，对交通事故中的受伤人员，医疗机构应当及时抢救，不得因抢救费用未及时支付而拖延救治。肇事车辆参加机动车第三者责任强制保险的，由保险公司在责任限额范围内支付抢救费用；抢救费用超过责任限额的，未参加机动车第三者责任强制保险或者肇事后逃逸的，由道路交通事故社会救助基金先行垫付部分或者全部抢救费用，道路交通事故社会救助基金管理机构有权向交通事故责任人追偿。

## 五、交通事故"私了"有关问题

《道路交通安全法》第五章第七十条：在道路上发生交通事故，未造成人身伤亡，当事人对事实及成因无争议的，可以即行撤离现场，恢复交通，自行协商处理损害赔偿事宜；不即行撤离现场的，应当迅速报告执勤的交通警察或者公安机关交通管理部门。在道路上发生交通事故，仅造成轻微财产损失，并且基本事实清楚的，当事人应当先撤离现场再进行协商处理。

什么事故可以私了？有两个条件。一是没有造成人员人身伤亡，二是当事双方对事实和成因没有争议。这两个条件都具备就可以私了或者自行解决。这种事故由于没有行政干预，是非常快捷的。在美国这种车祸叫幸福车祸，为什么幸福呢？没有警察干预，不进行行政处罚，所以感觉比较幸福，所以我们也实行了这个法规。但这里提醒一点要注意，完全没有责任这一方要有取证意识，防止负责任这一方反悔。

但注意，有五种情况不可自行处理。有下列情形的，当事人应当立即报警，不得自行处理：（一）机动车无号牌、未保险；（二）驾驶人无有效驾驶证或者

所驾驶机动车与驾驶证准驾车型不符的；（三）驾驶人饮酒、服用国家管制的精神药品或者麻醉药品的；（四）当事人对事实及成因有争议的；（五）交通事故造成人员轻伤以上损伤或者财产较大损失的。财产较大损失的界限，由省级公安机关交通管理部门规定。

## 六、处理违章驾驶人时如何使用记分制度

在机动车驾驶人违反了道路交通安全法律、法规和规章后，公安交通管理部门除了依照有关规定予以行政处罚外，还要对驾驶人实行交通违章累积记分制度，具体记分办法如下：依据违法行为的严重程度分为 12 分、6 分、3 分、2 分、1 分五种。例如，醉酒后驾车一次记 12 分，酒后开车、逆向行驶一次记 6 分，不按规定调头一次记 3 分，违反车速规定一次记 2 分，对未携带驾驶证一次扣 1 分等。

记分周期为一个年度，总分 12 分。一个记分周期期满后，如果记分累计相加未达到 12 分时，该记分周期予以消除，不转入下一年度。同时作为一种奖励，在一年内无积分累计的驾驶人，给予延长驾驶证审验期限的奖励。

## 七、交通肇事案件法律解释

《最高人民法院关于审理交通肇事刑事案件具体应用法律若干问题的解释》已于 2000 年 11 月 10 日由最高人民法院审判委员会第 1136 次会议通过。为依法惩处交通肇事犯罪活动，根据刑法有关规定，现将审理交通肇事刑事案件具体应用法律的若干问题解释如下。

第一条　从事交通运输人员或者非交通运输人员，违反交通运输管理法规发生重大交通事故，在分清事故责任的基础上，对于构成犯罪的，依照《中华人民共和国刑法》（以下简称《刑法》）第一百三十三条的规定定罪处罚。

第二条　交通肇事具有下列情形之一的，处三年以下有期徒刑或者拘役：

（一）死亡一人或者重伤三人以上，负事故全部或者主要责任的。

（二）死亡三人以上，负事故同等责任的。

（三）造成公共财产或者他人财产直接损失，负事故全部或者主要责任，无能力赔偿数额在三十万元以上的。

交通肇事致一人以上重伤，负事故全部或者主要责任，并具有下列情形之一的，以交通肇事罪定罪处罚：

（一）酒后、吸食毒器后驾驶机动车辆的。

（二）无驾驶资格驾驶机动车辆的。

（三）明知是安全装置不全或者安全机件失灵的机动车辆而驾驶的。

（四）明知是无牌证或者已报废的机动车辆而驾驶的。

（五）严重超载驾驶的。

（六）为逃避法律追究逃离事故现场的。

第三条　"交通运输肇事后逃逸"，是指行为人具有本解释第二条第一款规定和第二款第（一）至（五）项规定的情形之一，在发生交通事故后，为逃避法律追究而逃跑的行为。

第四条　交通肇事具有下列情形之一的，属于"有其他特别恶劣情节"，处三年以上七年以下有期徒刑：

（一）死亡二人以上或者重伤五人以上，负事故全部或者主要责任的。

（二）死亡六人以上，负事故同等责任的。

（三）造成公共财产或者他人财产直接损失，负事故全部或者主要责任，无能力赔偿数额在六十万元以上的。

第五条　"因逃逸致人死亡"，是指行为人在交通肇事后为逃避法律追究而逃跑，致使被害人因得不到救助而死亡的情形。交通肇事后，单位主管人员、机动车辆所有人、承包人或者乘车人指使肇事人逃逸，致使被害人因得不到救助而死亡的，以交通肇事罪的共犯论处。

第六条　行为人在交通肇事后为逃避法律追究，将被害人带离事故现场后隐藏或者遗弃，致使被害人无法得到救助而死亡或者严重残疾的，应当分别依照刑法第二百三十二条、第二百三十四条第二款的规定，以故意杀人罪或者故意伤害罪定罪处罚。

第七条　单位主管人员、机动车辆所有人或者机动车辆承包人指使、强令他人违章驾驶造成重大交通事故，且有本解释第二条规定情形之一的，以交通肇事罪定罪处罚。

第八条　在实行公共交通管理的范围内发生重大交通事故的，依照《刑法》第一百三十三条和本解释的有关规定办理。在公共交通管理的范围外，驾驶机动车辆或者使用其他交通工具致人伤亡或者致使公共财产或者他人财产遭受重大损失，构成犯罪的，分别依照《刑法》第一百三十四条、第一百三十五条、第二百三十三条等规定定罪处罚。

第九条　各省、自治区、直辖市高级人民法院可以根据本地实际情况，在三十万元至六十万元、六十万元至一百万元的幅度内，确定本地区执行本解释第二条第一款第（三）项、第四条第（三）项的起点数额标准，并报最高人民法院备案。

# 思考题

1. 交通规则有何重要作用?

2. 什么是交通信号?有什么作用?分为哪几类?简述指挥灯信号与指挥棒、手势信号的优缺点。

3. 交通标志分为哪几种?指示标志、禁令标志、警告标志各有什么异同?

4. 机动车行驶速度有什么规定?机动车通过无信号控制的交叉路口时应遵守什么规定?

5. 拖拉机装载有什么规定?

# 第七章 农机安全监督检查与违章处理

## 第一节 农机安全监督检查

### 一、农机安全监督检查的内容

#### （一）对驾驶操作人员的检查

1. 检查驾驶操作人员证件，驾驶证、操作证、安全学习卡等，其中包括察看驾驶人员的照片、籍贯、年龄、单位是否相符，所驾机型是否与签注注驾机型相符，是否经过年度审验，是否按时参加安全活动日等。

2. 检查行驶证件，其中包括行驶证件号码是否与号牌及放大号相符，是否与发动机底盘号码相符，是否参加年检，检查合格证签注是否与行驶证相符。

3. 检查驾驶操作人员是否遵章守法，如手续是否齐全，有无饮酒，是否按操作规程作业，是否按照装载规定装载（人员和货物）等。

#### （二）对拖拉机农具技术状况检查

1. 车容、车貌

外观是否整洁，有无漏油、漏水、漏气、漏电现象。号牌是否齐全并按规定位置悬挂，挂车有无放大号。

2. 安全设施检查

灯光、电器、仪表是否齐全有效，离合器、转向器、制动器等工作部位是否灵活可靠，防护网罩、保险丝、安全是否有效。

3. 机车性能

发动机工作情况（起动、怠速、正常工作）：是否冒烟、有无异常响声，制动距离是否符合要求，大中型拖拉机带拖车，以 20 千米/时速度行驶，其制动距离为，空载≤5 米；满载≤6 米；跑偏量≤80 毫米。

#### （三）农业机械作业质量检查

按照农业作业质量标准，深入田间场地对作业质量监督检查，新疆维吾尔自治区标准局 1994 年发布了《农业机械田间作业系列标准耕地作业》DB65/T 2493—1994。可参考《农机运用与管理》课程详细了解有关耕地、整地、播种、铺膜播种、中耕、植保、谷物收获、牧草收获、田间运输 9 项标准。

## 二、检查的方法

1. 利用年检年审集中检查。
2. 监理机关组织有关人员在规定的道路设点检查。
3. 监理机关组织辖区内有关单位的兼职安全监理员互相检查。
4. 基层安全监理人员深入田间地头，场院随时检查。

# 第二节　违章及违章处理

## 一、违章分类

凡是违反《道路交通安全法》《农机安全监理条例》《农机安全操作规程》及其他安全生产规定的行为，无论造成事故与否，均属违章。根据违章情节和造成的后果，分为以下几种。

1. 根据违章情节轻重可分为一般违章、较重违章和严重违章。
2. 根据违章是否造成后果可分为造成危害与未造成危害。
3. 根据违章人员情况可分为驾驶、操作人员违章与一般人员违章。这里主要按违章情节轻重介绍违章的内容、原因和对违章的处理。

### （一）一般违章

违章情节较轻（有碍农机安全和交通管理行为者），一般不致造成严重事故者。

1. 号牌、证照损坏，字迹不清，不及时办理农机及驾驶移动手续。
2. 机车技术状况不好，四漏严重及车容车貌不符合规定，排放物，噪声超过规定，以及仪表、喇叭、后视镜、安全销，安全链、防护网（罩）等安全设施不全或不可靠。
3. 驾驶（操作）农业机械时吸烟、饮食、穿拖鞋、赤足、着高跟鞋等有碍安全行驶作业的。
4. 驾驶（操作）农业机械不带有关证件（驾驶证、行驶证、安全卡等）。
5. 不按规定会车、倒车、停车，违反交通信号、交通标志、交通标线指示，违反车速或装载规定。
6. 违反禁火规定，有防火要求的场合不按要求配备消防设备的。
7. 不按规定使用喇叭、灯光信号，起步未关好车门、车厢等。

**（二）较重违章**

1. 驾驶未经检验或者检验不合格的车辆的，驾驶转向器、制动器、灯光装置等机件不合要求的机动车辆。

2. 饮酒后驾驶车辆的。

3. 驾车下陡坡时熄火、空挡滑行的。

4. 驾驶、操作的农业机械与驾驶、操作证准驾机型不符的。

5. 逆向行驶的。

6. 驾驶室超员乘坐的，挂车违章载人的。

7. 指示强迫他人违反交通规则的。

**（三）严重违章**

1. 无证、醉酒的人驾驶操作农业机械，或者把农业机械交给无证人员驾驶操作的。

2. 驾驶操作无证农业机械，或挪用、转借牌证或驾驶操作证的。

3. 一年内违章记证三次以上的。

4. 用拖拉机农用运输车从事客运营业的。

5. 拒绝农机监理人员检查，妨碍农机监理人员执行公务或围观、恫吓、辱骂、殴打监理人员的。

6. 违章造成事故后果严重的。

## 二、违章处罚规定

**（一）处罚原则**

1. 坚持以教育与处罚相结合的原则。切记以罚代教、以罚代管。

2. 不同情况不同处理。要严格区分情节轻重，态度好坏，初犯还是屡犯，造成后果与未造成后果，给予不同程度的处理，切忌"一刀切"。

3. 知法犯法者要加重处罚。对于怂恿迫使指挥农机驾驶操作人员违章者要加重处罚。

4. 以事实为根据，避免盲目性。要深入调查研究，实事求是，具体问题具体分析，避免主观性和盲目性。

**（二）处罚的种类**

根据违章情节违章处罚分为警告、罚款、吊扣驾驶操作证、吊销驾驶操作证。

1. 对于违章情节较轻的一般违章，根据情况处 20 元以下罚款或警告，可以并处吊扣 3 个月以下驾驶操作证。

2. 对于违章情节较重者，处 30 元以上，100 元以下罚款或者警告，可以并处吊扣 3~6 个月驾驶证。

3. 对于违章情节严重者，处 200 元以下罚款或者警告，可以并处吊扣 6~12 个月驾驶证。按《中华人民共和国治安处罚条例》，可以处 15 日以下拘留。

4. 对于违章情节特别严重，造成重大事故，构成犯罪的，吊销驾驶操作证，追究刑事责任。

最高人民法院，最高人民检察院 1987 年 8 月 21 日发出关于严格以法处理道路交通肇事案件的通知，有以下规定：

（1）具有以下情节之一的，处 3 年以下有期徒刑或者拘役：

①造成死亡一人或重伤 3 人以上的。

②重伤一人以上，情节恶劣后果严重的。

③造成公私财产直接损失的数额，为 3 万~6 万元的。

（2）具有下列情况之一的，可示为情节特别恶劣，处 3 年以上 7 年以下徒刑：

①造成 2 人以上死亡。

②造成公死财产直接损失的数额，为 6 万~10 万元的。

**（三）处罚的实施与程序**

公安部 1988 年 7 月 9 日发布了交通管理处罚程序规定，1991 年 1 月 3 日又发布了交通管理处罚程序补充规定，对交通管理处罚的程序做了明确规定，结合农机的特点，按以下规定办理。

1. 警告，50 元以下罚款，被罚人无异议可由农机监理人员当场裁决。

2. 50 元以上 200 元以下的罚款，吊扣驾驶证，操作证的处罚。由县、市级以上农机监理部门裁决。

3. 吊销驾驶证，操作证的处罚，由地、市、州农机监理部门裁决。

4. 对违章人员需进行治安处罚的交当地公安部门处理。

5. 对需追究刑事责任的，移交公安司法部门依法处理。

6. 农机监理人员对酒后或无证驾驶及驾驶操作无牌证和不合乎安全要求机具的人员，除给予违章处罚外，待采取安全措施确认安全后方可放行或继续作业。

7. 对违章者要给予及时处理，不能及时处理或受处罚当场为交罚款的，农机监理机关可暂扣驾驶或操作证直至车辆，车辆看管费由违章者自负，无正当理由不交罚款的，每迟交一日增加罚款 1~5 元。

8. 农机监理部门在执行处罚收到罚款时，应开具符合规定的收据。否则，被罚款人有权拒绝。

9. 对农机监理部门的处罚不服的，可在接到处罚决定通知之日起 15 日内向上一级农机监理部门提出复议，复议机关应在收到申请书 15 日之内向当地人民法院提出诉讼。

10. 农机监理人员必须秉公执法，不得徇私舞弊，索贿收贿，枉法裁决。违反上述规定的给予行政处分，直至追究刑事责任。

## 思考题

1. 什么是违章？违章处罚有哪几种？
2. 简述农机安全监督检查的内容。
3. 对违章者处罚应遵循什么原则？

# 第八章 农机事故与事故处理

## 第一节 农机事故概述

### 一、农机事故概念

农业机械在乡村道路、田间、场院从事各种作业和停放过程中，发生碰撞、碾压、翻车、落水、火灾等造成人畜伤亡或机械损坏的，均称为农机事故。

发生农机事故需具备的要素：

1. 有农机具参与，农机具参与是农机事故的前提条件，发生事故如果没有农机具参与，就不能称为农机事故。

2. 有特定的地域，在田间、场院、乡村道路。

3. 有一定的表现，发生碰撞、碾压、翻车、落水、失火等现象。

4. 造成一定的后果，人、畜伤亡或机、物损失等后果。

### 二、农机事故分类

#### （一）按事故发生的原因分

1. 责任事故

违反法规，疏忽大意，操纵不当等造成。

2. 机械事故

机车行驶作业中，机件突然损坏、失灵，造成事故。这种损坏又是一般无法事先检查和预防的，如转向器突然失灵，轮胎突然爆破等发生的事故。

3. 破坏性事故

由于坏人的报复、破坏而造成的事故。

4. 其他事故

如自然灾害（气候、地震、地裂等不可抗拒的原因），他人故意造成自身伤害的（如自杀等）事故。

### （二）按事故造成的损害程度分

**1. 小事故**

轻伤 1~2 人；直接经济损失在 500 元以下。

**2. 一般事故**

轻伤 3~10 人；重伤 1~2 人；直接经济损失在 500 元以上 5 000元以下。

**3. 重大事故**

轻伤 10 人以上；重伤 3~10 人；死亡 1~2 人；直接经济损失在 5 000元以上 20 000元以下。

**4. 特大事故**

重伤 10 人以上；死亡 3 人以上；直接经济损失在 20 000元以上。

## 三、农机事故处理工作的作用

农机事故处理工作是农机安全监理工作的重要组成部分，是从保护公民、法人的合法权益和国家集体财产安全的根本目的出发，依据国家法律、行政法规保护遵纪守法者，处罚违章肇事者，从而体现社会主义法律的权威性、严肃性，并以此加强农机安全监理，提高人们的安全意识和防范能力，自觉遵章守法，减少事故发生，维护社会稳定，促进社会主义物质文明和社会主义精神文明建设。

### （一）农机事故处理工作的重要作用

1. 通过处理农机事故，能够正确地认定事故当事者各方的责任程度，并根据责任大小对当事人做相应处理，从而维护国家利益和法律的尊严。

2. 通过处理事故，能够维护遵纪守法者的正当权益，调解公民与公民、公民与法人、法人与法人之间由于事故当事人危害行为而造成的损失赔偿，同时对违章肇事责任者进行行政处罚，触犯法律的追究刑事责任。

3. 通过处理事故，能够实地调查研究各种农机事故发生的原因、条件，掌握其规律、特点，为预防事故提供依据。

4. 通过处理事故，能够为农机安全监理提供真实事例，教育公民引以为戒，遵纪守法，保障安全生产。

### （二）我国关于轻伤、重伤、死亡的划分

1. 轻伤经医务人员诊断需休息一天以上但不致重伤者。

2. 重伤有下列情况之一者为重伤：

（1）经医务人员诊断为残废者或可能成为残废者。

（2）伤势严重需要进行较大手术才能挽救者。

（3）人身要害部位严重烧伤、烫伤，或非要害部位烧伤、烫伤面积占全身面积 1/3 以上者。

（4）严重骨折，如胸骨、肋骨、脊椎骨、腕骨、锁骨、肩胛骨、腿骨和脚骨等骨折，严重脑震荡等。

（5）眼部受伤严重有失明可能。

（6）手部受伤：大拇指折断一节；中指、食指、无名指、小指等任何一指折断两节或任何两指折断一节；局部肢腱受伤甚剧，引起机能障碍，有不能自由伸屈而致残的可能。

（7）脚部受伤：脚趾折断三节以上的，局部肢腱受伤甚剧，引起机能障碍，有不能行走自如可能残废。

（8）内部受伤：内脏损伤，内出血，腹膜伤害。

（9）凡不在上述范围以内的伤害，但经医生诊断后认为受伤较重，可根据实际情况，参考上述各点确定。

3. 死亡

指因农机事故当场死亡和伤后七天内抢救无效死亡。

4. 直接经济损失

指农具、物品、货物、牲畜损失折价，不含误工费、赔偿费、补助费等；也不包括因事故所用间接费用。

# 第二节　事故现场处理

## 一、事故现场的概念及分类

农机事故现场，是指发生农机事故的机械、人、畜及与事故有关的痕迹、物品等所占据的地点、空间场所。

事故现场是由发生事故的时间和自然条件、地形方位与事故有关物体及其相互位置构成的，是客观存在的，是判定事故发生过程的依据，分析事故原因的基础。根据现场的实际情况，可分为以下几种。

### （一）原始现场

事故发生终了时的真实状态。即在现场的机具、车辆和遗留下来的一切物体、痕迹，仍保持着事故发生终了时的原始状态，没有受到破坏或改变的现场。原始现场是相对的，实际上随着时间空间的变化，绝对的原始现场是不存在的。

### （二）变动现场

事故发生后因某种原因，改变了事故发生终了时部分或全部的原始状况的现场。根据现场变动原因不同，又可分为正常变动现场和不正常变动现场：

1. 正常变动现场，由下面的特殊原因改变了原始现场：

（1）为了抢救伤者变动了现场中的机具和有关物体的位置及状态。

（2）由于风吹日晒，雨雪等自然因素而造成现场遗留的痕迹消失，被破坏一部或大部分。

（3）因执行特殊任务的消防、救护、警备车及中央首长、外宾车辆在事故发生后，因任务的需要驶离了现场。

（4）事故发生后，当事人确实没有及时发现，造成事故现场被破坏。

2. 不正常变动现场

（1）伪造现场：当事人为了逃避责任，毁灭证据，嫁祸与他人的目的，有意改变或布置的现场。

（2）逃逸现场：肇事人为逃避责任驾车潜逃而导致事故现场变动。

**（三）恢复现场**

指在事故现场撤除后，由于调查事故原因，确定事故责任的需要，根据现场调查、笔录等材料重新布置恢复的现场。

## 二、现场调查

**（一）现场调查的目的**

现场调查，是指用科学的方法，现代技术手段，对农机事故现场进行实地验证和查询，并将得到的结果完整、准确地记录下来的工作。现场调查是客观、公正、严密的查清事故真相的根本措施，是分析事故原因，认定事故责任的依据，为事故的正确处理及损害赔偿提供证据。

**（二）调查前的辅助工作**

1. 接到事故报告后要认真作好报告登记。写清报告人姓名、工作单位、发生事故地点、时间、情况来源和机型、伤亡情况等情况。接报告人应当签字，重大、特大事故要立即向上级部门和领导报告。

2. 组织好赶赴现场的人员，并携带勘查现场所用仪器、工具、照相、录像等设备，一般以上事故至少要两人参加，重大以上事故领导要参加。

3. 当事故中有死亡时，通知公安司法部门参加。

4. 到达现场后应先确定现场范围和种类，并封闭现场，收缴肇事者驾驶执照。

5. 寻找证人，做好登记，以待进行取证。

6. 重大以上事故，要指定专人看管肇事者，不准与有关人员接触、交谈。

7. 发生逃逸的，要组织人员迅速缉拿归案，并及时报告上级和当地公安部门协助缉查。

### （三）现场调查的内容

**1. 人员调查**

追寻当事人与证人，为询问和取证做好准备。

**2. 时间调查**

准确掌握发生事故的时间，为分析事故提供依据。如追缉逃逸者、与事故有关的时间、工作时间等均需做好记录。

**3. 空间调查**

调查事故发生的地点、场所、车辆、机具、物体、人体、牲畜、痕迹的相对空间位置，以及相对运动方向、路线、速度、冲突点、部位等。

**4. 生理心理调查**

当事者身体、精神状态、心理状态调查。

**5. 后果调查**

调查事故伤亡、车辆、机具、物品损坏、损失情况。

**6. 环境调查**

调查环境条件，自然设施对事故的影响。

### （四）现场调查的要求

要及时迅速。接到报案后要立即赶赴事故现场，以减少现场变动，完整、准确地记录现场情况，及时清理现场，减少人力、物力损失和不良影响，防止和避免当事人和证人互相串通作假证、伪证，尽快恢复交通和生产。

客观真实，实事求是。测绘、拍照、录像要认真细致，反映出现场的真实状态，为正确分析事故原因和处理事故提供可靠的依据。全面细致。调查中要周密、细致，对遗留的痕迹、物体，相互间的位置关系、数量大小，要齐全，测准，不要怕麻烦，力求清楚完整。

要依法调查。调查取证、现场处理都要依法进行，不得以权压人，不得当场发表对事故的看法，更不能发表结论性的意见；依靠群众、相信群众，要广泛调查事故现场目击者，向他们说明政策，广泛听取群众的意见，征得群众的支持。

### （五）制作现场调查笔录

现场调查，除了形成各种具体的调查材料（如制图、拍照、录像等）外，还应制作现场调查笔录，它是其他调查材料不足部分的补充说明，是调查工作的记实，是认定事故责任和追究肇事人刑事责任所必需的诉讼材料。

**1. 现场调查笔录的内容**

（1）报案时间，报案人姓名，事故发生时间。

（2）现场调查人员姓名、职务。

（3）现场调查的起止时间，当时的气候和光线条件。

（4）现场的准确地点位置。

（5）当事人的姓名、性别、年龄、职业、住址及其陈述。

（6）现场变动情况。

（7）发现和提取痕迹、物证的情况。

（8）现场照相或录像的内容和数量，绘制现场图的种类和数量。

（9）现场调查负责人，调查人员，笔录制作人员，当事人和见证人签名。

2. 现场笔录要求

（1）记录的顺序应当与实地调查的顺序、内容相一致，使未参加现场调查的人能通过调查记录对现场有一个基本的了解。

（2）记录的内容要客观、准确，不能把对现场的分析或判断情况记入。

（3）现场路面、地面和机车、农具、其他物品的痕迹、数据要具体记载，不得含混不清。

## 三、现场调查的方法和步骤

### （一）现场调查的方法

根据事故现场范围大小、变动与否，确定调查方法。

1. 离心勘察法

对事故现场比较集中，范围不大的现场，可以以肇事车辆、机具或以接触方位为中心，由内向外进行。

2. 向心调查法

对事故现场较大，不集中时，为了避免外围痕迹被破坏，可以从周围向中心进行调查。

3. 分段调查法

把比较大的事故现场分段，一段一段或几段同时进行调查。对比较分散的重大伤亡事故，由多种机械、人、畜参与，可采用分段调查。

### （二）现场调查的步骤

一般可按进入现场、追寻当事人和证人、现场勘察、技术鉴定、收集证据、收尾工作等步骤进行：

1. 进入现场

首先对现场周围情况有大概了解，检查现场保护工作的完好程度，确定现场范围和种类，保护现场。确定勘察方法，分工进行调查工作。必要时采取紧急措施：抢救伤者、扑灭火灾、抢救物品。但要注意现场的原始状态尽量不破坏或少破坏。必须破坏时，要有必要的记录。

2. 追寻当事人、证人

必要时对肇事人监护。

3. 现场勘察

确定现场方位，确定现场中人、车、物及与事故有关的痕迹、散落物等各自的方位及相互关系；遇到变动现场时，查明变动物原来的位置和状态，确定事故接触点的位置，包括物与物、物与人接触时的部位和各自的方位，分析现场中各种现象的产生和变化的原因。

采用拍照、录像、绘图等手段把事故现场全面、完整、准确地记录下来。

（1）现场拍照、录像。现场拍照、录像贯穿于整个现场调查中。常用的拍摄方法有：

全面拍摄，反映现场轮廓，到达事故现场立即进行。

局部拍摄，反映事故现场某一部分，特别是与事故发生原因有密切关系的部分情况。以接触点为中心拍摄，反映肇事机械和其他物体的关系。

细目拍摄，对事故原因要害部位进行详细拍摄。例如，对刹车印痕、碰撞痕迹、尸体伤痕要害部位细微点和物的拍摄。

（2）绘制现场图。用图形把现场的人、机、畜以及与事故有关的其他物体相互之间的距离表示出来。

①现场草图。在现场绘制反映现场全局、位置、地形、地物、人、畜遗留痕迹、接触点、碰撞点及现场上的其他物体，要求完整清楚地标出实际尺寸。

②现场比例图。依据草图和记录情况，认真准确地用碳素墨笔按比例绘出正规比例图，作为法律依据。还可根据需要，绘制现场整体图，局部放大图，现场端面图，现场辅助图等。

现场图绘制方法可先确定方位，定出基准点，用极坐标法、直角坐标法、或三角测量法等方法绘制。对绘制的现场图核对无误后交当事人、证人及单位审阅签字。

（3）现场测量。现场测量主要是准确确定现场及现场中物体间的方位，为绘制现场图服务。

①测量的方法。一般用三角形定位法。选定固定标（电线杆、路标、树木、建筑物等），以固定标为基准，向道路中心线作垂线，再与事故现场上的一个主要点连成三角形，测出每条边的长度，现场的位置被确定下来。

②测量内容。现场轮廓（长、宽）、路面宽度、沟渠尺寸、坡度等；地面痕迹测量，碰撞点尺寸、刹车印痕、长度，刹车点到接触点、接触点到停车点的距离；车辆、机具、人、畜及其他物品位置等。

4. 技术鉴定

主要是对现场机具、死亡者尸体、场地、痕迹等的鉴定。鉴定的目的是为准确分析事故原因，划分事故责任和正确处理事故提供技术上的依据。

（1）对机械的鉴定。如果是道路事故，应对肇事车辆技术状况作详细鉴定。主要有：制动装置、转向机构、灯光、音响、行走系统，以及其他安全设施技术状态是否良好，对损坏的部件、零件鉴定，如果是其他固定作业事故，主要看机具技术状态是否良好，操作规程、规章制度是否健全，安全设施是否齐全有效。

（2）对遗留痕迹的鉴定。包括接触点、擦碰和碾压部位痕迹、刹车印痕、以及毛发、血迹、皮肉等。

（3）对场地鉴定。路面性质、坚实程度、平坦状况、坡度和弯曲度、交通信号、标志、标线、视野等。

（4）对当事人心理与精神状况粗略鉴定。如有必要，应到专门的鉴定点作详细鉴定。

（5）对尸体的鉴定。尸体鉴定主要是损伤部位、程度鉴定，判断致命部位和原因，并应附加照片。

5. 证言材料收集

（1）当事人证言证词。一是由当事人写出事故经过；二是询问笔录：一般情况（姓名、年龄、单位、出车时间、任务、目的地等），事故详细经过（发现问题、采取措施、对方反应、事故发生后做了哪些事情等），自己对事故的看法（应负什么责任）。

（2）见证人证言证词。一般情况（姓名、年龄、单位、与被证人关系等）；事故发生前后目击到的实际情况（发现时间、地点、本人所处位置、事故主要经过、事故发生后的情况等）；对事故的看法。

（3）在取证时应注意的事项

①向被调查人交代政策，做好思想工作，消除紧张、打消顾虑，提供可靠的证据。

②要相信群众，实事求是，严禁逼供、诱供，更不能违法刑讯逼供。

③注意回避，取证时注意证明人与当事人的关系。

④询问证人要单独进行，对证明材料要保密。

⑤应将笔录读给或交给被调查人检查，无误同意后签字盖章。有勾画改动的地方以及每一页都要签字盖章。

6. 收尾工作

收尾工作主要有两项，一是现场复核，对现场调查的内容、绘制的现场图、现场鉴定资料、收集的证言证词等认真复核，确保准确无误，无遗漏；二是后续工作，主要是对事故现场清理，尽快恢复交通或生产，对当事人作妥善处理。

# 第三节　事故处理

## 一、处理事故的根据和原则

处理农机事故与其他事故、案件一样，其依据主要是事故发生的原因和有关法令、规章。即以事实为根据，以法律为准绳。

处理事故的原则是以责论处，即按当事人在事故中责任大小分别情况处理。

## 二、事故责任认定

### （一）认定依据

依据事故的原因和性质，当事人的违章行为与农机事故之间的因果关系，以及违章行为在农机事故中的作用和事故后果，认定当事人的责任，当事人的违章行为与农机事故有因果关系的，应当负农机事故责任；当事人无违章行为或虽有违章行为但与农机事故无因果关系的，不负责任。

### （二）责任划分

农机事故责任分为全部责任、主要责任、同等责任、次要责任四种。

1. 完全因一方当事人违章造成的事故，有违章行为的一方负全部责任，另一方不负责任；或一方虽有违章行为，但其违章行为与事故无直接原因，也不负事故责任。

2. 主要由一方当事人违章，另一方当事人也有违章造成的农机事故，直接起因的主要方负主要责任，另一方负次要责任或一定责任。

3. 双方当事人都有与事故有关的违章行为，情节基本相同的，双方当事人负同等责任。

4. 双方当事人的违章行为共同造成的农机事故，根据各自的违章行为在农机事故中的作用大小划分责任。

5. 当事人一方有条件报案而未报案或未及时报案，使农机事故责任无法认定的应负全部责任；双方有条件报案而均未报案，负共同责任。但拖拉机（农机具）与非机动车、行人发生农机事故，机具一方负主要责任，非机动车、行人负次要责任。

6. 下列事故的责任认定：

（1）发生事故后，当事人逃逸，破坏、伪造现场或毁灭证据，使事故责任难以认定的，应负全部责任。

（2）学习驾驶员在教练员监护下违章操作发生的农机事故，教练员应负事故的主要或全部责任。

（3）怂恿、迫使驾驶操作人员违章造成的事故，怂恿迫使者应负事故的主要责任，驾驶操作人员负事故的次要责任。

（4）无驾驶（操作）证人员私自驾驶（操作）农业机械发生的事故，应负事故的全部或主要责任。

（5）驾驶操作人员将农业机械交给无证人员驾驶操作而发生农机事故的，驾驶操作人员应负事故的主要或全部责任。

（6）行人自行乘、爬、攀扶车辆、机具造成的事故，责任一律自负。

（7）农业机械在作业前，驾驶操作人员未对随机人员进行安全教育而发生事故，驾驶操作人员应负事故的主要责任，随机人员负次要责任。

（8）因指挥失误造成的农机事故，由直接指挥者负主要责任。

**（三）认定程序**

1. 时限

在查清事故原因后即进行事故责任认定，自农机事故发生之日起按下列时限进行：轻微事故 5 日内；一般事故、重大事故 15 日内，特大事故 20 日内，如案情复杂，不能按期认定的，经上级农机监理部门批准，可分别延长 5 日、15 日、20 日。

2. 事故责任公布

农机监理部门公布事故责任时，应召集各方当事人同时到场，出具有关证据，说明认定责任的依据和理由，并将《农机事故责任认定书》送交有关当事人，当事人对责任划分不服的，可在接到责任认定书后 15 日内向上级农机监理部门申请重新认定，上级部门在接到申请书后在 30 日之内做出重新认定决定。

## 三、处罚

在事故原因查清，责任认定后，农机监理机关根据责任大小、情节轻重、后果情况，对事故责任者分别给予警告、罚款、吊扣、吊销驾驶证、操作证的处罚。需按《治安处罚条例》处罚的，交公安机关处理；需追究刑事责任的，交司法部门处理。

1. 对追究刑事责任的驾驶操作人员，一律吊销驾驶证。

2. 对于免于刑事处罚的重、特大事故负同等责任以上的事故责任者，处 100 元以上 200 元以下罚款，责任者是驾驶操作人员的，可同时吊销驾驶操作证。

3. 重特大事故负同等责任以下，大事故负同等责任以上的事故责任者，处 50 元以上 100 元以下罚款，责任者系驾驶操作人员的，可并处吊扣 6 个月以上

12 个月以下的驾驶操作证。

4. 大事故负同等责任以下，一般事故的事故责任者，处 20 元以上 100 元以下的罚款，责任者系驾驶、操作人员的可并处吊扣 6 个月以下驾驶证、操作证。

5. 驾驶操作人员有下列行为之一的，除按其他规定加重处罚外，吊销驾驶操作证：

（1）逃逸。

（2）破坏、伪造现场，毁灭证据。

（3）隐瞒事故真相。

（4）嫁祸于人。

（5）其他恶劣行为。

（6）对处罚结果不服的，可在接到处罚书后 15 天向上级监理机关提出复议或直接向人民法院起诉。

## 四、赔偿调解

农机事故处理，不但要追究事故责任者的行政责任、刑事责任，对造成的经济损失也要以责论处，予以赔偿。农机监理机关应在查明原因、认定责任、确定造成损失金额的情况下，对损害赔偿进行调解。

（一）损害赔偿的项目

1. 伤者的医疗费、护理费、误工费、就医路费、营养补助费、伙食补助费等。

2. 残者的残疾补助费和残疾用具费。

3. 死者的丧葬费和补助费。

4. 死者、残者被抚养人的生活费。

5. 伤、残、死者的直系亲属或代理人参加事故调查处理时的误工费、路费和住宿费。

6. 车辆、机具、物品损失费。

以上费用，各地都有规定，在不同地区、不同时期有一定差别。

（二）损害赔偿费的划分

1. 负全部责任的，承担 100%。

2. 负主要责任的，承担 60%~90%。

3. 负同等责任的，各承担 50%。

4. 负次要责任的，负 20%~40%。

5. 无责任的不承担费用，但机动车与非机动车、行人发生事故，机动车一方虽无过错，也要负担 10%费用，但故意造成自身伤害的除外。

**（三）损害赔偿调解的程序**

1. 调解时限，30 天，可以延长 15 天。

2. 调解参加人，农机事故当事人，农机事故伤亡者近亲属或监护人，农机事故车辆机具所有权人，法定代理人或委托代理人，农机监理部门认为有必要参加的人员。

**（四）调解达成协议**

制作调解书，主要有以下内容。

1. 事故的一般情况，反映事故发生的时间、地点、当事人和造成的损失情况等。

2. 责任认定，各方应负多大责任，不必要说明事故详细经过及原因分析，只需说明责任认定时间和当事人的责任情况。

3. 探亲赔偿的项目和数额。

4. 赔偿费的付给方式和结案日期。

5. 各方签字盖章。

**（五）调解达不成协议**

制作事故损失赔偿调解终结书，调解终结书的内容与调解书差不多，但上述第（四）项内容就不再写入，双方意见分歧，需再加上调解无效一条。

对调解无效，达不成协议或当事人一方不履行调解书的，农机监理机关不再调解，当事人可以向人民法院提起民事诉讼。

# 五、结案和立卷

**（一）结案**

对达成损害赔偿的农机事故，各方在调解书上签字盖章后，农机事故即可结案。结案事故应符合以下条件：

1. 条件成熟，事故材料齐全，情节清楚，责任明确，肇事者已受到处罚。

2. 伤者已痊愈，残者已鉴定，死者已办理丧事。

3. 经济损失项目清楚，分担明确。

4. 已达成损害赔偿协议，调解书已生效。

**（二）立卷**

立卷即建立事故档案。

事故档案是复核案件的法律依据，具有凭证和再现功能，对于掌握事故全貌，认定事故性质，分清是非，追究肇事者责任和积累资料，进行安全教育，减少事故发生有重要意义。

事故结案后，应将处理事故的文件材料按一定要求整理归档，一般按以下三部分依次进行：

1. 法律文书部分

卷皮（案由、时间、编号），目录（材料内容、页数、执笔者），事故责任认定书，处罚书，损害赔偿调解书，备忘录（自然情况、接报时间、地点、勘验处理人员、处理结果等）。

2. 询问审讯部分

询问肇事者和受害者的笔录。

3. 证据部分

所有证实事故的全部资料，如证实笔录，现场物证登记，现场比例图、草图、现场拍照，技术鉴定资料，尸体检验结果有关材料。

# 第四节　农机事故的发生原理及预防

坚持"安全第一、预防为主"的生产方针，积极采取事故预防措施，促进机械化农业生产取得良好经济效益和社会效益是农机监理工作的基本任务。本节就农机事故的发生原理及预防进行介绍。

## 一、农机事故的发生原理

生产过程中出现的伤亡事故是一种随机事件，导致其发生的诸因素之间存在一定的因果关系。因果关系有继承性，或称非单一性，即第一阶段的结果常常是第二阶段的原因，第二阶段的结果又常常是第三阶段的原因，依此类推。因此一种伤亡事故的发生，就是一连串事件按照一定因果顺序形成的结果。

1936 年，海因里希提出可以应用多米诺骨牌现象研究伤亡事故的发生原理。在生产中发生的任何一种人为伤亡事故，可以归纳为有 5 种因素形成的，这 5 种因素是：管理不良（$A_1$）；人为过失（$A_2$）；不安全动作（$A_3$）；意外事件（$A_4$）；人身伤亡（$A_5$）。按照因果关系，它们的形成顺序为：$A_1$ 促成了 $A_2$，$A_2$ 造成了 $A_3$，$A_3$ 促成了 $A_4$，$A_4$ 最后造成了 $A_5$。

1953 年，巴尔将上述原理发展为"事件链原理"，认为任何一种伤亡事故都是由一系列致因因素相继连接而成的事件链形成的。1960 年以后，在安全系统工程方面提出的各种系统安全分析方法（如故障树分析法），实质上都是以事件链原理为基础而形成的。

1970 年以后，安全学家在伤亡事故发生原理的研究方面提出了一种"轨迹交叉论"的观点。这种观点认为，在人—机系统中发生的伤亡事故应从人和物两方面共同考虑。人与机器的安全可靠性丧失，分别是人、物两系列中能量逆流的结果。人、物两系列能量逆流的轨迹交叉点就是伤亡事故发生的时空。如果能够采取安全管理措施，使人和物的系列中不发生能量逆流现象，或者人、物两系列能量逆流的轨迹不能相交，则伤亡事故就不会出现。

上述伤亡事故发生原理适用于各种类型的伤亡事故，因此对农机事故当然也是适用的。

## 二、农机事故发生的主要原因

导致农机事故发生的具体原因可能各种各样，但从系统工程的观点和对大量事故统计结果分析，基本有以下几方面：

### （一）人的原因

主要是指车辆、机具的驾驶操作人员、辅助作业人员、道路骑车人及行人、机器周围人员等，违反安全操作规程或交通规则等所致。

农机事故中由驾驶操作人员造成事故的比重占事故总数的 60%～70%。其原因是：一是法纪观念淡薄，违章作业载人；二是技术水平低，操作不熟练，遇到突然情况判断失误，措施不当；三是无证照人员驾驶操作机器；四是酒后开车、操作机器；五是有病或过度疲劳作业等。

其他人的违章行为有：无证无照骑摩托车或违章载人；骑车人违反交通规则走机动车道，逆行、截头猛拐等；行人不遵守交通规则插路穿行，强行扒车等。

### （二）车辆机具原因

主要是指安全装置不全，性能差、不可靠，机件失灵，技术维护不及时，技术状态差，带病作业等。

### （三）道路原因

主要指坡度大、路面窄、弯道急、有障碍物、安全标志不全等。

### （四）环境原因

雨雾雪天视线差，能见度低，路面泥泞或冰雪覆盖附着性能差，影响制动的可靠性和操纵的稳定性等。

### （五）管理原因

对农机安全管理不重视，法规制度不健全，对人员缺乏安全教育、监督检查、措施不力等。

## 三、农机事故的预防

### （一）预防原理

1. 隔离危险因素原理

将容易发生事故的因素与其他因素隔离，来防止事故的发生。例如，桥面两侧设立防护栏，山区临沟路段在路外侧设置安全防护桩，城区路设防护栏或防护桩，一是引导车辆沿正常路线行驶，同时也防止运动轨迹失常造成事故。再如，参加夏收秋收拉运、场上作业的拖拉机排气管端装放火罩，可隔离火源，防止火灾。

2. 机具（人）安全防护原理

拖拉机设安全驾驶棚、保险杠，主机与拖车之间设保险链，拖车两侧设防护网，传动链、传动带外边设防护罩等，都是本原理的应用。

3. 机具预防维护原理

农机安全监理工作中对车辆检审，特别是对制动、转向、灯光信号等的检审，对预防事故具有重要意义。在农忙作业前对作业机具状态进行检查，对保证安全生产也必不可少。搞好机具的维护保养，保持机具良好技术状态，也是预防事故的基础工作。

4. 刺激与警示原理

利用某些颜色、文字、标记、信号灯、指示灯、指示仪表等信号装置和危险标示牌等，刺激驾驶操作人员、行人、骑车人的视觉；用各种声音信号刺激人的听觉，以便提醒人们注意安全，遵守安全操作规程和交通规则。

5. 教育与激励原理

对驾驶操作人员以及广大群众进行安全教育，对违章肇事人员进行必要的处罚，对遵章守法的好人好事进行表扬奖励等，这些工作对事故预防都有积极作用。

**（二）预防措施**

根据农机事故预防原理和我国农机安全监理工作的实践经验，农机事故的预防措施包括以下基本内容。

1. 加强农机监理法规建设

农机监理法规是顺利开展监理工作、实施安全管理和安全教育的指南，对预防和减少事故有重要作用；而法规建设又是农机监理工作中的基础工作。目前农机监理的执法依据主要是农业部颁发的农机安全监理办法，其法律地位显然比较弱，不少省区制定了农机安全监理条例在本省区实施。安全管理法和农机安全监理条例已经分别列入全国人大和国务院立法计划。

2. 严格执法，奖惩严明，纠正违章

农机安全监理机关要严肃认真地贯彻执行国家、农业部和当地政府制定的各项安全生产法规和实施细则。对于各种违章行为均要坚决予以纠正，决不能姑息迁就，听之任之。要加强田检路查力度，把事故隐患消灭在萌芽之中。违章处理应本着批评教育从严，处理从宽，初犯从宽，屡犯从严，批评教育为主，处罚为辅的原则。

3. 加强农机监理机构和队伍建设

机构和队伍是农机监理执法、管理、预防事故的组织保证，要加强农机监理组织机构，充实队伍。

20世纪90年代以来，按照国务院的有关规定，各省、区、市先后办理了委托手续，成立了专门的农机安全监理机构，在全国逐步形成了专管成线，群管成网的农机安全管理体系。如第一章第三节所述，在20世纪末的国家机构改革中，虽然总的机构和人员编制进行了大幅度精简，而农机安全监理工作不但没有削弱，反而得到了加强，充分说明了国家对农机安全监理工作的重视。各地应当按照国家的政策规定，切实落实好农机安全监理机构编制，配备和充实队伍。要广泛开展农机监理知识培训，提高技术业务素质。

4. 做好农机具、农用运输车的检审工作

根据事故预防原理切实做好农机具检审工作，就是为了查处不安全因素，发现事故苗头及时采取措施纠正，保证安全作业，防止事故发生。对农机具的检验，重点是前述的安全防护性能，要增加现代检测设备，提高检测的科学性和可靠性，充分发挥检测的指导作用，得到广大驾驶人员的支持和信赖。

5. 加强驾驶操作人员管理

根据"人本原理"，搞好事故预防，农机驾驶操作人员是关键因素。我国农机驾驶操作人员具有量大、面广、分散、复杂、文化水平偏低的特点。因此，必须加强对他们的管理，不断提高思想、技术素质。这包括：

（1）搞好培训和考核。农业机器驾驶操作人员必须经过主管部门核准的专门学校的培训或单项培训，使他们掌握农机理论知识，驾驶操作技能，道路交通法规和农机操作规程，经严格考试合格后发给驾驶或操作证。不允许只交培训费，不进行培训活动和不按规定的期限进行培训。

（2）搞好年度审验。对农机驾驶操作人员的资格审验每年进行一次。通过身体检查看是否有不适合驾驶操作工作的身体变化；集中学习安全法规、操作规程和有关案例，检查他们遵纪守法的情况，必要的进行考核，对于屡次违犯安全规程发生事故而情节严重者，给予批评教育或必要的处分，直至取消其驾驶操作资格。

（3）坚持驾驶员的安全学习日制度。建立并坚持驾驶员学习制度，实行月学习、季小结、年审验，是对驾驶员管理的有效措施，应当发扬。组织学习的人员要切实负起责任，不断增加新的知识，结合阶段工作实际，分析不安全因素，拟定安全措施，让违章人员进行现身说法也是一种比较好的形式；使驾驶员愿意学、想学，真正受到实效，不能流于形式。

6. 加强宣传教育

农机安全宣传教育是农机安全管理工作的重要组成部分，并贯穿于整个安全管理工作的全过程。它对提高人们对安全工作的认识，增强安全意识，预防事故的发生，保证安全作业具有重要作用；同时通过宣传，作各方面的动员和解释工作，使广大人民群众和其他行业了解农机安全监理，主动协助和参与到这项工作中，各自都能自觉履行自己的行为规范和职责。

农机安全宣传教育的基本内容有：宣传党和政府对农机安全作业的方针和政策；宣传农机安全作业法规；宣传农机安全作业的基本知识；宣传农机安全作业的正反面教训。宣传的方式上可采取会议、教学、广播、电视、电影、报刊杂志、文艺、宣传车、宣传栏等多种形式。在进行宣传教育时，要注意把普及性和专业性相结合，经常性和突击性相结合，形式和内容相结合，使其真正收到良好效果。

# 思考题

1. 什么是农机事故？它有哪些特征？

2. 按事故损害程度农机事故可分为哪几种？

3. 对农机事故处理有什么重要作用？

4. 简述农机事故现场调查的主要内容，对现场调查有什么要求？

5. 说明农机事故现场调查的方法和步骤。

6. 农机事故责任分为哪几种？怎样认定事故责任？

7. 有人说，发生了农机事故，拖拉机驾驶员就一定要负事故责任，这种看法对吗？

8. 试分析农机事故发生的机理。

9. 结合实际，谈谈如何预防农机事故的发生。

# 第九章　农机安全性分析与安全技术

## 第一节　农机作业安全性分析

### 一、农机作业系统

#### (一) 农机作业系统的组成

农机作业系统同其他物质生产系统一样，由人—机—环境组成农机作业三元系统。

人是指工作的主体。田间作业中，人指驾驶操作人员。

机是指所控制的一切对象。例如，田间机组、拖拉机、脱粒机扬场机等。

环境是指人机共处的特定条件。例如，在田间作业中，加工对象（土壤、作物等）及人、机所处的自然条件均归属于环境。再如，在道路运输作业中，人是指驾驶员，机是指运输机组，道路、行人及"人""机"所处的自然条件均归属与环境。

#### (二) 农机作业系统的运行安全性

农机作业系统运行的整体安全性，是由人、机、环境三者的安全可靠性组成的，可以用安全三角形来表示，人、机器、环境分别为三角形的三条边。

1. 农机运用的安全性必须由人、机、环境三者共同保证，只有当三者都安全可靠时，三角形处于稳定状态，才能保证系统安全，不出事故，三者之中只要有一者的安全可靠性丧失，就引起三角形一边短缺，安全三角形就破坏，事故就会出现。

2. 人、机、环境是彼此相互依存，相互影响和相互适应的有机结合关系，三者的安全可靠性相互关联，当其中某一者的安全可靠性较差时，可以相应提高其他两者的安全可靠性，以保证系统仍具有良好的安全性。

3. 人、机、环境三者的作用是不相同的，有大有小，反映在三角形上三条边是不相等的，有长有短，但在一定条件下可以互相转化。

## 二、人的安全可靠性分析

在人、机、环境安全系统中，人是起积极决定性的因素。农机事故中有60%～70%是人为因素造成的。提高人的可靠性，常常可以克服机械和环境存在的某些不安全因素，免于出现事故，如果人的可靠性降低，即使机械和环境都比较可靠，也会引起事故发生。人的安全可靠性主要取决于以下几方面。

### （一）生理素质

1. 体格和体力，身体发育良好，四肢健全，身高≥150厘米。

2. 感觉功能正常，视力、听力、其他感觉功能正常。

3. 疲劳特性，人在生病、饥饿、过度疲劳时体力下降，精神恍惚，反应迟钝，精力不集中，不易作复杂的工作，应适当休息。

4. 人体生物节律：人的体力、情绪、智力是有规律变化的，体力循环23天，情绪循环28天，智力循环33天，从一出生开始以正弦规律周而复始的变化。

不同节律时期的生理表现是不一样的，处于高潮期时，人的体力充沛，情绪高涨，思维敏捷；处于低潮期时，人的体力衰减，情绪低落，思维迟钝；处于临界期时，人的生理变化激烈，器官协调功能差，情绪不安定，而在临界日时最为严重。这些不同的生理表现对人的生活、学习、工作等各个方面都将产生影响，亦即人的一切行为都将受到三种生物节律的影响。

自从人体生物节律被发现以来，在体育、教育、医疗、计划生育、安全管理等各种领域得到实际应用，收到了良好效果。其中应用最多而且最见成效的是生产安全管理部门。调查统计表明，人在低潮期工作效率降低，而在临界期内则容易出现差错或事故。受到这些事实启发，早在20世纪中期不少国家就先后将这些试验理论应用到生产，特别是在交通安全管理中用的最多。例如，日本和欧美地区许多国家的汽车运输部门，对所属汽车司机的生物节律进行预先测算，并印制临界日警告卡片，当每个司机进入临界期时，及时将警告卡片送交司机手中，提醒他在临界日工作要格外小心谨慎，避免发生事故。有的运输公司根据司机每人的曲线制定出勤时间表，使司机的工作和休息时间的安排符合自身生物节律的运动状态。实行以上科学管理措施，一般可使交通事故发生率下降50%以上。20世纪90年代以来，我国有关部门在这方面先后开展试验，也取得了良好效果。

人体三大生物节律的测算并不困难，既可以手工计算，也可以计算机计算；既可以预先计算某一天的节律状态，也可以预先绘制某一段时间的节律曲线。不少国家还研制出各式各样的生物节律测算工具，简单的有生物节律测算盘、生物节律速算尺等，高级的有生物节律电子表，生物节律计算机等，能供人们随时、快速的查知自己三大生物节律的当前状态，使用起来非常方便。

下面介绍一种手工计算三大生物节律运行状态的方法，步骤如下。

（1）求生物节律运行总天数

$$X = 365.25 \times (N - N_0) \pm D$$

式中：

$N$——预测日公元年；

$N_0$——出生日公元年；

$D$——预测日与预测年生日之间相差天数，之前取正，反之取负；

$X$——自出生日至预测日生物节律运行总天数，结果取整数。

（2）求生物节律运行状态

$$Z = X - T \times (INT (X/T))$$

式中：

$T$——生物节律周期值，体力 23 天、情绪 28 天、智力 33 天；

$INT$——取整函数代号，即对 X/T 取整；

$Z$——在新一周期中运行天数，即生物节律在预测日的运行状态。

$Z$ 实际上就是出生后到预测日的总天数被周期 $T$ 相除后得到的余数。根据 $Z$ 的数值即可得知生物节律当前所处的状态：如果 $Z$ 为零或等于 $T/2$，生物节律处于临界日；如果 $Z$ 值位于临界日前后 1~2 天，生物节律处于临界期；如果 $Z$ 值小于 $T/2$，生物节律处于高潮期；如果 $Z$ 值大于 $T/2$，生物节律处于低潮期。人体三大生物节律在运动过程中会发生状态重合的情况，例如高峰日重合、低谷日重合、临界日重合等。当两种生物节律的同一状态重合时称为双重合日，3 种生物节律的同一状态重合时称为三重合日，不同生物节律的同一状态重合时，会产生叠加作用，对人的行为的影响加大，出现最不利或最有利的生物节律状态组合。当生物节律的有利状态重合时，人们应当抓住此大好时机充分发挥自身各种功能，做出更多成就；当生物节律的不利状态重合时，应当倍加注意个人行为的安全性，最好不进行重要的或繁难的作业，或者干脆安排休息。

**（二）心理素质**

1. 不同驾龄心理状态不同。

2. 侥幸心理。

3. 排他性心理。

4. 心理因素不平衡。

**（三）技术素质**

技术素质是影响机器操作者安全可靠性的重要因素。技术水平高，不仅能防止事故发生，而且还可提高机械效率；反之，技术水平低，常常不能保证机械正常作业，容易引发事故。

### （四）品德素质

有的驾驶操作人员思想品德差，为了个人的眼前利益知法犯法，有意违章。例如，遇到后面超车时故意不让车；车到十字路口不但不减速反而加速行驶；雨雪泥泞路遇到行人高速行驶；在闹市区连续鸣高音喇叭等。

### （五）生活习惯

1. 喝酒的危害。

2. 吸烟的危害。

3. 饮食与休息习惯的影响。

## 三、农业机械的安全可靠性分析

农业机械要保证安全生产，自身必须有一定的安全可靠性。在农机安全管理中所说的农机安全可靠性，是指农业机械在规定时间内完成规定功能而不出现人身伤害和机器损坏的安全可靠度。拖拉机和农机具的安全可靠性，可从设计、制造、使用、维护诸方面对其防护性能、稳定性能、制动性能和环保性能等进行分析。

### （一）农业机械的防护性能

农业机械的防护性能，是指农业机械在保障驾驶及操作人员的作业效率和安全保护方面所表现的相关结构性能，如拖拉机的驾驶室，不仅能遮阳防雨，有利于各操纵机构的合理布置和操纵动作的协调，而且还能减少危险性，防止发生伤害事故，并在一旦发生事故时，能使事故造成的损失减少到最小的程度。

农业机械的防护性能主要是工作危险点的防护和拖拉机的安全防护。农业机械工作时的危险点主要有：裸露在外面的齿轮、链条及皮带传动中，两个部件相对回转的位置极易发生咬合危险；带有棱角、棱边的零件，如方轴、花键轴、万向节、联轴器等，极易发生缠绕危险；螺旋输送器、刮板升运器的裸露部分容易产生剪切危险。对于上述工作危险点，一般应采取全封闭办法，如不能做到全封闭，也必须设置特殊防护装置。脱粒机、旋转耕耘机、秸秆还田机、粉碎机、铡草机等工作时，不但本身的旋转部件有伤人的危险，而且会把混入物料中的石块、土块、铁块等硬物抛出，产生抛出物击伤的危险，因此，这些机械在制造上应加装可靠的安全防护装置外，在使用中也必须了解抛出物可能抛出的方向及距离，远离危险区域。

拖拉机的安全防护装置除了上述的驾驶室外，还包括后视镜、防冻防霜装置、风窗玻璃、刮水器、挂车侧面防护装置、牵引连接安全装置、驾驶座椅安全装置、挂车前部安全架等。国外的拖拉机安全防护性比较好，配备有全封闭的空调安全驾驶室，一旦发生事故，不至于使驾驶员遭受严重伤害。我国在这方面做得较差，一般配备简陋的驾驶室，大部分小型拖拉机和三轮运输车无驾驶室，这也是农机事故尤其是重大伤亡事故居高不下的一个重要原因，应引起有关部门重视。

**（二）农业机械的操纵性能**

农业机械的操纵性能，包括转向操纵性、直线行驶性、操纵杆件或操纵系统的灵敏性、稳定性和方便性。自走式农业机械的转向操纵性必须符合以下要求。

1. 根据道路、地形、交通情况及地表面的情况，能够遵循驾驶员通过操纵机构给定的行驶方向正确行驶。

2. 能够抵抗各种干扰，保持稳定行驶，顺利完成作业要求。

关于这部分内容，可参考拖拉机汽车了解详细内容。

**（三）农业机械的稳定性能**

农业机械的稳定性是指其在坡地上安全工作而不翻转和不下滑的性能，分为纵向稳定性和横向稳定性。以拖拉机为例简要予以说明。

拖拉机纵向稳定性用极限翻倾角 $\alpha_{lim}$ 和下滑极限角 $\alpha_{\varphi}$ 评定。

上坡极限翻倾角：$\alpha_{lim} = \text{arctg}\ (a/h)$

下坡极限翻倾角：$\alpha'_{lim} = \text{arctg}\ [(L-a)\ /h]$

式中：

$a$——拖拉机重心到后轮中心的水平距离；

$h$——拖拉机重心到地面的垂直距离；

$L$——拖拉机前后轴距。

由上式可以看出：拖拉机极限翻倾角与拖拉机的重心位置、拖拉机轴距有关。重心越高、轴距越短，越容易引起翻倾。

上坡不发生下滑的极限角 $\alpha_{\varphi}$ 为：

$$\alpha_{\varphi} = \text{arctg}\ [\varphi_{max}\ (L-a)\ /\ (L-\varphi_{max}h)]$$

下坡不发生下滑的极限角 $\alpha'_{\varphi}$ 为：

$$\alpha'_{\varphi} = \text{arctg}\ [\varphi_{max}\ (L-a)\ /\ (L+\varphi_{max}h)]$$

式中，$\varphi_{max}$——坡道上最大附着系数。

为保证拖拉机在坡地行驶的稳定性，必须不发生纵向翻倾，即保证上坡时，以先出现滑移后出现翻倾为条件，必须使 $\alpha_{lim} > \alpha_{\varphi}$，由 $\alpha_{lim}$ 和 $\alpha_{\varphi}$ 的表达式，可以推导得出：

$$a/h > \varphi_{max}$$

由此可以看出：拖拉机重心过高，使 $h$ 增大，$a/h$ 比值减小，在上坡时发生翻倾可能性增大；同理，重心位置靠后，$a$ 值减小，也有发生翻倾的危险，表 9-1 为国产拖拉机的极限翻倾角和极限滑移角。

表 9-1　国产拖拉机的极限翻倾角和极限滑移角

| 拖拉机类型 | 纵向翻倾 | | 纵向下滑 | | 横向翻倾 | 横向下滑 |
| --- | --- | --- | --- | --- | --- | --- |
| | 上坡 | 下坡 | 上坡 | 下坡 | | |
| | $\alpha_{lim}$ (°) | $\alpha'_{lim}$ (°) | $\alpha_\varphi$ (°) | $\alpha'_\varphi$ (°) | $\beta_{lim}$ (°) | $\beta_\varphi$ (°) |
| 轮式拖拉机 | 40~50 | 40~50 | 18~23 | 18~23 | 36~43 | 39 |
| 履带拖拉机 | 30~45 | 30~45 | 45 | 45 | 50~60 | 45 |

注：轮式拖拉机取 $\varphi_{max}=0.8$；履带拖拉机取 $\varphi_{max}=1$

拖拉机横向稳定性用横向翻倾角和横向滑移角表示。轮式拖拉机横向极限翻倾角 $\beta_{lim}$ 为：

$$\beta_{lim} = \mathrm{arctg}\ (B/2h)$$

式中 $B$ 为拖拉机的轮距。

不发生下滑的最大倾角 $\beta_\varphi$ 为：

$$\beta_\varphi = \mathrm{arctg}\varphi_{max}$$

同理，为了保证拖拉机不发生横向翻倾，应使 $\beta_{lim} > \beta_\varphi$，可得得出：

$$B/2h > \Phi_{max}$$

$B/2h$ 称之为横向稳定性系数。上式表明：拖拉机的轮距过窄，重心过高，对拖拉机的横向稳定性都是不利的。

**（四）拖拉机的制动性能**

为了保证拖拉机行驶安全，对制动系统提出的一般技术要求为：

1. 应具有足够的制动力，在规定车速下使车辆制动距离达到要求范围。

2. 应具有停车制动性，在规定坡面上能使车辆停稳而不溜坡。

3. 操纵机构轻便、可靠。

4. 制动平稳。踩下制动踏板时制动力应迅速平稳地增加，放松制动踏板时，制动力应迅速消失。

5. 制动稳定。两边制动力在允许的限度内，保证车辆制动时，不发生跑偏及侧滑。

6. 不能自动制动。未踩制动踏板时，车辆不得有制动现象。

7. 抗热衰退能力要强。当连续制动，制动器发热时，制动能力不应大量降低。

8. 水湿恢复能力要好。当制动器水湿后，应能尽快恢复其制动性能。

拖拉机的制动性能，可用制动力、制动减速度、和制动距离 3 个指标来评定。

**（五）拖拉机的环保性能**

拖拉机的环保性能是指从环保要求出发，在减少排放污染和降低噪声等方面，拖拉机所表现的技术状态和运行性能。

以内燃机作为动力的农业机械，不同程度都存在排气污染和噪声两个问题，其中以作为农业运输工具的拖拉机和农用运输车比较严重。

1. 内燃机排放污染

（1）内燃机排放污染的来源：

①从排气管排出的废气，主要成分是 CO、HC、$NO_x$ 以及 $SO_2$、铝化合物、炭烟等。

②窜气，即从活塞与汽缸之间的间隙漏出，由曲轴箱经通气管排出的燃烧气体，其主要成分是 HC。

③从油箱、化油器及油泵、滤清器等接头处蒸发或渗漏的油蒸气，成分是 HC。

（2）内燃机排气的净化：内燃机排气净化的措施主要有两个：一是加强技术改进，采用新的调节、控制、催化、过滤净化等装置，以改善可燃混合气的品质和燃烧状况，抑制有害气体的产生或是排出的废气净化后再排入大气；二是在使用中正确操作和维护，是内燃机保持良好的技术状态和合理的工况，以降低排放污染程度。

2. 噪声及其控制

（1）噪声的概念：所谓噪声是指那些影响人类健康和破坏人类生活环境的各种声音。噪声的危害不仅表现为妨碍人们之间的谈话使人感到心烦，引起精神紧张而使工作效率下降，影响人的休息和睡眠，造成疲劳，还使人听力减退。据研究，95~100 分贝的音量会影响人的听力，100 分贝以上可使人耳聋，引起一些疾病，如神经官能症、心跳加快、心律不齐、血压升高和动脉硬化等。

噪声的量度单位是分贝，人们把勉强可以听到的声音（称为听觉）和使人耳朵产生疼痛的声音（称为痛觉）之间的声压级差划分为 120 个数量级，其量级单位是分贝。听觉的声级为 0，而痛觉的声级为 120 分贝。噪声可用声级计来测定。

（2）农机作业噪声的来源：农机作业的噪声，主要是由内燃机作动力的农业机械和拖拉机运行时产生的。

关于发动机噪声的有：

①燃烧噪声：柴油机由于压缩比高，工作粗暴，燃烧引起的爆震噪声很大。

②机械噪声：如配气机构的气门脚响，曲柄连杆机构及传动齿轮的传动

声响。

③风扇噪声：当风扇旋转时，引起周围气流的扰动，从而产生呼啸噪声。

④排气噪声：排气噪声是从排气门排出的废气在排气管到和消声器内形成冲击波所产生的辐射噪声。

由于路面不平，轮胎本身的振动，在轮胎与路面接触时会产生噪声，另外轮胎高速旋转时与空气摩擦也产生噪声。

（3）制动噪声。制动噪声是由于蹄片与制动鼓之间摩擦而产生的响声。

（4）农具噪声。农具传动装置和工作部件因高速旋转或运动摩擦产生响声。

3. 噪声的控制

对内燃机燃烧和排气噪声主要是改进内燃机结构，如减小缸径，改进配气系统各部件的配置，采用新型消声器等；使用上正确操作，保持中等速度，不猛加速、轰油门；加强技术维护，勤检查调整，保持良好润滑。

## 四、环境的安全性分析

环境分社会环境和自然环境。

（一）社会环境

社会环境主要影响驾驶操作人员的心理状态。如在城市闹市区，人多、车多、场景复杂容易影响驾驶员的心理，使注意力不集中，田间作业重复一种工艺过程容易疲乏。单位、家庭环境气氛对驾驶操作人员的心理会造成较大影响。例如，出车前受到领导批评，和同事、家人发生争吵等都会使驾驶员心理发生变化，容易造成赌气、生闷气、精神恍惚、注意力不集中、反应迟钝等。

（二）自然环境

自然环境不仅影响人的安全可靠性，而且也影响机器的使用可靠性，包括内容很广，如道路、坡度、气候、光线、温度、湿度等。

1. 地理条件的影响

道路状况，路面窄，质量差，山道、坡道，不安全，不同地区事故率差别很大，尤其是山区与平原相差甚大。

2. 气候条件的影响

雨雾天视线不好，路面滑，拖拉机轮胎与地面摩擦力减小，制动不可靠容易发生事故。夏天天气闷热，冬天天气寒冷，都会产生不良影响。

## 第二节　农机作业安全技术

### 一、农机通用安全技术

1. 驾驶、操作人员必须具有相应有效的驾驶证，严禁无证驾驶、操作机具。

2. 机具必须经农机安全监理部门检验合格，领取号牌、行驶证、使用证，号牌需按指定的位置安装，并保持清晰。号牌、行驶证不准转借、涂改或伪造。驾驶操作人员必须了解其结构，熟悉其性能，掌握其驾驶操作规程及技术，才能投入作业。

3. 机具作业前必须认真检查、保养和维修，保持车况良好，车容整洁。制动器、转向机构、喇叭、刮水器、后视镜和灯光装置，必须保持齐全有效，达到操作灵活，安全可靠，不能带病作业。

4. 农用运输车、自走式联合收割机、装载机、挖掘机，不准拖带挂车或牵引车。

5. 农业机械驾驶室或驾驶台不准超员乘坐，其他部位不准坐人，主机与挂车联结部位也不许乘坐或站立，不得放置有碍安全操作的物品。

6. 农业机械的噪声和排放的有害气体，必须符合国家规定的标准。

7. 拖拉机、农用运输车在公路运输时，应严格遵守交通安全规则。

### 二、农业机械启动、行驶的安全操作技术

#### （一）农业机械的启动

发动机起动前，无论采用何种起动方式，起动前应注意的安全事项有以下几个方面：

1. 拖拉机变速杆必须置于空挡位置。

2. 严禁无冷却水起动。

3. 严冬季节，起动前不可骤加沸水，应先加70℃左右温水预热。

4. 不准用明火烤车。

5. 新装或停机3个月以上长期不用情况下起动电动机前，应测量绝缘电阻，检查电机各部紧固是否牢靠，导线绝缘是否良好。

#### （二）单缸汽油起动机起动时注意事项

1. 单缸汽油机所用燃油应用15份汽油加入1份机油（按容量比例）的混合油。

2. 起动绳不准缠绕在手上，防止起动机反转发生事故。

3. 起动机连续运转时间，不得超过 15 分钟，也不能在过热或超负荷下工作。

4. 当向主机供油时，不准将减速器变速杆再搬回"慢档"不准用向主机进气管加注汽油的办法起动，以防飞车。

5. 在起动过程中，不许用扳动起动机调速杆来改变起动机曲轴转速。

6. 自动分离机构接合杆在起动主机时接合后，应将其提到原来锁定位置。禁止用手压接合杆强行阻止其脱开，以免发生事故。

7. 起动机高速运转时，禁止用按磁电机按钮的方式停车，这会导致磁电机退磁。应按照分离起动机离合器，关闭节流阀和阻风阀，再按磁电机按钮的操作程序进行。

8. 主机起动后，应注意观察机油压力表和水温表读数。温度正常以后，如压力降到 0.48~0.98 兆帕以下（机油压力表表面红线）时，应停车检查，防止烧瓦、抱轴、拉缸等重大事故的发生。

**（三）电动机启动时的注意事项**

1. 拖拉机用电动机启动时，首先要检查蓄电池、启动电机各接线柱有无松动，火焰预热器是否漏油，防止因跳火而烧毁。预热器每次使用不得超过 20 秒，一次启动不着应间歇再用。

2. 启动电动机每次启动时间不得超过 5~10 秒，两次间歇时间不得少于 0.5~1 分钟。连续三次启动不着，应检查原因，不准再连续启动，以防电动机过热烧毁。

3. 不得使用起子或金属件在电机上直接搭火启动，这样容易损坏电动机、电磁起动装置及蓄电池。

4. 用电动机启动时，接通电源开关后，如果电机转子不转动，或有异常响声及其他情况时，应立即切断电源检查处理。在短时间内，多次连续起动对电机不利，在电压较低的情况下，更要特别注意。

**（四）手扶拖拉机手摇起动注意事项**

1. 右手握紧摇把，左手减压，两手相互配合好，当转速达到起动转速时，方可放下减压手柄，若过早放下减压手柄，不但不能启动发动机，摇把还会弹回反转，容易发生摇把被弹出发生伤人事故。右手握摇把时，五指要并拢，不但要握紧摇把作顺时针圆周运动，而且还应注意使摇把向里靠稳，防止摇把滑出伤人。

2. 发动机着火后，起动手柄靠起动轴斜面的推力自行滑出，但仍须握紧起动手柄，以免发生事故。当起动轴斜面磨损过多，斜面会磨成很深的凹槽，发动机启动后，摇把不易自行滑出，应及时修理或更换起动轴。

3. 启动后，要检查机油压力指示器红标志是否升起，并倾听柴油机有无不正常响声。

除以上 3 种起动方式应注意的安全事项外，无论哪种型号的农业机械一般都不要用拉车或溜坡起动。如遇特殊情况应急使用时，牵引车与被牵引车必须有足够的安全距离，并有明确的联系信号，禁止小拖拉机牵引大型农业机械。下坡滑行起动时，要注意周围环境确实安全，并有安全应急措施，否则不得采用。发动机起动后，必须以中速空转预温，使机油达到规定压力，保证主油道有足够的油量，待水温升到 60℃ 时才能起步，发动机运转正常后方可负荷作业。否则会加速发动机零件的磨损，缩短机器的使用寿命。

**（五）农业机械的起步**

1. 农业机械起步前要查看机车周围的情况，确认安全时鸣号，迅速踩离合器，挂上需要的档位（起步不准挂高挡），再平稳缓慢地松放离合器，同时逐渐加大油门，使农业机械平稳起步。

2. 离合器分离要迅速彻底，接合要缓慢平稳，以减少起步的惯性阻力，使调速器能来得及调节循环供油量，防止熄火或闯动。

**（六）农业机械的行驶**

1. 手扶拖拉机及小四轮应用中速爬坡，不允许在坡上换挡。

2. 手扶拖拉机为避免倒退时扶手架上翘，放松离合器制动手柄时应平稳，并不得用大油门起步。

3. 拖拉机运输或空车行驶停车时，要先减速，再使离合器分离，必要时制动。

4. 拖带农具或高速行驶中，严禁急转弯。轮式拖拉机使用差速锁时，不许转向。

5. 不准在发动机运转工作时，对其进行保养调整工作。

6. 农业机械在行驶中发生飞车时，应挂高挡，停止供油，迅速踩下制动器，加重负荷，并没法堵塞空气滤清器，迫使发动机降速，然后减压，使发动机熄火。

**（七）农业机械的停机**

农业机械停机时，应先降低转速，切断动力。柴油机不准轰油门。冬天放水时，应等水温降到 70℃ 以下，方可放净水箱、机体内的水，并用摇把摇转几下，以防机体内部因冷却水结冰膨胀而破裂。

## 第三节 农业机械的安全使用技术

### 一、农业机械的正确换挡

农业机械在农田耕作和运输作业中，为了适应地形和道路的变化，满足配套农具所需牵引力和行驶速度的需要，换挡是相当频繁的，驾驶员能否及时、准确、敏捷地换挡，对提高工作效率、节约燃油及安全生产都具有重要意义。换挡的基本要求是使所需挡位相应的齿轮副的圆周线速度趋于一致后才进入啮合，以避免撞击、打齿。在整个换挡过程中，机组的行驶速度应平滑过渡，行驶方向稳定，避免突然冲击、摆头、偏向、抖动和熄火等现象发生。

无论是低挡换高挡或高挡换低挡，一般均应采用"两脚离合器"换挡法进行换挡。不准超级挂挡，以防打齿和闯动。

### 二、农业机械主离合器的正确使用

农业机械工作过程中不准用离合器处于半分离、半接合状态来降低车速，因为这样将加速分离轴承、分离杠杆、摩擦片的磨损；行驶中脚不准踩在离合器踏板上。下坡时不准用踩离合器踏板的方法来提高车速。不准用猛接合离合器的办法起步。对常接合式离合器不要使其长时间处于分离状态。

### 三、农业机械制动器的正确使用

1. 左、右制动器踏板行程必须一致，制动性能也应调整一致。否则在制动过程中会发生农业机械偏转的危险。

2. 应随时注意制动器的密封性，防止齿轮油或水的浸入，从而防止制动器摩擦面打滑失灵，如有发热等现象，应及时排除。

3. 不使用制动器时，脚不要踩在踏板上，以免造成摩擦衬面的加速磨损。

4. 制动时，应平稳地将踏板踩至极限位置，切勿将踏板停于中间位置。

5. 拖拉机运输作业时，制动器踏板联动片一定要把左右连成体。

6. 在正常情况下，必须先分离主离合器，在切断了动力来源后，才能制动拖拉机，或在踩离合器的同时踩制动器，以防制动器损坏。

7. 挂车制动器要注意正确调整操纵杆件的自由行程和制动蹄片间隙。应能在使用制动时，迅速产生制动摩擦力，停止使用后，又能迅速解除摩擦力，这样才能产生可靠的制动效能，挂车的制动要略早于主车，以免挂车的惯性把拖拉机向前推移造成事故。

8. 液压式制动器的制动液要保持清洁，应及时加注制动液并排除制动液中的空气，如果制动液中混入了矿物油，就会使橡胶皮碗膨胀，而使制动失效。气压制动式的制动气室，最大工作气压保持在（4.41~4.9）×10⁵帕，并要及时检查调整。

## 四、拖拉机差速器与差速锁的正确使用

差速锁可以把两根半轴锁结为一个整体，使差速器失去作用，让两个驱动轮以相同的速度一起转动，从而起到防止单边打滑的作用。差速锁只能在拖拉机出现单边打滑时临时使用，其正确的操作方法是：

1. 先使离合器分离，停车后再结合差速锁。应避免在行驶中结合，否则将造成机件损坏。

2. 在接合差速锁情况下，应避免转向，否则会因转向困难而造成事故。

3. 驶出打滑地段后，应及时分离差速锁，使差速器能正常发挥作用。

## 五、轮式拖拉机的前束调整要正确

轮式拖拉机的前束，实际上是两个前轮的前端在水平面内向里约束的一段距离，前束一般以数值表示，即在前轮中心高度的水平面内，两轮前后端水平距离之差。

前束调整不当，前轮就失去稳定性，容易左右摇摆，并增大轮胎磨损。所以使用中要经常检查和调整前束。

## 六、农业机械液压悬挂系统的正确使用

### （一）液压系统的正确使用

1. 磨合试运转

无负荷磨合时，操纵升降手柄使液压系统反复升降 15~30 次，并将动力输出轴同步磨合 15~20 分钟；负荷磨合时，可在农业机械磨合后悬挂农具进行，农具质量不超过 300 千克，在发动机额定转速下升降 20~30 次即可。

2. 操纵手柄的正确使用

（1）避免力、位两套调节机构互相干扰，使用某种调节时，应使另一调节机构的杠杆离开阀门，或配合成特定的综合调节方式。

（2）使用高度调节时，要使阀门打开油缸的进、出油口，使它一直处于泄油状态，液压系统才不妨碍农具按限深轮进行调节。在一般情况下，不许把手柄移到油压输出位置，以免系统压力升高。

（3）在悬挂机构安装成牵引装置而被固定位置的情况下，不许手柄移到提

升位置。

（4）在悬挂农具运行时，要防止手柄移向下降位置。

**（二）悬挂系统的正确使用**

1. 运输作业时，应将悬挂装置改为牵引装置。为此，应换接相应机件，并运用限位链紧固下拉杆和装好锁定销。

2. 正确利用悬挂农具的重量转移，增加牵引力。为此，应按实地作业情况，采用力调节法作业。

## 七、农业机械蓄电池的正确使用

1. 蓄电池在机车上应固定紧，避免受到强烈震动，最好用胶皮、毛毡等固定牢靠，否则，机车在行驶中蓄电池易受震松动，会使极板、绝缘板、导线松脱或外壳破裂。

2. 蓄电池不宜过量放电，启动时间不应超过 10 秒钟。如一次不能启动，应间隔 0.5~1 分钟后再进行第二次。连续启动不能超过 3 次；如仍启动不了，应检查发动机其他部分有无问题。

3. 蓄电池的连接必须牢固，接头处要接触良好，以免充电放电引起火花使蓄电池爆裂。蓄电池盖板、接线柱和连接铅条应清洁完整，不得有污垢、腐蚀和烧损。

4. 注液盖上的气孔应保持畅通，否则，蓄电池内气压增高造成蓄电池外壳、蓄电池盖破裂。

5. 蓄电池每单格电压不可低于 1.7 伏，不能把电放完。冬季更要注意，以防电解液冻结，损坏蓄电池。

6. 机车长时间停机不用，应将蓄电池拆下，放在室内保存，并定期补充充电，最好一月充电一次，以防极板硫化。

7. 经常检查电解液液面高度。电解液应高出极板上部 10~15 毫米，不足时应加入干净蒸馏水，绝对禁止添加河、泉水、井水和自来水。

8. 经常检查电解液比重；了解蓄电池放电程度。新蓄电池加电解液后应静置 4~8 小时再充电，以便电解液浸透极板，也便于冷却，配电解液时，严禁把水倒入硫酸中，只能把硫酸倒入水中，以免引起飞溅伤人。

9. 不准在蓄电池盖上堆放杂物、工具等，并经常用 20% 碱水清洗盖板，保持清洁、干燥。

## 八、轮胎的正确使用

1. 按机型配换轮胎，前轮不许使用不同规格的轮胎和翻新轮胎。

2. 轮胎气压应左右一致，符合标准并不许内垫外包。

3. 安装后轮胎应注意花纹方向，不得反装，且经常检查胎面，保持清洁，为防止偏磨，延长轮胎使用寿命，左右轮胎应定期换位。

4. 注意轮胎负荷，不得经常处于超载使用，以免缩短使用寿命。

5. 轮胎保管应保持干燥、清洁。注意防压、防晒、防油污、防火、防潮、防高温。

### 九、农业机械的长期停放保管

对于因季节或故障等原因需长期停放保管的机车应停在库内或场地内，并做好如下保管工作。

1. 按各润滑部位加注润滑脂，进行保养，向气缸内注入少量机油，并转动曲轴数转。

2. 履带式拖拉机要放松履带；轮式拖拉机要用垫块或支架将轮轴架起，使轮胎离开地面。

3. 如在院内场地保管时，将易损坏和应拆卸的零件卸下，如蓄电池、皮带、发电机等。

4. 定期转动曲轴，一般应 20~30 天一次；并要定期润滑主要润滑部位；如能起动，要每月起动一次，并向气缸内注入少量机油。

## 第四节  农业机械田间、场上作业的安全技术

### 一、通用技术要求

1. 要经常注意观察农业机械的仪表，指示针应在规定的范围。正常水温为75~95℃，曲轴在中转速以上时，电流表指针应在充电区内摆动。采用蒸发水冷散热形式的手扶拖拉机及小四轮拖拉机，正常水温 60 ~ 100℃，柴油压力为 (4.9~9.8) $\times 10^3$ 千帕，若水位指示器红标志下降到加水漏斗上口相平时，应补充加水。

2. 发现拖拉机及农具有不正常响声时，应立即停机检查。

3. 驾驶操作人员必须保证有足够的睡眠时间，工作时不准饮酒和吸烟，不准在地头睡觉，以保证作业安全。

4. 作业或运输时，不难不摘挡而只踏着离合器作临时停车和别人讲话或干别的事。

5. 在进行固定作业时，机手不许离开机具，应随时注意机具运转情况。

6. 手扶拖拉机及小四轮拖拉机不准采用加大皮带轮、更换变速器的齿轮等措施来提高机车行驶速度。

7. 农业机械在坡地横向作业时，坡度一般不得大于7°。

8. 夜间作业，照明必须良好。不准在作业区或机具上睡觉。

9. 农业机械在渡河时，必须先核对渡船载重量，船要固定牢，跨度大的跳板中间要有支撑。上下船时，车速不能快，上船后停在指定位置，使悬挂农具着地，机车熄火，挂倒档，拉紧手制动器，将前、后轮楔住，在船上不准作较大的移动和转向。小型农业机械过渡时，应将发动机熄火，用手推上下船；在船上用绳子扣紧，挂低速档，离合器手柄放在结合位置。

10. 挂接农具时，必须遵守下列规定。

（1）连接农具时应用低挡小油门倒车，并随时做好停车制动准备。被挂农具应停放在平坦处，防止倒车时溜坡，农具手应尽量避开拖拉机和农具之间易碰撞和挤伤的部位。

（2）挂接农具时，上拉杆及左、右下拉杆的连接处，必须锁好。牵引农具或挂车时，必须按规定将下拉杆固定好，防止左右摇摆。

（3）拖带农具时，不准高速行驶和急转弯。

（4）使用动力输出轴时，动力输出轴和农具的联轴节应用销紧固在轴上，并须安装防护罩，以免传动轴甩出造成事故。使用皮带轮时，主、从皮带轮必须位于同一平面，并使传动皮带保持一定紧度。要经常检查皮带接头部位卡子或螺钉的连接情况，以防折断皮带伤人。接合传动时，先要低速运转，待一切正常后，方可提高转速。

（5）机车未停时，不准清理杂草等。悬挂装置未销定时，不准在农具下面进行工作。

（6）当悬挂或牵引的农具宽度、长度较长时，行走和转向时都要特别注意安全。

（7）农业机械装水田轮后，越高埂、爬坡时要倒车行驶。

11. 对农业机械进行检查、保养及排除故障时，必须先切断动力，熄火停机后进行。

12. 农业机械停止作业后，应将悬挂或半悬挂农具落地。发动机熄火后，必须关闭电源，关好驾驶室或操作台门，取走钥匙。

## 二、耕整作业

### （一）旋耕作业

1. 悬挂式旋耕机不准在起步前将犁刀入土。

2. 作业时，不准急转弯，转弯或倒退时，应先将旋耕机升起，地头升降，须减小油门，不准提升过高，万向节两端传动角度不得超过30°。

3. 手扶拖拉机在地头转弯时，应先托起扶架，使旋耕犁刀出土后，再分离转向离合器。

4. 转移地块及越田埂时，必须切断旋耕机动力，将其提升到最高位置，手扶拖拉机过埂时，驾驶员不准坐在座位上。

5. 禁止在作业中将旋耕机猛放入土，以免刀轴和传动链等部件的损坏。

6. 小型拖拉机在旋耕作业时，要经常检查并紧固旋耕刀固定螺母，防止松脱引起旋耕刀损坏。

**（二）悬挂犁作业**

1. 悬挂犁起落应缓慢、平稳，如犁入土性能不好，应通过调整或增加配重来解决，严禁人站在犁上强行入土。

2. 作业时，分置式液压装置的操纵手柄一定要放在"浮动"位置（某些特定作业如水耕等，可放在"中立"位置），严禁放在"压降"位置强制入土，半分置式及整体式液压系统，应根据土壤比阻和地表起伏情况，正确使用位置调节和力调节操纵手柄。

3. 犁未提升前，严禁拖拉机转弯与倒退，严禁绕圈耕地。

4. 转移地块、过田埂时应慢行。长途运输时，升降手柄必须固定好，下拉杆限位链应拉紧，以减少悬挂机构的摆动，缩短上拉杆，使第一犁铲尖距地面25厘米以上。

5. 半悬挂犁作业时须挂接保险链，长距离运输时应把油缸止降阀锁定。

6. 停车后应使悬挂机具着地，不允许经常处于悬挂状态停放。

**（三）牵引犁作业**

1. 牵引犁与拖拉机之间应设置联系信号，驾驶员应注意观察农具的工作情况。

2. 犁上无座位时不准乘坐人员，工作中农具手不准离开座位。

3. 犁入土后，严禁转弯与倒退。

4. 升降器失灵后，应停车修理，不准用脚踢或手搬动月牙卡铁，以及用机车撞击等方法升降。

5. 牵引犁不许较长距离倒退，短距离倒退，尾轮滚动方向必须与倒退方向一致。

6. 直拉杆上的安全销，只允许用低碳钢加工，不准用其他材料代替或随意改变尺寸，以免损坏农具。

7. 拖带牵引犁长距离运输，应全部卸下犁铲及抓地板，低速行驶。

**（四）耙地作业**

1. 多台耙连接作业时，连接点必须牢固可靠，并设置保险链。

2. 作业时不准倒退和急转弯。

3. 加重箱上不准用石块、铁器等硬物，加重箱与耙上严禁乘坐人员。

4. 发生拥土及拖堆现象，应分析原因，加以排除，不准强行作业。

5. 转移地块或短距离运输时，应将耙调整到运输状态，并装上运输轮，长距离运输，要装车运送。

## 三、播种、插秧作业

### （一）手扶拖拉机播种

1. 种子箱盖上严禁坐人。

2. 排种及排肥装置堵塞，禁止用手或金属件直接清理。

3. 作业时，不准倒退。

4. 低头转弯，应切断播种机动力，抬起扶手架。

5. 严禁转圈作业。

6. 转移地块及越田埂，要切断动力，把开沟器提升到最高位置。

### （二）牵引播种作业

1. 拖拉机与播种机之间必须有联系信号。

2. 连接多台播种机作业时，各挂节点必须刚性连接，牢固可靠，并设置保险链。

3. 非农具手不准停留在播种机上，行驶中农具手应站在脚踏板上，不准上下，也不准坐在播种箱盖或机架上。

4. 工作中，不许用手深入种子箱或肥料箱内去扒平种子或肥料，排种装置及开沟器堵塞后，不准用手或金属件直接清理。

5. 开沟落地后，拖拉机不准转弯或倒退，更不应转圈播种。

6. 进行清理或保养时，开沟器必须降至最低位置。

7. 转移地块或短距离和低头转弯时，开沟器必须处在提升位置，并将升降杆固定，将划印器放到运输位置，长距离运输时，必须装车运送。

8. 遇到排种轮、开沟器等发生故障，应停机排除。

9. 非农具手或未经培训的人，不准上播种机。

10. 插秧时，手不准伸入分插轮之间，往秧箱喂秧时要防止秧爪和送秧器伤手。操作手挂好插秧档，拉张紧轮时，一定要通知喂秧及周围人员注意，以免机器突然运转伤人。

11. 安装防滑轮在田间工作时，禁止任何人迎着正面牵行，防止防滑轮前进时伤脚。秧船上应无烂泥，以防操作人员在船上滑倒。

## 四、植保、施肥、排灌作业

### (一) 病虫害防治及化学除草

1. 农药、除草剂、化肥等多数都有毒性。施撒时，参加作业人员都需要有防护设备。

2. 参加作业人员必须了解药剂性质，懂得预防中毒措施和初步中毒救护方法。

3. 作业人员必须穿戴防护用品。

4. 小孩、孕妇及其他不宜参加作业的人员不得进入作业现场。

5. 作业机械的药剂箱，管道及管道结合部位不应渗漏。

6. 牵引机械要逆风运行作业，人工作也应选择顺风进行。

7. 作业中，人体裸露的部分尽量避免与药剂、肥料直接接触，不准在作业现场喝水、饮食、吸烟。

8. 作业后，手、脸、鼻、口、脚都要洗漱干净，衣服、口罩、帽子、裤子、鞋袜、手套等都要消毒清洗。未清洗消毒的衣物不许带入住宅、食堂。饮食前必须用肥皂水洗手、洗脸，用清水漱口，换去工作服。

9. 作业结束，拌药、施肥农具都要清洗干净，以防腐蚀损坏机具和引起中毒事故。

10. 毒性农剂在存放时，应指定地点，有专人负责保管。

### (二) 排灌作业

1. 进行排灌作业时，必须制动，固定牢靠。

2. 传动皮带连接部分要牢固，周围不准站立闲人，不准跨越传动带。

3. 运转过程中主机或水泵有异常声音和振动时，应立即停车检查。

4. 水泵进水管下口必须安装滤网。机组在工作时，禁止在进水池进水管水源附近和出水池游泳。

5. 工作时，机手不得随便离开工作岗位。

## 五、收脱、场上作业

### (一) 收割作业的一般规定

1. 作业前，对动、定刀片之间，脱离滚筒部分检查、清理、加注润滑油，检查紧固件是否松动，并清点工具。

2. 起动前，检查机具周围，确认无障碍后方可起动，起步作业。

3. 作业时，应选择适当的前进速度，发动机应始终保持在额定转速下工作，若发动机转速下降很快，应迅速拉下行走离合器待发动机转速回升后再作业。

4. 在机具作业过程中，不得给皮带打蜡、保养、调整或排除故障。

5. 对机具不了解的人，不许操作。

6. 收割机运转时，绝对禁止用手、脚或硬物去清理割台。

7. 运输作业时，不得在起伏不平的道路上或人多的地方高速行驶。

8. 严禁高速急转弯和下坡。

9. 作业区内，不准吸烟，禁止带入其他火种，排气管必须装上火星收集器。

（二）割晒作业

1. 牵引式割晒机与拖拉机之间应设置联系信号，各种割晒机在运转及起步前都应发出信号。

2. 悬挂式割晒机上严禁有人，牵引式割晒机处指定位置外，其余部位不准乘坐人员。

3. 割晒机在工作过程中，切割器前方不准有人。

（三）联合收割机作业

1. 联合收割机上各传动部位的防护罩网，安全离合器及其他安全设施，必须安装牢固，工作正常。

2. 驾驶台和梯子要安装牢固，不得有油污，作业人员必须由梯子上下，非工作人员不准停留在机上。

3. 作业前，须先清理作业区内的障碍物，必要时设立障碍物标志，观察输电线高度及机具周围情况，确认安全后方可鸣号起动。

4. 必须规定好统一的联系信号，牵引式联合收割机作业时拖拉机驾驶员应听从收割机操作人员的指挥。

5. 同一条作业线上，不准两台联合收割机同时作业。

6. 不准作业人员用手、脚触及各运转部件。

7. 卸粮时人体不准进入粮仓，不准用手、脚或铁器工具伸入仓内清理粮食，用麻袋接粮时，不准用手伸入粮口。

8. 机车未停稳前，收割机前方不准有人。

9. 收割机固定脱粒作业时，侧置式收割台应卸掉，前置式收割台应拆下拨禾轮，并切断切割器动力。

10. 对联合收割机进行检查、保养、清理、加添燃油及排除故障时，发动机应熄火并关闭电源，牵引的拖拉机也应同时熄火。

11. 在收割台下部进行检修或保养时，应将收割台提升，并用安全托架或垫块支撑稳固。

12. 保养或检修完毕后，应收集和清点工具与物件，待机组人员全部离开保养、检修位置，先用人力转动皮带，确认各部运转正常才能发出信号开动器。

13. 转移地块，必须把收割台提升到最高位置，并锁定好保险装置，夜间转移，应事先探明路线。

14. 参加作业的拖拉机、收割机及农用运输车都不应有漏油、漏气、漏电等现象，排气管必须装有灭火罩。

15. 夜间作业须配有良好的照明设备，保养、加油及排除故障不准用明火照明。

16. 作业区内严禁烟火，联合收割机上应备有灭火器具和急救箱。

17. 严禁一切非作业人员进入作业区内。

（四）脱粒作业

1. 主副机必须安装正确，稳固可靠，严禁任意改变脱粒机原定转速。

2. 作业时应思想集中，待达到正常转速后方可喂入。喂入手必须连续、均匀地喂入，不准从左右侧面喂入，也不准用铁叉、木棒硬物喂入，防止硬物喂入滚筒损坏机具。

3. 喂入时手不准超过安全线，人体各部分不得触及运转部件。

4. 脱粒机的喂入台应有足够的安全长度（不得少于80厘米），脱到最后一把谷草时，应以草推草喂入。

5. 每班都必须认真检查滚筒的技术状态4~5次，特别要注意纹杆螺栓，如松动要及时紧固，损坏要更换，严禁使用不符合标准的代用件。

6. 作业场区内所有工具及用具，应归放在规定地点，不准乱丢、乱放。

7. 参加作业的动力机，排气管必须向上，并安装防火罩，对动力及周围堆积的禾杆，应及时清理。

（五）场上作业

1. 驾驶操作人员和所有作业人员一律不准吸烟。严禁将火柴、打火机或其他火种带入场内，不得用明火照明。

2. 起动用的汽油和机车使用的柴油、机油不得存放在场内，临时确需存放的，必须离开场地50米以外处。

3. 农业机械排气管应安装火星收集器或其他形式的安全罩，严禁无排气管作业。

4. 除有关作业人员外，不许小孩、老人、残疾人和其他闲杂人员进入场内。

5. 夜间作业必须照明良好。

6. 所有人员不得在场边、草堆上躺卧或休息。

7. 拖拉机及脱粒机，在作业前都必须经过认真的维修保养和试运转，对各工作部位必须进行检查和保养。

8. 开机前应预先规定必要的信号，相互协作，共同遵守。对脱粒机的喂入手，作业前必须经过安全操作的训练方可参加作业。

9. 操作时要做到思想集中，谨慎作业，各司其职，不得擅离岗位，严禁酒后作业。

10. 拖拉机牵引石磙打场，应用刚性联结，严禁高速作业，翻场时，打场机具不得丢在谷场，不得边翻边打。

11. 农户的脱粒小场地，要与厨房保持一定距离，并密切注意风向，不要在烟囱的下风口作业。

12. 严格执行农村安全用电的有关规定，厂区内的动力及照明电线应接牢、架高，不准有漏电或电火花现象，严禁使用地爬线。

13. 场区内应配有水、沙等消防灭火器材，防止火灾发生。

## 六、农副产品加工作业

1. 主、副机安装应稳妥可靠，传动皮带长度及松紧度要适宜，不准从运转的皮带上方跨越或下方穿行。

2. 加工场地应保持清洁，要防止铁器、石块等硬杂物进入机内。

3. 开机前，应向群众宣传安全作业注意事项，认真检查机械，要求各传动部件灵活，紧固良好，无碰撞现象，开机后，要先倾听有无异常音响，待运转正常，才允许送料。

4. 轧花作业时，发动机的排气管应安装灭火罩，穿有铁钉的鞋子不准进入场内，严禁在工作中用铁锤或其他铁器敲打和修理机器。修理机器时，应先将周围的棉花清理干净，场地内必须备有灭火器具。

5. 磨粉机的加工物必须经过筛选。

6. 粉碎机作业时，操作人员应避开锤片旋转的切线方向，不准戴手套喂入，手不得超越安全线，更不能用棍棒代替手喂入。

7. 磨粉机停机前，应先脱开动、静磨片。

# 第五节　运输作业一般安全技术要求

## 一、道路行驶安全技术

由于道路上行驶车辆较多，加之道路行人状态各异，情况较为复杂。驾驶员应在"安全第一"的思想指导下，小心驾驶，并且最大限度地发挥农业机械的经济效益，凡行驶公路的农业机械，需具有安全监理部门核发的牌证。挂车要有良好的刹车装置。驾驶员必须经专业培训，具有《中华人民共和国机动车辆驾驶证》遵守交通规则，听从交通人员的指挥。

1. 起步要缓慢，待挂车拉紧后再加大油门。

2. 农业机械行驶中，供油系统发生故障时，不准人工直接供油。

3. 在行驶时应保持车速均匀、直线行驶，不可忽快忽慢、忽左忽右，在路面较宽、车辆较少、视野良好的道路上应用经济车速行驶。

4. 会车、让车时，应主动减速让道，靠右行驶。若前方有非机动车或障碍物，应根据车速、距离和路面情况，决定提前越过或停车等待，以错开越过障碍物时间，避免在障碍物处会车或让车。若遇窄道、窄桥，应主动礼让，不得强行。

由于农业机械车速低，一般不超车，必须超车时，应选择路面宽，视野好，并在150米内无来车的地点进行。超车时，应鸣号，待前车让道后方可从左面超过，不得强行超车。超车后，必须考虑到挂车（或机具）长度，不可过早驶入正常行驶路线。

5. 上坡时，要根据坡道长短、坡度大小和负荷选好挡位一气通过，中途不换挡；下坡时，应挂低速挡，用发动机的牵阻作用和联合制动的方法，控制车速缓慢下坡。严禁发动机熄火、空挡滑行或在下坡中途换挡，严禁采用急刹车。

6. 对前方的道路，交通情况要及时判断清楚，用事先降低车速的方法行驶，避免紧急制动。转弯半径要大，通过障碍物时，要提前转动方向盘，避免在障碍物前突然转弯。

7. 通过集市、村镇、路口和岔道时应提前减速鸣号，注意行人、车马动向，做到"一慢、二看、三通过"，并随时准备制动，通过铁路口要减速，必要时停车，查看有无火车通过，确无火车通过时，再用低速挡、大中油门行驶，不得在火车通过区内变速、制动或停车。

8. 拖拉机带挂车行驶一般不应倒车，如果必须倒车时，要选择在宽敞平坦的地方；倒车时方向盘的转动方向，在操作上与不带挂车相反；如在倒车中出现主、挂车折叠现象，应停止倒车，向前拉正挂车后再重新倒车。

9. 挂车和车厢装载严禁超长、超宽、超高。

## 二、乡村、田间道路行驶

1. 农业机械在乡村、田间道路上会车时，必须做到非机动车让机动车，拖拉机让汽车、空车让重车、带农具的拖拉机让不带农具的拖拉机、履带车让轮式车、下坡车让上坡车，但下坡车已行至中途而上坡车尚未上坡时，则上破车让下坡车。

2. 农业机械通过公路、铁路平交道口时，要做到"一停、二看、三通过"，先停车看清信号和服听从管理人员指挥，允许通过时再通过。若没有信号或看管人员，要察看清楚有无火车来往，确有把握时，才许通过，不得冒险通过。过道口实。不准熄火滑行，要尽量避免在铁路上换挡，以防造成发动机熄火。万一熄火停车时，要设法尽快脱离铁路，防止与来往火车发生碰撞而造成事故。

3. 通过村镇或弯路行驶时，由于树木、房屋、庄稼遮住视线，一定要减速、鸣喇叭、靠右边行驶。行驶途中遇到儿童、老人或残疾人时，应提前按喇叭，随时作好停车准备；临近时，必须坚持低速慢行，注意动向，绝不允许突然鸣号或其他戏弄行为；发现行人扒车，应及时制止；行车途中若多次鸣号后，仍然有人不躲让时，则可能是精神病患者、聋哑人或醉汉等，此时一定要谨慎，必要时要采取临时停车

4. 过桥梁时应做到以下几点：

（1）通过一般桥梁前，应注意重量标志所限吨位，确定能否通过。

（2）有同方向行驶的车辆，应加大与前面车辆（包括机动车、非机动车）的距离，依次通过。

（3）若桥面狭窄或不平，应提前换入低挡，使车辆缓慢而平稳地通过。

（4）尽量避免在桥上换挡、制动、会车，更不准超车。

（5）通过拱形桥梁时，上桥前应先鸣号，随时注意对方来车。

（6）在洪水季节，应注意防止因洪水冲击桥梁受损而发生事故。

# 第六节　农业机械夜间行驶操作

## 一、夜间驾驶的特点

在夜间驾驶，由于灯光照射范围和亮度有限，视线受到约束，加上有时灯光晃动，要迅速看清地形与行驶方向均较困难，甚至会造成错觉。另外，检查机车、机具不便，容易发生机械事故。夜间驾驶员的精力消耗也大容易引起疲劳。

为保证夜间安全驾驶，需要认真做好准备工作，严格遵守交通规则，努力掌握行车规律，细心观察，谨慎操作。

## 二、夜间驾驶的路况识别及规律

在不熟悉的路线上夜间行驶时，除了注意道路交通标志和地形外，应掌握以

下几方面的道路识别及规律：

**（一）以发动机的声音和机车的灯光判断识别道路的规律。**

当车速自动减慢和发动机声音变闷时，说明行驶阻力增加，机车正在爬缓坡或驶入松软路面。反之，车速自动加快和发动机声音变得轻松，说明行驶阻力减小或在下坡。

当灯光离开地面时，应注意前方可能出现急转弯或面临大坑，或许是大下坡，或许是正行驶上坡顶。

当灯光由路中移向路侧时，表明前方出现弯道。如果灯光从道路的一侧移向另一侧时，说明驶入连续弯道。

当灯光照在路面上时，由于路面的不平而遮挡灯光照射，在前方路面出现黑影。如机车行驶近时，黑影逐渐消失，表明路面有浅小凹凸处；如黑影不消失，表明路面有深大凹凸处。

**（二）以路面的颜色识别道路**

夜间行驶如因照明装置发生故障，或因客观原因不能开灯照明时，可用路面颜色识别道路，供判断情况时参考。

以一般的碎石路面为例：在无月夜，路面为深灰色，路外为黑色，在黑夜路面为黑白色，积水处为白色。雨后，路面为灰黑色，坑洼、泥泞为黑色，积水处为白色。雪后，车辙为灰白色，通过较多的车辆后呈灰黑色。在黑暗中，应利用路旁树木、电杆及其他设置为目标，借以判断路面宽度与行驶方向。

## 三、安全注意事项

**（一）防止瞌睡**

夜间驾驶操作容易疲劳，尤其在午夜以后，最容易瞌睡，对此要十分警惕，稍有感觉，便应立即停车休息，切忌勉强行驶。可下车做些体操活动，振作精神，以利继续行驶。另外，夜班作业白天应充分休息睡眠。

**（二）做好机车的保养**

一是要做好夜间驾驶操作的准备工作；二是不可忽视途中的检查。要注意经常观察仪表的工作情况，发动机和底盘有无异响，驾驶室内有无特殊气味。当发现机车意外晃振，车速异常，灯光间歇性断续闪烁时，应立即停车检查，及时排除故障，不至于恶化。中途注意重点检查轮胎气压，转向系连接机构，挂车的连接和货物的装载情况，并需兼及冷却系、润滑系和供给系。田间作业要注意检查机具的工作状态和作业质量。

**（三）夜间行驶或停车**

夜间行驶或停车，切不可使车轮驶入路边草地，要防止暗沟，暗坑或因路基松软而发生事故。

### （四）克服麻痹思想

克服"晚上车少、人少，机车开快不要紧"的麻痹思想，随时注意情况的变化，防止事故发生。

## 第七节 农业机械冬季使用

### 一、农业机械冬季使用的特点

冬季在北方冰雪严寒的气候条件下，会给农业机械的作业带来很多困难。由于气温很低，柴油、润滑油、黏度增加，流动困难。甚至发生凝结、堵塞等现象；由于润滑黏度增加，使起动阻力增加大，起动转速低，压缩行程时气体从活塞及缸壁间漏失量大，并且散失热量多，因而压缩终了时压力及温度低，造成起动困难；此外，道路积雪结冰，增加行驶困难，降低牵引性能，并且容易发生事故。

### 二、农业机械冬季使用的注意事项

#### （一）入冬前机车的准备工作

1. 做一次全面的技术保养，特别要注意燃油系、润滑系、变速箱和后桥等部位的清洗。

2. 准备好冬季用的燃油、机油和齿轮油。

3. 为农业机械的发动机、水箱散热器、燃油箱等准备好保温套。

#### （二）冷却系统的使用

1. 发动机起动前，应使用 90~95℃ 热水预热机体。

2. 发动机未预热和未加满热水时，禁止用起动机预热和启动。

3. 农业机械在短时间内停止工作时，要注意冷却水的温度不能低于 40℃，否则应使发动机低速运转，直至温度升到 40℃ 以上。连续作业的农业机械，可在冷却液中加入适量防冻剂。

4. 农业机械停车放水时，必须使水温降到 50℃ 以下。

5. 放水时，务必使散热器和机体内的冷却水全部放干净。

6. 水箱上应备有保温套。

7. 长期停车，机组人员应对冷却系统进行安全检查，以防冻坏缸体，发生重大事故。

### 三、燃油供给系的使用

1. 气候严寒地区必须选用规定的牌号的燃油。一般选用燃油的凝固点应低于最低气温 3~5℃，以保证最低气温时，也不致柴油凝固，失去流动性。

2. 气温过低时，可加入一定的煤油稀释。当气温在-20~-3℃时，煤油加入量为 10%，气温在-30~-25℃时，加入量为 25%。

### 四、润滑系的使用

1. 冬季必须换用冬季润滑油，包括发动机油底壳、变速箱及后桥等部位。

2. 严禁在机油内掺入煤油、柴油或黏度小的润滑油来稀释，以防变质。

3. 换向开关应变换在"冬"字位置。

4. 变速箱及后桥中的齿轮油，当气温过低时，可掺入低凝点润滑油。

5. 起动冷车前，需将机油预温到 70~80℃。

### 五、蓄电池的使用

1. 加大蓄电池电解液的比重，避免冻结。一般为 1.28~1.30。

2. 提高发电机充电电压 0.5~1.2 伏，以保证能经常充足蓄电池。

3. 如气温过低，则应给蓄电池保温。

### 六、农业机械的启动

1. 在寒冷地区启动，必须对农业机械全面预热。

2. 用热水循环预热时，将水箱用保温套盖好，打开放水阀，向水箱内加注 90~100℃的清洁软水。

### 七、农业机械的驾驶

1. 驾驶农业机械应慢行，不作急转弯，不经常换挡，不紧急制动。

2. 农业机械上、下坡途中，特别注意不换挡，以防下滑。

3. 履带式拖拉机履带紧度应适当调小些，轮式拖拉机可给驱动轮增加配重，并加装防滑装置。

## 第八节 特殊条件下的安全使用操作技术

### 一、农业机械在泥泞、冰雪、沼泽、翻浆路上的驾驶

泥泞、冰雪、沼泽、翻浆路上的行驶最大特点是附着性能变坏，行走装置的滑转易使拖拉机操纵失灵或产生侧滑，下陷给行车安全带来很大威胁，驾驶员必须有足够的重视。

#### （一）选择行驶路线

选择比较平整或泥泞层较浅的路面行驶。有拱度的路面，尽可能骑路行驶，路面如已形成车辙，可循车辙前进。积水的路，看不清水下情况，容易陷车，应尽量避开。发现路面有土堆或坑洼时，应当细心判断，提防底盘碰擦或车轮陷落。倘要绕行，也要核实所选路线的通过条件，确认安全可靠，方可前进。

#### （二）保持均匀车速

正确估计前方道路的泥泞程度和行驶阻力，提早换入所需挡位以保持足够的动力。中途避免换挡，如需换挡，要做到动作敏捷，联动平稳，时机相应提前。尽量避免停车。泥泞路上起步比较困难，起步时离合器一定要缓缓松抬，有时可选择较高挡起步，以防驱动轮打滑空转。均匀行驶，附着力比较稳定，能减少打滑，车速不易过高，以防打滑。

#### （三）缓和地操纵转向盘

行进中应尽可能保持直线行驶，需要靠边时应先在路中减速并换入低挡，逐渐地驶向路边。转弯时也需提前减速，缓和地调整所需的转向角度，切不可猛转方向盘，以免引起严重的侧滑而发生事故。

#### （四）尽量避免制动

泥泞、冰雪路上的减速，无论是平路、下坡还是直线或弯道，应以利用发动机的牵制阻力作用为主，脚制动要慎用。因为在泥泞冰雪溜滑的路面上制动，制动力很容易超过附着力，车轮会被迅速"抱死"，产生滑动，加上各车轮的制动效果不可能完全一致，难免产生侧滑，紧急制动尤其明显。万一发生制动引起的整车滑移，要迅速放松制动踏板，并稳住方向。

克服驱动轮打滑空转的措施。行驶中遇驱动轮打滑空转，可将机车稍向后退，然后利用冲力或改变车轮滚压的位置，便有可能通过，如此法无效，可采用以下方法：

1. 在驱动轮上缠绕绳索。

2. 除去坚实路面上的浮泥和驱动轮胎面的泥土。

3. 在打滑路面上铺一层碎石、沙子或柴草之类的东西。

4. 情况严重时须将打滑空转的车轮架空，车轮下做好铺垫。

## 二、农业机械的涉水驾驶

农业机械涉水时，车轮附着力较小，加之受到水的浮力和流水冲力，车轮容易产生打滑空转和侧向滑移。倘若水底坎坷不平，还将遇到忽大忽小的行驶阻力。流水的路影，易使驾驶员产生错觉。为此，应当做好涉水前的准备工作，涉水中谨慎操作，涉水后仔细检查，确保安全行驶。

### （一）涉水前的准备

涉水前，要查清水的深度、流速、流向和水底情况（泥沙或石底等），以及两岸上、下农业机械的条件。在雨季结束，还需了解上游洪汛活动情况。如能通过，应结合所驾驶农业机械的结构，确定涉水路线。如水面较宽，须设标记，也可在对岸选定某一固定物作为定向目标。涉水路线应以捷径为原则。如流速过急，则应以顺水流方向斜线通过为宜。

如水深超过农业机械的最大涉水深度时，还应采取措施，对油箱、机油尺孔和变速箱、后桥、通气孔作防漏保护。

### （二）涉水驾驶的操作方法

涉水时，应用低速档平稳地驶入水中，防止水花溅入发动机部分。行驶时，应保持足够的动力，避免途中变速、停车和急转向，做到一气通过。如发现车轮空转时，应立即停车，不可勉强来回进退，并勿使发动机熄火，用人力或其他车辆向前或向后退出，以防越陷越深。

如多车涉水，不应同时下水，要待前车过水后，余车方可依次过水。行进中，驾驶员要着眼固定目标，不可注视流水，以免视觉错乱，致使方向失控。

### （三）涉水后的检查

农业机械涉水后，应选择空阔地区停车，卸除防水设备，将机件恢复原状，擦干电器受潮部分；检查散热器、底盘、轮胎有无异物，曲轴箱有无进水。如一切正常，先用低速档行驶一段路程，并轻轻踏住制动踏板，使水分受热蒸发，待制动效能恢复后，再正常行驶。

## 三、农业机械在坡地上的驾驶

农业机械在坡地上工作主要有上坡、下坡和横坡 3 种。

### （一）上坡

当农业机械上坡时，如坡度较大，农业机械质心的作用线超出行走装置支承面后边缘时，农业机械将在本身重量的作用下向后翻倾。因此，农业机械不要上过陡的坡。当悬挂农具处于运输状态上坡，则应特别注意防止向后翻倾。有时轮式拖拉机上坡时，驱动轮可能因各种原因停止旋转，这时为防止翻倾，不能采用猛接离合器，加大"油门"的操作方法，而应在拖拉机前轮上增加配重，以改善稳定性。当带悬挂农具时，可以利用倒挡行驶上坡。如发现拖拉机前轮离开地面抬起时，应迅速分离离合器，靠自重使前轮压回地面，同时注意制动，防止下滑。

**（二）下坡**

与上坡情况类似，不同的是农业机械可能向前翻倾。这时，应注意挂低速档慢行，严禁空挡滑坡、下坡换挡、高速时紧急制动等。当下坡速度过快、惯性大，如遇障碍或紧急制动时，极易翻车，而且，还可能因操纵不及时发生撞人、撞车、掉沟等事故。另外，装有转向离合器的拖拉机（履带或手扶拖拉机）下坡时，应注意采用"反向操作法"。

**（三）横坡**

农业机械在横坡上也存在翻车的危险，另外还有侧向滑动，会影响作业质量。为防止农业机械在横坡上工作时发生翻车事故和侧滑，应尽量避免在坡度较大的坡地上工作，必须作业时，应调宽左右轮距，以提高稳定性；要注意挂低挡慢速行驶，以免遇到障碍突然颠动失去平衡而翻车；转向时，应注意不向上坡方向转弯，在地头转向时，不要急速提升悬挂农具，使重心改变而翻车。此外，还应注意农业机械有完好技术状态，如正确的润滑油位（保持上限），充足的燃油量，注意转向机构的正确调整，和工作可靠性；注意履带的张紧度，以免转弯中脱轨。

## 四、雨天驾驶

行驶中遇到将要下雨，应及时做好刮水器的检查和制动装置的技术状态。

大雨刚来，行人、自行车等只顾埋头奔向避雨处，目标不一，方向不定；路边有晾晒衣物等物的地方，必然出现抢收、抢盖等情况；牲畜也会惊恐乱奔。此时应沉着谨慎，注意观察，减低车速，勤按喇叭。

雨中行驶在渣油路面，泥泞路面或有油迹的路面上，极易发生滑溜，应予警惕，按滑路行车的操作方法，谨慎驾驶。

久雨天气，要注意路基疏松和可能出现坍塌，选择安全路面行驶。在傍山路、堤路或沿河道路上，不宜靠边行驶或停车。超车、交会时更须注意，防止路肩坍塌造成翻车事故。

遇到特大暴雨，视线不清，不要冒险行驶，应选择安全位置把车停好，并开小灯引起来车注意。

道路积水，应减速行驶，礼让行人，不可高速通过，防止污水飞溅和车辆"滑水"失控。

## 五、雾天驾驶

雾中驾驶，应根据视线远近，适当减低车速，白天也要开防雾灯或近光灯。行驶中要多鸣号，以引起行人、车辆的注意。

听到来车喇叭，应鸣号反应，会车时要明灭灯光示意，以免眩目而撞车，要避免超车。

雾重实在不能行驶时，应开亮示宽灯，紧靠路边暂停。

## 六、颠簸道路上的行驶

农业机械在颠簸的道路上行驶，常常出现因农业机械和挂车速度不一致而造成"撞车"和"坐车"。这是由于主车受到阻力时，速度减慢，而挂车由于惯性作用速度却高于主车，形成挂车推主车的情况，即"撞车"。挂车撞上主车以后，因受阻力，速度减慢，而牵引钩与挂车三角架之间又有一定间隙，这时主车的速度高于挂车，向前走时又受到挂车的拉力，即形成"坐车"。驾驶中如果操作不当，就会反复出现"撞"和"坐"的恶性循环，增加机件磨损，驾驶员也容易疲劳。因此，应根据颠簸路面的具体情况，做不同的处理。

由于气候的原因或因维修保养不好，常出现波浪形的起伏路面，长短不等，起伏程度不同，俗称"搓板路"。在通过这种路面时应降1~2档，在不违反交通规则的前提下，尽可能选择较平坦的行驶路线。起伏程度较平缓，可用档位或油门来调整速度；如起伏程度较大，最好将油门固定不变。在不熄火的前提下，可将油门收至最小。这是因为拖拉机颠簸起来，驾驶员在驾驶室内坐不稳，此时操纵油门，容易造成油门阻车颠簸的程度变得忽小忽大，反而人为地加剧了这种颠簸。

坑洼不平的路。这种情况在沙石路上和土路上较常见，尤其是土路上最多，路不但坑洼程度大，而且路线比较长，路面曲窄。通过这种路，除参照前面的办法外，还应尽量靠中间行驶，尤其是在路面潮湿时更应注意在会车、让车和停车时，注意路面坡度和坚硬程度，防止侧滑，发生危险。

## 七、通过傍山险路

傍山险路弯多路窄，一边靠山，一边临崖或傍河。驾驶员思想必须集中，判断及时，要随时做好停车的准备。要密切注意对方来车和路旁的情况，选择道路中间或靠山的一边谨慎驾驶。遇到对方来车应选择安全地段会车，做到"宁停三分，不抢一秒"。如会车时靠近崖边或河一侧，应先下车观察路基情况，在确保安全的情况下方可行驶。同时注意车上货物棚杆等高度和宽度，避免与山崖撞碰。上坡禁止换挡，下坡禁止空挡滑行。

# 思考题

1. 农机作业系统主要有哪些因素组成？各因素间有什么关系？试分析人在系统中的作用及影响人的因素。

2. 影响农业机械安全作业的主要因素有哪些？

3. 农机作业中有哪些通用安全技术要求？

4. 拖拉机组在坡道行驶应注意什么？

5. 拖拉机组在泥泞或冰雪滑路行驶应注意什么？

6. 何为两脚离合器？简述其操作要领。

# 第十章　农机安全监理行政执法行为规范

为了规范农机监理行政执法行为，加强执法队伍和工作作风建设，切实做到规范执法、文明执法，树立良好的农机安全监理执法形象，各级农机安全监理机构及其农机监理行政执法人员应当廉洁自律，自觉遵守农机安全监理行政执法行为规范的规定。

农机安全监理执法人员应当经省级农机安全监理总站培训并考试合格，领取农机安全监理员证（以下简称监理证）后，方可上岗从事相关监理业务工作，从事农机安全监理行政执法的人员必须持有效行政执法证。"协助从事农机监理人员经地（州）、县（市）农机安全监理机构培训并考试合格，领取协助农机安全监理员证，方可协助从事相关农机监理业务工作"，农机化主管部门对其所属的农机安全监理机构执行规范的情况进行监督。

## 第一节　着装规范

执法人员上岗执法时，应按规定着农业部统一的行业标志制式服装，非因公务行为不得着执法服装。执法人员非因公务需要严禁着执法服装出入酒店、娱乐场所。执法人员应当按着装要求着执法服装，并按规定佩带执法标志。

（一）按农业农村部统一规定的样式、颜色内外配套着装，穿着整齐，并保持执法服装洁净、平整，不得破损。

（二）着执法服装时，不得披衣、敞怀、卷裤腿、衣领上翻。

（三）不得混穿不同季节的执法服装，不得混穿执法服装和便装；除工作需要和眼疾外，着执法服装时不得戴有色眼镜。

（四）穿着春秋装、夏装时，上衣下摆必须束在腰带内；穿着冬装时，冬装内衬衣下摆不得外露。

（五）佩戴标卡、胸卡、腰带时，胸卡挂在上衣左口袋正中处，腰带扎在上装自上而下第四、第五颗纽扣之间。

（六）着执法服装时，不得穿拖鞋或者赤足穿鞋；必须戴执法装帽，执法装帽不得斜戴、歪戴、反戴。

（七）田检路查及夜间执法必须加穿反光背心。

## 第二节　礼仪规范

执法人员应保持仪表整洁、举止端庄、谈吐文明。男执法人员不得留长发、大鬓角，不得蓄胡须、剃光头；女执法人员着执法服装时，长发不得披散，不得化浓妆，不得留长指甲和染指甲，不得戴项链、手链、戒指、胸饰等饰物。

执法人员参加执法培训、会议等集体活动，必须按规定的时间和顺序入场，按指定位置就座，遵守课堂、会场纪律，不得随意走动、交头接耳、接打电话、打瞌睡等。结束时按要求有秩序地退场。执法人员在办公场所接打电话时，应注意音量适宜，文明礼貌。电话铃响，应尽快接听，在听取对方说明事由和询问问题时，应耐心细致，认真解答。执法人员在日常公务中，接待相对人应热情主动。解答问题要符合法律法规和政策，对于不知晓的问题不能随意发表意见；遇重大问题应及时上报。执法人员乘坐执法车时，必须坐姿端正，不得躺卧。

执法人员在执法时，应态度和蔼，用语文明，不得盛气凌人、态度粗暴，不得推搡或手指相对人，不得踢、扔、敲相对人的物品。执法人员在现场执法时，不得袖手、背手和将手插入衣袋，不得吸烟、吃食物，不得搭肩挽背，闲聊、嬉笑打闹。

## 第三节　语言规范

### 一、执法人员执法用语的基本要求

1. 执法过程中应当使用文明规范用语、表达准确、通俗简洁；严禁使用生、冷、横、硬的执法忌语。

2. 调查取证时，执法人员不得使用恐吓、威胁、诱导性的语言。

3. 执法人员应以理服人、语言文明，不得出言不逊、讽刺挖苦、讲脏话、骂人。

### 二、执法人员应做到礼貌用语

1. 日常礼貌用语：您好、请、谢谢、对不起、再见等。

2. 接待用语：请进、请坐、请喝水、您贵姓、您找哪位、您有什么事、请慢讲、请多包涵、您走好等。

3. 接电话用语：您好！我是××单位、请讲、您有什么事，请慢慢讲、请再说一遍、请稍等。

### 三、在执法或公务活动中语言表达要清晰、准确、得体

1. 亮明身份时：我们是（××单位）执法人员，正在执行公务，这是我们的证件，证件号码是×××××，请您配合我们的工作。

2. 做完笔录时：请您看一下记录，如无误请您签字予以确认。

3. 回答咨询时：您所反映的问题需要调查核实，我们在×日内调查了解清楚后再答复您。您所反映的问题不属于我单位职责范围，此问题请向×××（有关委、办、局等）反映（或申诉），我们可以告诉您×××（单位）的地址和电话。

4. 执法过程中遇到抵触时：根据法律规定，你有如实回答询问、并协助调查或者检查的义务，请配合我们的工作。欢迎您对我们的工作提出批评，我们将努力改进。感谢您的批评，我们愿意接受监督。

5. 结束执法时：谢谢您的配合。感谢您对我们工作的支持。

## 第四节　职业道德规范

执法人员必须忠于职守、秉公执法、依法行政、团结协作、风纪严整、接受监督、廉洁奉公，维护农机监理执法机构的尊严和执法人员的良好形象。执法人员应当加强自身修养，培养良好的政治、业务素质和良好的品行，忠实地执行宪法和法律法规，牢固树立执法为民的理念。

执法人员应当热爱本职工作，恪尽职守，积极接受教育培训，培养良好学风，不断汲取新知识，努力钻研和掌握本职工作应具备的法律知识和业务技能。执法人员必须严格按照法定权限，在法定职责范围内实施行政行为，不得推诿或者拒绝履行法定职责。严禁越权执法，严禁滥用职权。执法人员应当做到清正廉洁、克己奉公，不徇私枉法，不以权谋私。严禁利用职权吃、拿、卡、要。执法人员不得以任何名义索取、接受行政相对人（请托人、中间人）的宴请、礼品、礼金（含各种有价证券）以及消费性的娱乐活动。

执法人员不得使用依法被暂扣或者证据登记保存的农业机械以及物品。执法人员不得向管理相对人借款、借物、赊账、推销产品、报销任何费用或者要求相对人为其提供服务。执法人员不得弄虚作假，隐瞒、包庇、纵容违法行为，不得为行政相对人的违法行为开脱、说情。非因工作需要，执法人员不得在非办公场所接待管理相对人及其亲属，不得单独找当事人调查询问。

## 第五节　窗口执法行为规范

农机监理机构应当在窗口采用电子显示屏或者电子触摸屏、公示栏、活页材料等形式，向管理相对人公示办事指南、执法主体（执法人员）、执法依据、执法程序、收费项目及标准、执法结果、监督方式等情况。

窗口工作人员在上班时间应当自觉做到仪容仪表整洁、佩证上岗；不迟到、不早退、不擅离职守；不得做与本职工作无关的事，如上网聊天、打游戏等。工作时间，窗口工作人员应保持办公桌面的工作资料、办公用品摆放整齐，保持办公场所环境卫生整洁。窗口执法人员接待前来办事、求助、咨询的单位和个人，应当实行首问负责制。对属于本人职责范围的，应按规定负责为当事人办理有关事项、提供帮助、进行解答。对不属于本人职责范围，但属本部门职责范围的，应负责引导和帮助联系具体经办人；对不属于本部门职责范围的，也要热情接待，告知其应找的相关部门和人员，并给予必要的帮助。

当事人到窗口办理相关事项，对于符合规定条件的，窗口工作人员应在规定期限内尽快办理；不具备办理条件的，一次性告知有关事项办理的条件、需要补充的材料等。当事人提出疑问的，应耐心解答。窗口应当为相对人提供必要的服务。例如提供休息等待的桌椅、纸笔、饮用水等。

## 第六节　执法检查行为规范

执法人员应当严格按照职责权限和有关规定，依法开展田检路查。各级农机监理机构要科学制定年度执法检查计划。执法人员按照计划安排，开展执法检查工作。开展田检路查，必须使用农机监理执法标志车辆，不得使用非标志车辆或者社会车辆上路执法。在田检路查中，须2名以上执法人员开展执法检查，佩带执法记录仪，记录执法过程。

### 一、执法人员在执法检查中确需拦截农业机械的，应当遵守的行为规范

1. 拦截、检查农业机械或者处罚农机安全生产违法行为，应当选择不妨碍道路通行和安全的地点进行，并在机械行进方向设置分流或者避让标志，保障当事人和自身安全。

2. 不得双向拦截检查拖拉机等农业机械，检查路段停放的待处理拖拉机等农业机械不得超过三台。

3. 拦截机械应严格执行安全防护规定，不得站立在被拦截农业机械行进方向的行车道上。

4. 遇有当事人拒绝停机的，不得站在机械前面强行拦截，或者脚踏机械踏板，强行扒蹬机械等方式责令当事人停机。

5. 遇有当事人驾驶机械逃跑的，不得追缉，可采取记下牌号、拍照、录像等方式取证，以便事后追究其法律责任，或者通知公安交警协助截查等方法进行处理。

6. 运输鲜活农产品的拖拉机等农业机械没有明显违反法规的，执法人员不得随意拦车检查。

## 二、实施检查，应遵守的行为规范

1. 指挥当事人立即靠边停机，可以视情况要求当事人熄灭发动机或者要求其下机。执法人员示意农业机械停驶时，应在安全距离外，手持停车示意信号工具，戴白手套，参照现行交通指挥手势，示意车辆靠右边停靠，指挥手势要明确、利索、规范。

2. 执法人员向相对人敬礼，并主动向相对人出示执法证件，表明执法身份，说明目的和执法依据，要求当事人予以配合。

3. 查验拖拉机（联合收割机）驾驶证、行驶证、号牌、检验合格标志以及拖拉机（联合收割机）反光标识等安全防护装置。

4. 指出农业机械的安全隐患或驾驶操作人员的违法行为。

5. 告知拟处罚或采取强制措施的依据、处罚种类、处罚标准。

6. 听取当事人的陈述和申辩。

7. 给予口头警告、制作简易程序处罚决定书、责令改正通知书或者采取行政强制措施。

# 第七节　行政处罚行为规范

## 一、农机监理执法人员实施农机安全监理行政处罚时要严格执行国家、农业农村部等的相关规定

1. 在作出行政处罚决定之前，应当告知当事人作出行政处罚决定的事实、理由和法律依据，并告知当事人依法享有的权利。

2. 违法行为适用简易程序处罚的，执法人员对当事人按简易程序做出处罚决定后，应当立即交还驾驶证、行驶证等证件，并予以放行。

制作简易程序《农机监理行政处罚（当场）决定书》时，应当做到内容准确、字迹清晰，当场交付当事人；如不服行政处罚决定，可以依法申请行政复议或者提起行政诉讼。《农机监理行政处罚（当场）决定书》应当由当事人签名、农机监理执法人员签名或者盖章，并加盖农机监理机构印章。农机监理执法人员应当在做出当场处罚决定之日起两日内将处罚决定书报所属农机监理机构备案。

3. 违法行为适用一般程序处罚的（除依法可以当场决定行政处罚的以外），农机监理机构对举报、控告、移送、交办或者农机监理执法人员发现当事人违法行为依法应当给予行政处罚的，应当填写《农机监理行政处罚立案审批表》，报本级农机监理机构负责人批准立案。

4. 农机监理执法人员在调查、检查、收集证据时，在证据可能灭失或者以后难以取得的情况下，经农机监理机构负责人批准，可以先行登记保存，出具《证据登记保存清单》，并应当在 7 日内做出处理决定

5. 依法扣押农业机械或证件的，需向农机监理机构负责人报告并经批准，执法人员要当场告知当事人采取行政强制措施的理由、依据以及当事人享有的行政复议或行政诉讼权利，制作并当场交付扣押通知书一式两份，由当事人和农机监理机构分别保存。当事人不到场的，邀请见证人到场，由见证人和行政执法人员在现场笔录上签名或者盖章。扣押的期限不得超过 30 日；情况复杂的，经农机监理机构负责人批准，可以延长，但是延长期限不得超过 30 日。扣押农业机械时，不得押留机械所载货物，应通知当事人妥善处置机械所载货物。

6. 适用一般程序处罚的，行政处罚决定前，应当制作《农机安全监理行政处罚事先告知书》，送达当事人，告知拟给予的行政处罚内容及其事实、理由和依据，并告知当事人可以在收到告知书之日起 3 日内，进行陈述、申辩。

对当事人处以吊销驾驶证、较大数额罚款（对公民罚款超过 500 元、对法人或者其他组织罚款超过 20 000元）决定前，应当告知当事人享有要求听证的权利。

当事人无正当理由逾期未提出陈述、申辩或要求听证的，视为放弃上述权利。

行政处罚执行完毕后，执法人员应及时解除扣押，退还扣押的农业机械或证件，不得拖延。退还扣押的农业机械及证件时，由当事人查验农业机械或证件并在农业机械、证件解除扣押通知上签字确认。

7. 当事人拒绝在法律文书上签字的，农机执法人员除应当在法律文书上注明有关情况外，还应当注明送达情况。

8. 农业机械运载鲜活物品的，不宜采取扣押机械措施，应记录当事人住址、姓名、机械类型以及违法行为，由当事人签名后予以放行。当事人拒绝签名的，

农机执法人员在记录单上签名，并注明当事人拒绝签名后放行。事后予以处理。

## 二、当事人有下列情形之一的，执法人员依法不予行政处罚

1. 不满 14 周岁的人有违法行为的，责令监护人加以管教。

2. 精神病人在不能辨认或者不能控制自己行为时有违法行为的，应当责令其监护人严加看管。

3. 违法行为轻微并及时纠正，没有造成危害后果的。

4. 违法行为在 2 年内未被发现的，但法律另有规定的除外。

5. 法律、法规规定不予行政处罚的。

## 三、当事人有下列情形之一的，执法人员依法应予从轻或者减轻行政处罚

1. 主动消除或者减轻违法行为危害后果的。

2. 受他人胁迫有违法行为的。

3. 配合行政机关查处违法行为有立功表现的。

4. 已满 14 周岁不满 18 周岁的人有违法行为的。

5. 法律、法规规定的其他应当从轻或者减轻行政处罚的。

## 四、当事人有下列情形之一的，属于情节严重，执法人员应当予以从重处罚

1. 多次实施违法行为，或者在违法行为被行政处罚后继续实施同一违法行为的。

2. 抗拒检查、阻碍执法的。

3. 伪造证据，隐匿、销毁违法证据的。

4. 指使、胁迫他人或者诱骗、教唆他人实施违法行为的。

5. 在共同违法中起主要作用的。

6. 违法情节恶劣，造成严重后果或者社会影响的。

7. 对检举、举报人或者执法人员实施打击报复，查证属实的。

8. 法律、法规规定的其他情形。

上述从重处罚的行为，执法人员可按对应从重档次确定处罚标准，不得低于该档次标准处罚。执法人员实施农机安全监理行政处罚，不得因当事人陈述申辩及要求听证而加重处罚。

农机安全监理行政处罚案件调查结束后，执法人员应当根据具体案情，对照裁量标准，在案件调查材料中对是否实施行政处罚以及处以何种处罚、具体处罚

幅度提出建议，并明示裁量的理由及事实依据。对调查人员未按照规定说明裁量理由及事实依据的，审核人员应当将案卷退回，或者要求有关人员补充说明。执法人员行使自由裁量权，应当在行政处罚决定做出前，对建议的处罚种类、幅度或者履行方式做必要说明，并书面记录，存入卷宗。有从轻、从重处罚情节的，还应当在行政处罚决定书中说明理由。

## 第八节　执法车辆使用规范

农机安全监理执法车必须按规定喷涂省级农机监理统一的执法标识，并按规定安装示警灯具、警报装置。各级农机监理机构应当加强执法车管理，执法车必须专门用于执法活动。非因特殊工作需要并经批准，不得使用执法车从事非执法活动，不得外借、转借、出租执法车。执法人员在使用执法车时，按规定着装并自觉遵守交通法律法规，做到安全驾驶、文明驾驶。执法人员在使用执法车时，应保持车整洁、卫生。

非因公务需要，安装有示警灯、警报器或喷涂执法标识的执法车辆不得停放在餐饮、公共娱乐场所。农机安全监理执法人员赶赴农机事故及其他突发事件现场等任务时可以使用警用标志灯具、警报器。使用示警标志灯具、警报器时，应当遵守下列规定：

1. 一般情况下，只使用示警标志灯具；通过车辆、人员繁杂的路段、路口或者警告其他车辆让行时，可以断续使用警报器。

2. 两辆以上执法车列队行驶时，前车如使用警报器，后车不得再使用警报器。

3. 在公安机关明令禁止鸣警报器的道路或者区域内不得使用警报器。

4. 遇使用警用标志灯具、警报器的警车及其护卫的车队，其他车辆和人员应当立即避让。

# 附录一　国家有关安全生产法规

## 一、《中华人民共和国宪法》与安全生产

《中华人民共和国宪法》是我国的根本大法，在我国社会主义法律中具有最大的权威性和最高法律效力。"生产必须安全，安全促进生产"，我国宪法把这一国民经济生产的基本要求写了进去，成为制定其他生产法则的根本指导原则。

宪法第二十七条规定：一切国家机关实行精简的原则，实行工作责任制……不断提高工作质量和工作效率，反对官僚主义。这对于安全工作有重大的实际意义，反对官僚主义和不负责任，能够防止不顾客观规律的瞎指挥、冒险蛮干，每一个生产者和工作人员都能提高工作质量，将有助于制止违章作业。

第四十二条规定：国家通过各种途径，创造劳动就业条件，加强劳动保护，改善劳动条件，并在发展生产的基础上，提高劳动报酬和福利待遇。国家对就业前的公民进行必要的劳动就业训练。这对安全管理提出了基本任务：安全教育和岗位培训、劳动保护、发展、安全技术、保障劳动者的身体健康。

## 二、《中华人民共和国刑法》与安全生产

2017 年 11 月 4 日第十二届全国人大常委会第三十次会议表决通过的《中华人民共和国刑法修正案（十）》，其中与安全生产有关的条文有：

危害公共安全罪中：

第一百三十一条　航空人员违反规章制度，致使发生重大飞行事故，造成严重后果的，处三年以下有期徒刑或者拘役；造成飞机坠毁或者人员死亡的，处三年以上七年以下有期徒刑。

第一百三十二条　铁路职工违反规章制度，致使发生铁路运营安全事故，造成严重后果的，处三年以下有期徒刑或者拘役；造成特别严重后果的，处三年以上七年以下有期徒刑。

第一百三十三条　违反交通运输管理法规，因而发生重大事故，致人重伤、死亡或者使公私财产遭受重大损失的，处三年以下有期徒刑或者拘役；交通运输肇事后逃逸或者有其他特别恶劣情节的，处三年以上七年以下有期徒刑；因逃逸致人死亡的，处七年以上有期徒刑。

第一百三十四条　工厂、矿山、林场、建筑企业或者其他企业、事业单位的职工，由于不服管理、违反规章制度，或者强令工人违章冒险作业，因而发生重大伤亡事故或者造成其他严重后果的，处三年以下有期徒刑或者拘役；情节特别恶劣的，处三年以上七年以下有期徒刑。

第一百三十五条　工厂、矿山、林场、建筑企业或者其他企业、事业单位的劳动安全设施不符合国家规定，经有关部门或者单位职工提出后，对事故隐患仍不采取措施，因而发生重大伤亡事故或者造成其他严重后果的，对直接责任人员，处三年以下有期徒刑或者拘役；情节特别恶劣的，处三年以上七年以下有期徒刑。

第一百三十六条　违反爆炸性、易燃性、放射性、毒害性、腐蚀性物品的管理规定，在生产、储存、运输、使用中发生重大事故，造成严重后果的，处三年以下有期徒刑或者拘役；后果特别严重的，处三年以上七年以下有期徒刑。

第一百三十七条　建设单位、设计单位、施工单位、工程监理单位违反国家规定，降低工程质量标准，造成重大安全事故的，对直接责任人员，处五年以下有期徒刑或者拘役，并处罚金；后果特别严重的，处五年以上十年以下有期徒刑，并处罚金。

第一百三十八条　明知校舍或者教育教学设施有危险，而不采取措施或者不及时报告，致使发生重大伤亡事故的，对直接责任人员，处三年以下有期徒刑或者拘役；后果特别严重的，处三年以上七年以下有期徒刑。

第一百三十九条　违反消防管理法规，经消防监督机构通知采取改正措施而拒绝执行，造成严重后果的，对直接责任人员，处三年以下有期徒刑或者拘役；后果特别严重的，处三年以上七年以下有期徒刑。

生产、销售伪劣商品罪中：

第一百四十六条　生产不符合保障人身、财产安全的国家标准、行业标准的电器、压力容器、易燃易爆产品或者其他不符合保障人身、财产安全的国家标准、行业标准的产品，或者销售明知是以上不符合保障人身、财产安全的国家标准、行业标准的产品，造成严重后果的，处五年以下有期徒刑，并处销售金额百分之五十以上二倍以下罚金；后果特别严重的，处五年以上有期徒刑，并处销售金额百分之五十以上二倍以下罚金。

渎职罪中：

第三百九十七条　国家机关工作人员滥用职权或者玩忽职守，致使公共财产、国家和人民利益遭受重大损失的，处三年以下有期徒刑或者拘役；情节特别严重的，处三年以上七年以下有期徒刑。本法另有规定的，依照规定。

国家机关工作人员徇私舞弊，犯前款罪的，处五年以下有期徒刑或者拘役；

情节特别严重的，处五年以上十年以下有期徒刑。本法另有规定的，依照规定。

### 三、《中华人民共和国民法通则》与安全生产

我国 2009 年 8 月 27 日修订的《中华人民共和国民法通则》是安全管理的一个重要法规，因为单位内部具有行政管理系统，单位领导与职工有命令与服从的关系，由此产生的上缴利润、罚款、行政处分等不属于民法调整的范围。但作为地勘单位来说，在工作地区和地方政府、法人、公民打交道中不存在命令与服从的关系，而是一种平等的关系，要遵守民法所规定的财产关系和人身关系的法律规范。

地勘单位在野外施工时如伤害了当地百姓就要承担民事责任。劳动部门到地勘单位检查，发现问题给予罚款，并在 6 个月内到当地法院申请执行，这也是属于民事裁决的范围；法院了解真实情况采取强制措施以执行，抗拒执行的，法院有权采取罚款或拘留，以民事制裁。因此在安全生产中要认真执行民事法律关系中的原则规定，履行必须承担的民事义务。

### 四、《中华人民共和国治安管理处罚条例》与安全生产

《中华人民共和国治安管理处罚条例》是我国维护公共程序和公共安全的重要治安行政管理法规，它和刑法是衔接的，是专门处理那些扰乱社会秩序、破坏社会治安但又不构成刑事犯罪的违法分子的法律。它的处理方式是教育与处罚相结合，由公安机关负责实施。涉及地勘单位职工要注意的安全方面的条款有：

1. 违反安全规定妨害公共安全的行为。
2. 妨害社会管理秩序行为偷开他人机动车辆的。
3. 违反消防管理的行为。
4. 违反交通管理的行为。

治安条例的处罚一般有：警告、罚款、拘留。拘留在 1 日以上、15 日以下。机关、团体、企业、事业单位违反治安理条例的，处罚直接责任人员；单位主管人员指使的，同时处罚该主管人员。

### 五、《中华人民共和国劳动法》与安全生产

在《中华人民共和国劳动法》（2018 年 12 月 29 日颁布并实行）中对劳动者的劳动保护和安全生产作出了明确规定。

第三条 劳动者享平等就业和选择职业权利、取得劳动报酬的权利、休假的权利、获得劳动安全卫生保护的权利、接受职业技能培训的权利、享受社会保险和福利的权利、提请劳动争议处理以及法律规定的其它劳动权利……

第四条　用人单位应当依法建立和完善规章制度，保障劳动者享有劳动权利和履行劳动义务。

第十五条　禁止用人单位招用未满十六周岁的未成年人。

文艺、体育和特种工艺单位招用未满十六周岁的未成年人，必须遵守国家有关规定，并保障其接受义务教育的权利。

第十九条　劳动合同应当以书面形式订立，并具备以下条款：

（一）劳动合同期限；

（二）工作内容；

（三）劳动保护和劳动条件；

（四）劳动报酬；

（五）劳动纪律；

（六）劳动合同终止的条件；

（七）违反劳动合同的责任。

劳动合同除前款规定的必备条款外，当事人可以协商约定其他内容。

第二十九条　劳动者有下列情形之一的，用人单位不得依据本法第二十六条、第二十七条的规定解除劳动合同：

（一）患职业病或者因工负伤并被确认丧失或者部分丧失劳动能力的；

（二）患病或者负伤，在规定的医疗期内的；

（三）女职工在孕期、产期、哺乳期内的；

（四）法律、行政法规规定的其他情形。

第三十六条　国家实行劳动者每日工作时间不超过八小时、平均每周工作时间不超过四十四小时的工时制度。

第三十七条　对实行计件工作的劳动者，用人单位应当根据本法第三十六条规定的工时制度合理确定其劳动定额和计件报酬标准。

第三十八条　用人单位应当保证劳动者每周至少休息一日。

第三十九条　企业因生产特点不能实行本法第三十六条、第三十八条规定的，经劳动行政部门批准，可以实行其他工作和休息办法。

第四十条　用人单位在下列节日期间应当依法安排劳动者休假：

（一）元旦；

（二）春节；

（三）国际劳动节；

（四）国庆节；

（五）法律、法规规定的其他休假节日。

第四十一条　用人单位由于生产经营需要，经与工会和劳动者协商后可以延长工作时间，一般每日不得超过一小时；因特殊原因需要延长工作时间的，在保障劳动者身体健康的条件下延长工作时间每日不得超过三小时，但是每月不得超过三十六小时。

第四十二条　有下列情形之一的，延长工作时间不受本法第四十一条规定的限制：

（一）发生自然灾害、事故或者因其他原因，威胁劳动者生命健康和财产安全，需要紧急处理的；

（二）生产设备、交通运输线路、公共设施发生故障，影响生产和公众利益，必须及时抢修的；

（三）法律、行政法规规定的其他情形。

第四十三条　用人单位不得违反本法规定延长劳动者的工作时间。

第五十二条　用人单位必须建立、健全劳动安全卫生制度，严格执行国家劳动安全卫生规程和标准，对劳动者进行劳动安全卫生教育，防止劳动过程中的事故，减少职业危害。

第五十三条　劳动安全卫生设施必须符合国家规定的标准。

新建、改建、扩建工程的劳动安全卫生设施必须与主体工程同时设计、同时施工、同时投入生产和使用。

第五十四条　用人单位必须为劳动者提供符合国家规定的劳动安全卫生条件和必要的劳动防护用品，对从事有职业危害作业的劳动者应当定期进行健康检查。

第五十五条　从事特种作业的劳动者必须经过专门培训并取得特种作业资格。

第五十六条　劳动者在劳动过程中必须严格遵守安全操作规程。

劳动者对用人单位管理人员违章指挥、强令冒险作业，有权拒绝执行；对危害生命安全和身体健康的行为，有权提出批评、检举和控告。

第五十七条　国家建立伤亡事故和职业病统计报告和处理制度。县级以上各级人民政府劳动行政部门、有关部门和用人单位应当依法对劳动者在劳动过程中发生的伤亡事故和劳动者的职业病状况，进行统计、报告和处理。

第五十八条　国家对女职工和未成年工实行特殊劳动保护。

未成年工是指年满十六周岁未满十八周岁的劳动者。

第五十九条　禁止安排女职工从事矿山井下、国家规定的第四级体力劳动强度的劳动和其他禁忌从事的劳动。

第六十条　不得安排女职工在经期从事高处、低温、冷水作业和国家规定的第三级体力劳动强度的劳动。

第六十一条　不得安排女职工在怀孕期间从事国家规定的第三级体力劳动强度的劳动和孕期禁忌从事的劳动。对怀孕七个月以上的女职工，不得安排其延长工作时间和夜班劳动。

第六十二条　女职工生育享受不少于九十天的产假。

第六十三条　不得安排女职工在哺乳未满一周岁的婴儿期间从事国家规定的第三级体力劳动强度的劳动和哺乳期禁忌从事的其他劳动，不得安排其延长工作时间和夜班劳动。

第六十四条　不得安排未成年工从事矿山井下、有毒有害、国家规定的第四级体力劳动强度的劳动和其他禁忌从事的劳动。

第六十五条　用人单位应当对未成年工定期进行健康检查。

第八十八条　各级工会依法维护劳动者的合法权益，对用人单位遵守劳动纪委法规的情况进行监督。任何组织和个人对于违反劳动法律、法规的行为有权检举和控告。

第八十九条　用人单位制定的劳动规章制度违反法律、法规规定的，由劳动行政部门给予警告，责令改正；对劳动者造成损害的，应当承担赔偿责任。

第九十条　用人单位违反本法规定，延长劳动者工作时间的，由劳动行政部门给予警告，责令改正，并可以处以罚款。

第九十一条　用人单位有下列侵害劳动者合法权益情形之一的，由劳动行政部门责令支付劳动者的工资报酬、经济补偿，并可以责令支付赔偿金：

（一）克扣或者无故拖欠劳动者工资的；

（二）拒不支付劳动者延长工作时间工资报酬的；

（三）低于当地最低工资标准支付劳动者工资的；

（四）解除劳动合同后，未依照本法规定给予劳动者经济补偿的。

第九十二条　用人单位的劳动安全设施和劳动卫生条件不符合国家规定或者未向劳动者提供必要的劳动防护用品和劳动保护设施的，由劳动行政部门或者有关部门责令改正，可以处以罚款；情节严重的，提请县级以上人民政府决定责令停产整顿；对事故隐患不采取措施，致使发生重大事故，造成劳动者生命和财产损失的，对责任人员依照刑法有关规定追究刑事责任。

第九十三条　用人单位强令劳动者违章冒险作业，发生重大伤亡事故，造成严重后果的，对责任人员依法追究刑事责任。

第九十四条　用人单位非法招用未满十六周岁的未成年人的，由劳动行政部门责令改正，处以罚款；情节严重的，由市场监督管理部门吊销营业执照。

第九十五条　用人单位违反本法对女职工和未成年工的保护规定，侵害其合法权益的，由劳动行政部门责令改正，处以罚款；对女职工或者未成年工造成损害的，应当承担赔偿责任。

第九十六条　用人单位有下列行为之一，由公安机关对责任人员处以十五日以下拘留、罚款或者警告；构成犯罪的，对责任人员依法追究刑事责任：

（一）以暴力、威胁或者非法限制人身自由的手段强迫劳动的；

（二）侮辱、体罚、殴打、非法搜查和拘禁劳动者的。

第九十七条　由于用人单位的原因订立的无效合同，对劳动者造成损害的，应当承担赔偿责任。

第九十八条　用人单位违反本法规定的条件解除劳动合同或者故意拖延不订立劳动合同的，由劳动行政部门责令改正；对劳动者造成损害的，应当承担赔偿责任。

第九十九条　用人单位招用尚未解除劳动合同的劳动者，对原用人单位造成经济损失的，该用人单位应当依法承担连带赔偿责任。

第一百条　用人单位无故不缴纳社会保险费的，由劳动行政部门责令其限期缴纳；逾期不缴的，可以加收滞纳金。

第一百零一条　用人单位无理阻挠劳动行政部门、有关部门及其工作人员行使监督检查权，打击报复举报人员的，由劳动行政部门或者有关部门处以罚款；构成犯罪的，对责任人员依法追究刑事责任。

第一百零二条劳动者违反本法规定的条件解除劳动合同或者违反劳动合同中约定的保密事项，对用人单位造成经济损失的，应当依法承担赔偿责任。

第一百零三条　劳动行政部门或者有关部门的工作人员滥用职权、玩忽职守、徇私舞弊，构成犯罪的，依法追究刑事责任；不构成犯罪的，给予行政处分。

第一百零四条　国家工作人员和社会保险基金经办机构的工作人员挪用社会保险基金，构成犯罪的，依法追究刑事责任。

第一百零五条　违反本法规定侵害劳动者合法权益，其他法律、行政法规已规定处罚的，依照该法律、行政法规的规定处罚。

# 附录二 国家农机安全生产管理 有关专业法规

## 一、农业机械安全监督管理条例（国务院第709号令）

### 第一章 总 则

第一条 为了加强农业机械安全监督管理，预防和减少农业机械事故，保障人民生命和财产安全，制定本条例。

第二条 在中华人民共和国境内从事农业机械的生产、销售、维修、使用操作以及安全监督管理等活动，应当遵守本条例。

本条例所称农业机械，是指用于农业生产及其产品初加工等相关农事活动的机械、设备。

第三条 农业机械安全监督管理应当遵循以人为本、预防事故、保障安全、促进发展的原则。

第四条 县级以上人民政府应当加强对农业机械安全监督管理工作的领导，完善农业机械安全监督管理体系，增加对农民购买农业机械的补贴，保障农业机械安全的财政投入，建立健全农业机械安全生产责任制。

第五条 国务院有关部门和地方各级人民政府、有关部门应当加强农业机械安全法律、法规、标准和知识的宣传教育。

农业生产经营组织、农业机械所有人应当对农业机械操作人员及相关人员进行农业机械安全使用教育，提高其安全意识。

第六条 国家鼓励和支持开发、生产、推广、应用先进适用、安全可靠、节能环保的农业机械，建立健全农业机械安全技术标准和安全操作规程。

第七条 国家鼓励农业机械操作人员、维修技术人员参加职业技能培训和依法成立安全互助组织，提高农业机械安全操作水平。

第八条 国家建立落后农业机械淘汰制度和危及人身财产安全的农业机械报废制度，并对淘汰和报废的农业机械依法实行回收。

第九条 国务院农业机械化主管部门、工业主管部门、质量监督部门和工商行政管理部门等有关部门依照本条例和国务院规定的职责，负责农业机械安全监督管理工作。

县级以上地方人民政府农业机械化主管部门、工业主管部门和县级以上地方质量监督部门、工商行政管理部门等有关部门按照各自职责，负责本行政区域的农业机械安全监督管理工作。

### 第二章　生产、销售和维修

第十条　国务院工业主管部门负责制定并组织实施农业机械工业产业政策和有关规划。

国务院标准化主管部门负责制定发布农业机械安全技术国家标准，并根据实际情况及时修订。农业机械安全技术标准是强制执行的标准。

第十一条　农业机械生产者应当依据农业机械工业产业政策和有关规划，按照农业机械安全技术标准组织生产，并建立健全质量保障控制体系。

对依法实行工业产品生产许可证管理的农业机械，其生产者应当取得相应资质，并按照许可的范围和条件组织生产。

第十二条　农业机械生产者应当按照农业机械安全技术标准对生产的农业机械进行检验；农业机械经检验合格并附具详尽的安全操作说明书和标注安全警示标志后，方可出厂销售；依法必须进行认证的农业机械，在出厂前应当标注认证标志。

上道路行驶的拖拉机，依法必须经过认证的，在出厂前应当标注认证标志，并符合机动车国家安全技术标准。

农业机械生产者应当建立产品出厂记录制度，如实记录农业机械的名称、规格、数量、生产日期、生产批号、检验合格证号、购货者名称及联系方式、销售日期等内容。出厂记录保存期限不得少于3年。

第十三条　进口的农业机械应当符合我国农业机械安全技术标准，并依法由出入境检验检疫机构检验合格。依法必须进行认证的农业机械，还应当由出入境检验检疫机构进行入境验证。

第十四条　农业机械销售者对购进的农业机械应当查验产品合格证明。对依法实行工业产品生产许可证管理、依法必须进行认证的农业机械，还应当验明相应的证明文件或者标志。

农业机械销售者应当建立销售记录制度，如实记录农业机械的名称、规格、生产批号、供货者名称及联系方式、销售流向等内容。销售记录保存期限不得少于3年。

农业机械销售者应当向购买者说明农业机械操作方法和安全注意事项，并依法开具销售发票。

第十五条　农业机械生产者、销售者应当建立健全农业机械销售服务体系，依法承担产品质量责任。

第十六条 农业机械生产者、销售者发现其生产、销售的农业机械存在设计、制造等缺陷，可能对人身财产安全造成损害的，应当立即停止生产、销售，及时报告当地质量监督部门、工商行政管理部门，通知农业机械使用者停止使用。农业机械生产者应当及时召回存在设计、制造等缺陷的农业机械。

农业机械生产者、销售者不履行本条第一款义务的，质量监督部门、工商行政管理部门可以责令生产者召回农业机械，责令销售者停止销售农业机械。

第十七条 禁止生产、销售下列农业机械：

（1）不符合农业机械安全技术标准的。

（2）依法实行工业产品生产许可证管理而未取得许可证的。

（3）依法必须进行认证而未经认证的。

（4）利用残次零配件或者报废农业机械的发动机、方向机、变速器、车架等部件拼装的。

（5）国家明令淘汰的。

第十八条 从事农业机械维修经营，应当有必要的维修场地，有必要的维修设施、设备和检测仪器，有相应的维修技术人员，有安全防护和环境保护措施，取得相应的维修技术合格证书，并依法办理工商登记手续。

申请农业机械维修技术合格证书，应当向当地县级人民政府农业机械化主管部门提交下列材料：

（1）农业机械维修业务申请表。

（2）申请人身份证明、企业名称预先核准通知书。

（3）维修场所使用证明。

（4）主要维修设施、设备和检测仪器清单。

（5）主要维修技术人员的国家职业资格证书。

农业机械化主管部门应当自收到申请之日起20个工作日内，对符合条件的，核发维修技术合格证书；对不符合条件的，书面通知申请人并说明理由。

维修技术合格证书有效期为3年；有效期满需要继续从事农业机械维修的，应当在有效期满前申请续展。

第十九条 农业机械维修经营者应当遵守国家有关维修质量安全技术规范和维修质量保证期的规定，确保维修质量。

从事农业机械维修不得有下列行为：

（1）使用不符合农业机械安全技术标准的零配件。

（2）拼装、改装农业机械整机。

（3）承揽维修已经达到报废条件的农业机械。

（4）法律、法规和国务院农业机械化主管部门规定的其他禁止性行为。

### 第三章 使用操作

**第二十条** 农业机械操作人员可以参加农业机械操作人员的技能培训，可以向有关农业机械化主管部门、人力资源和社会保障部门申请职业技能鉴定，获取相应等级的国家职业资格证书。

**第二十一条** 拖拉机、联合收割机投入使用前，其所有人应当按照国务院农业机械化主管部门的规定，持本人身份证明和机具来源证明，向所在地县级人民政府农业机械化主管部门申请登记。拖拉机、联合收割机经安全检验合格的，农业机械化主管部门应当在2个工作日内予以登记并核发相应的证书和牌照。

拖拉机、联合收割机使用期间登记事项发生变更的，其所有人应当按照国务院农业机械化主管部门的规定申请变更登记。

**第二十二条** 拖拉机、联合收割机操作人员经过培训后，应当按照国务院农业机械化主管部门的规定，参加县级人民政府农业机械化主管部门组织的考试。考试合格的，农业机械化主管部门应当在2个工作日内核发相应的操作证件。

拖拉机、联合收割机操作证件有效期为6年；有效期满，拖拉机、联合收割机操作人员可以向原发证机关申请续展。未满18周岁不得操作拖拉机、联合收割机。操作人员年满70周岁的，县级人民政府农业机械化主管部门应当注销其操作证件。

**第二十三条** 拖拉机、联合收割机应当悬挂牌照。拖拉机上道路行驶，联合收割机因转场作业、维修、安全检验等需要转移的，其操作人员应当携带操作证件。

拖拉机、联合收割机操作人员不得有下列行为：

（1）操作与本人操作证件规定不相符的拖拉机、联合收割机。

（2）操作未按照规定登记、检验或者检验不合格、安全设施不全、机件失效的拖拉机、联合收割机。

（3）使用国家管制的精神药品、麻醉品后操作拖拉机、联合收割机。

（4）患有妨碍安全操作的疾病操作拖拉机、联合收割机。

（5）国务院农业机械化主管部门规定的其他禁止行为。

禁止使用拖拉机、联合收割机违反规定载人。

**第二十四条** 农业机械操作人员作业前，应当对农业机械进行安全查验；作业时，应当遵守国务院农业机械化主管部门和省、自治区、直辖市人民政府农业机械化主管部门制定的安全操作规程。

### 第四章 事故处理

**第二十五条** 县级以上地方人民政府农业机械化主管部门负责农业机械事故责任的认定和调解处理。

本条例所称农业机械事故，是指农业机械在作业或者转移等过程中造成人身伤亡、财产损失的事件。

农业机械在道路上发生的交通事故，由公安机关交通管理部门依照道路交通安全法律、法规处理；拖拉机在道路以外通行时发生的事故，公安机关交通管理部门接到报案的，参照道路交通安全法律、法规处理。农业机械事故造成公路及其附属设施损坏的，由交通主管部门依照公路法律、法规处理。

第二十六条　在道路以外发生的农业机械事故，操作人员和现场其他人员应当立即停止作业或者停止农业机械的转移，保护现场，造成人员伤害的，应当向事故发生地农业机械化主管部门报告；造成人员死亡的，还应当向事故发生地公安机关报告。造成人身伤害的，应当立即采取措施，抢救受伤人员。因抢救受伤人员变动现场的，应当标明位置。

接到报告的农业机械化主管部门和公安机关应当立即派人赶赴现场进行勘验、检查，收集证据，组织抢救受伤人员，尽快恢复正常的生产秩序。

第二十七条　对经过现场勘验、检查的农业机械事故，农业机械化主管部门应当在 10 个工作日内制作完成农业机械事故认定书；需要进行农业机械鉴定的，应当自收到农业机械鉴定机构出具的鉴定结论之日起 5 个工作日内制作农业机械事故认定书。

农业机械事故认定书应当载明农业机械事故的基本事实、成因和当事人的责任，并在制作完成农业机械事故认定书之日起 3 个工作日内送达当事人。

第二十八条　当事人对农业机械事故损害赔偿有争议，请求调解的，应当自收到事故认定书之日起 10 个工作日内向农业机械化主管部门书面提出调解申请。

调解达成协议的，农业机械化主管部门应当制作调解书送交各方当事人。调解书经各方当事人共同签字后生效。调解不能达成协议或者当事人向人民法院提起诉讼的，农业机械化主管部门应当终止调解并书面通知当事人。调解达成协议后当事人反悔的，可以向人民法院提起诉讼。

第二十九条　农业机械化主管部门应当为当事人处理农业机械事故损害赔偿等后续事宜提供帮助和便利。因农业机械产品质量原因导致事故的，农业机械化主管部门应当依法出具有关证明材料。

农业机械化主管部门应当定期将农业机械事故统计情况及说明材料报送上级农业机械化主管部门并抄送同级安全生产监督管理部门。

农业机械事故构成生产安全事故的，应当依照相关法律、行政法规的规定调查处理并追究责任。

### 第五章　服务与监督

第三十条　县级以上地方人民政府农业机械化主管部门应当定期对危及人身

财产安全的农业机械进行免费实地安全检验。但是道路交通安全法律对拖拉机的安全检验另有规定的，从其规定。

拖拉机、联合收割机的安全检验为每年1次。

实施安全技术检验的机构应当对检验结果承担法律责任。

第三十一条　农业机械化主管部门在安全检验中发现农业机械存在事故隐患的，应当告知其所有人停止使用并及时排除隐患。

实施安全检验的农业机械化主管部门应当对安全检验情况进行汇总，建立农业机械安全监督管理档案。

第三十二条　联合收割机跨行政区域作业前，当地县级人民政府农业机械化主管部门应当会同有关部门，对跨行政区域作业的联合收割机进行必要的安全检查，并对操作人员进行安全教育。

第三十三条　国务院农业机械化主管部门应当定期对农业机械安全使用状况进行分析评估，发布相关信息。

第三十四条　国务院工业主管部门应当定期对农业机械生产行业运行态势进行监测和分析，并按照先进适用、安全可靠、节能环保的要求，会同国务院农业机械化主管部门、质量监督部门等有关部门制定、公布国家明令淘汰的农业机械产品目录。

第三十五条　危及人身财产安全的农业机械达到报废条件的，应当停止使用，予以报废。农业机械的报废条件由国务院农业机械化主管部门会同国务院质量监督部门、工业主管部门规定。

县级人民政府农业机械化主管部门对达到报废条件的危及人身财产安全的农业机械，应当书面告知其所有人。

第三十六条　国家对达到报废条件或者正在使用的国家已经明令淘汰的农业机械实行回收。农业机械回收办法由国务院农业机械化主管部门会同国务院财政部门、商务主管部门制定。

第三十七条　回收的农业机械由县级人民政府农业机械化主管部门监督回收单位进行解体或者销毁。

第三十八条　使用操作过程中发现农业机械存在产品质量、维修质量问题的，当事人可以向县级以上地方人民政府农业机械化主管部门或者县级以上地方质量监督部门、工商行政管理部门投诉。接到投诉的部门对属于职责范围内的事项，应当依法及时处理；对不属于职责范围内的事项，应当及时移交有权处理的部门，有权处理的部门应当立即处理，不得推诿。

县级以上地方人民政府农业机械化主管部门和县级以上地方质量监督部门、工商行政管理部门应当定期汇总农业机械产品质量、维修质量投诉情况并逐级上报。

第三十九条　国务院农业机械化主管部门和省、自治区、直辖市人民政府农业机械化主管部门应当根据投诉情况和农业安全生产需要，组织开展在用的特定种类农业机械的安全鉴定和重点检查，并公布结果。

第四十条　农业机械安全监督管理执法人员在农田、场院等场所进行农业机械安全监督检查时，可以采取下列措施：

（1）向有关单位和个人了解情况，查阅、复制有关资料。

（2）查验拖拉机、联合收割机证书、牌照及有关操作证件。

（3）检查危及人身财产安全的农业机械的安全状况，对存在重大事故隐患的农业机械，责令当事人立即停止作业或者停止农业机械的转移，并进行维修。

（4）责令农业机械操作人员改正违规操作行为。

第四十一条　发生农业机械事故后企图逃逸的、拒不停止存在重大事故隐患农业机械的作业或者转移的，县级以上地方人民政府农业机械化主管部门可以扣押有关农业机械及证书、牌照、操作证件。案件处理完毕或者农业机械事故肇事方提供担保的，县级以上地方人民政府农业机械化主管部门应当及时退还被扣押的农业机械及证书、牌照、操作证件。存在重大事故隐患的农业机械，其所有人或者使用人排除隐患前不得继续使用。

第四十二条　农业机械安全监督管理执法人员进行安全监督检查时，应当佩戴统一标志，出示行政执法证件。农业机械安全监督检查、事故勘察车辆应当在车身喷涂统一标识。

第四十三条　农业机械化主管部门不得为农业机械指定维修经营者。

第四十四条　农业机械化主管部门应当定期向同级公安机关交通管理部门通报拖拉机登记、检验以及有关证书、牌照、操作证件发放情况。公安机关交通管理部门应当定期向同级农业机械化主管部门通报农业机械在道路上发生的交通事故及处理情况。

### 第六章　法律责任

第四十五条　县级以上地方人民政府农业机械化主管部门、工业主管部门、质量监督部门和工商行政管理部门及其工作人员有下列行为之一的，对直接负责的主管人员和其他直接责任人员，依法给予处分，构成犯罪的，依法追究刑事责任：

（1）不依法对拖拉机、联合收割机实施安全检验、登记，或者不依法核发拖拉机、联合收割机证书、牌照的。

（2）对未经考试合格者核发拖拉机、联合收割机操作证件，或者对经考试合格者拒不核发拖拉机、联合收割机操作证件的。

（3）对不符合条件者核发农业机械维修技术合格证书，或者对符合条件者拒不核发农业机械维修技术合格证书的。

（4）不依法处理农业机械事故，或者不依法出具农业机械事故认定书和其他证明材料的。

（5）在农业机械生产、销售等过程中不依法履行监督管理职责的。

（6）其他未依照本条例的规定履行职责的行为。

第四十六条　生产、销售利用残次零配件或者报废农业机械的发动机、方向机、变速器、车架等部件拼装的农业机械的，由县级以上质量监督部门、工商行政管理部门按照职责权限责令停止生产、销售，没收违法所得和违法生产、销售的农业机械，并处违法产品货值金额 1 倍以上 3 倍以下罚款；情节严重的，吊销营业执照。

农业机械生产者、销售者违反工业产品生产许可证管理、认证认可管理、安全技术标准管理以及产品质量管理的，依照有关法律、行政法规处罚。

第四十七条　农业机械销售者未依照本条例的规定建立、保存销售记录的，由县级以上工商行政管理部门责令改正，给予警告；拒不改正的，处 1 000 元以上 1 万元以下罚款，并责令停业整顿；情节严重的，吊销营业执照。

第四十八条　未取得维修技术合格证书或者使用伪造、变造、过期的维修技术合格证书从事维修经营的，由县级以上地方人民政府农业机械化主管部门收缴伪造、变造、过期的维修技术合格证书，限期补办有关手续，没收违法所得，并处违法经营额 1 倍以上 2 倍以下罚款；逾期不补办的，处违法经营额 2 倍以上 5 倍以下罚款，并通知工商行政管理部门依法处理。

第四十九条　农业机械维修经营者使用不符合农业机械安全技术标准的配件维修农业机械，或者拼装、改装农业机械整机，或者承揽维修已经达到报废条件的农业机械的，由县级以上地方人民政府农业机械化主管部门责令改正，没收违法所得，并处违法经营额 1 倍以上 2 倍以下罚款；拒不改正的，处违法经营额 2 倍以上 5 倍以下罚款；情节严重的，吊销维修技术合格证。

第五十条　未按照规定办理登记手续并取得相应的证书和牌照，擅自将拖拉机、联合收割机投入使用，或者未按照规定办理变更登记手续的，由县级以上地方人民政府农业机械化主管部门责令限期补办相关手续；逾期不补办的，责令停止使用；拒不停止使用的，扣押拖拉机、联合收割机，并处 200 元以上 2 000 元以下罚款。

当事人补办相关手续的，应当及时退还扣押的拖拉机、联合收割机。

第五十一条　伪造、变造或者使用伪造、变造的拖拉机、联合收割机证书和牌照的，或者使用其他拖拉机、联合收割机的证书和牌照的，由县级以上地方人民政府农业机械化主管部门收缴伪造、变造或者使用的证书和牌照，对违法行为人予以批评教育，并处 200 元以上 2 000 元以下罚款。

第五十二条　未取得拖拉机、联合收割机操作证件而操作拖拉机、联合收割机的，由县级以上地方人民政府农业机械化主管部门责令改正，处 100 元以上 500 元以下罚款。

第五十三条　拖拉机、联合收割机操作人员操作与本人操作证件规定不相符的拖拉机、联合收割机，或者操作未按照规定登记、检验或者检验不合格、安全设施不全、机件失效的拖拉机、联合收割机，或者使用国家管制的精神药品、麻醉品后操作拖拉机、联合收割机，或者患有妨碍安全操作的疾病操作拖拉机、联合收割机的，由县级以上地方人民政府农业机械化主管部门对违法行为人予以批评教育，责令改正；拒不改正的，处 100 元以上 500 元以下罚款；情节严重的，吊销有关人员的操作证件。

第五十四条　使用拖拉机、联合收割机违反规定载人的，由县级以上地方人民政府农业机械化主管部门对违法行为人予以批评教育，责令改正；拒不改正的，扣押拖拉机、联合收割机的证书、牌照；情节严重的，吊销有关人员的操作证件。非法从事经营性道路旅客运输的，由交通主管部门依照道路运输管理法律、行政法规处罚。

当事人改正违法行为的，应当及时退还扣押的拖拉机、联合收割机的证书、牌照。

第五十五条　经检验、检查发现农业机械存在事故隐患，经农业机械化主管部门告知拒不排除并继续使用的，由县级以上地方人民政府农业机械化主管部门对违法行为人予以批评教育，责令改正；拒不改正的，责令停止使用；拒不停止使用的，扣押存在事故隐患的农业机械。

事故隐患排除后，应当及时退还扣押的农业机械。

第五十六条　违反本条例规定，造成他人人身伤亡或者财产损失的，依法承担民事责任；构成违反治安管理行为的，依法给予治安管理处罚；构成犯罪的，依法追究刑事责任。

## 第七章　附　则

第五十七条　本条例所称危及人身财产安全的农业机械，是指对人身财产安全可能造成损害的农业机械，包括拖拉机、联合收割机、机动植保机械、机动脱粒机、饲料粉碎机、插秧机、铡草机等。

第五十八条　本条例规定的农业机械证书、牌照、操作证件和维修技术合格证，由国务院农业机械化主管部门会同国务院有关部门统一规定式样，由国务院农业机械化主管部门监制。

第五十九条　拖拉机操作证件考试收费、安全技术检验收费和牌证的工本费，应当严格执行国务院价格主管部门核定的收费标准。

第六十条　本条例自 2009 年 11 月 1 日起施行。

## 二、国家标准：农用运输车安全监理技术规范

（一）范围

本标准规定了农用运输车安全监理的技术要求和检验方法。

本标准适用于农机安全监理。

（二）规范性引用文件

下列文件中的条款通过本标准的应用而成为本标准的条款。凡是注日期的引用文件，其随后所有的修改单（不包括勘误的内容）或修订版均不适用于本标准，然而，鼓励根据本标准达成协议的各方研究是否可使用这些文件的最新版本。凡是不注日期的引用文件，其最新版本适用于本标准。

GB 7454—1987 机动车前照灯使用和光束调整技术规定

GB/T 14172—1993 汽车静侧翻稳定性台架试验方法

GB/T 16708—1996 三轮摩托车和三轮轻便摩托车最大侧倾稳定角试验方法

GB 7258—1997 机动车运行安全技术条件

GB 9969.1—1998 工业产品使用说明书总则

GB 10395.1—1999 农业拖拉机和机械安全技术要求第一部分：总则

GB 18320—2001 农用运输车安全技术要求

GB 18321—2001 农用运输车噪限值

GB 18322—2002 农用运输车自由加速烟度限值

JB/T 7235—1994 四轮农用运输车试验方法

JB/T 7237—1994 三轮农用运输车试验方法

（三）安全技术要求

1. 农用运输车（包括三轮农用运输车和四轮农用运输车）应按照相馆经规定程序批准的产品图样和设计文件制造。

（1）农用运输车的商标或厂标/产品标牌及装置等应符合 GB 18320—2201 中 7.1 的规定。

（2）农用运输车以柴油机为动力装置，最高设计车速、最大设计总质量、外廓尺寸等应符合 GB 18320—2001 中 3.2 和 3.3 的规定。

（3）农用运输车车辆稳定性应符合 GB 18320—2001 中 5.3 的规定。

（4）农用运输车操纵控制系统应符合 GB 1820—2001 中 5.4 的规定。

（5）在发动机运转及停车时，所有连接部位均不应有渗漏油、漏水现象。

（6）发动机、传动系及其他部件均不得有不正常响声。

2. 发动机

（1）发动机应动力性能良好，运转平稳，怠速稳定，机油压力正常。

（2）发动机的功率，新车和在用车均不得低于原标定功率的80%。

（3）发动机的燃油消耗，新车和在用车均不得高于原标定的15%。

3. 转向系

（1）农用运输车转向系应符合 GB 18320—2001 中 5.4.2 的规定。

（2）前轴采用非独立悬架的四轮农用运输车转向轮的横向侧滑量应不大于 5 米/千米。

4. 制动系

（1）农用运输车的行车制动系和驻车制动系应符合 GB 18320—2001 中 5.4.3.1 的规定。

（2）农用运输车行车制动性能应符合 GB 18320—2001 中 5.4.3.4 的规定。

（3）农用运输驻车制动性能应符合 GB 18320—2001 中 5.4.3.5 的规定。

5. 行驶系

（1）农用运输车轮胎胎面不应因磨损而露出轮胎帘层；轮胎胎面和胎臂不应有长度超过 25 毫米或能露出轮胎帘布层的破裂和损伤。同一轴上的轮胎型号和花纹应相同，转向轮不应用翻新轮胎。

（2）四轮农用运输车车轮总成的横向摆动量和径向跳动量不得大于 8 毫米。

（3）农用运输车所装轮胎螺母和半轴螺母应完整齐，并按规定力矩紧固。

（4）钢板弹簧不得有裂纹和断片现象，其弹簧形式和规格应符合使用说明书中的规定。中心螺栓和 U 形蝶栓应紧固。

6. 其他

农用运输车照明、信号装置和其他电气设备应符合 GB 18320—2001 中 5.5 的规定。

7. 传动系

（1）离合器应分离彻底、结合平顺。踏板自由行程应为 20～40mm。三轮农用运输车踏板应不大于 250N；四轮农用运输车踏板力应不大于 250N；四轮农用运输车踏板力应不大于 300N。

（2）变速器互锁和自锁装置应有效，不得有乱挡和自行跳挡现象，换挡时变速杆不得与其他部件干涉。

8. 驾驶室

（1）驾驶室的内部和外部不应有任何使人致伤的锐角、利棱或凸起物。

（2）驾驶室的车门和车窗应符合 GB 18320—2001 中 5.2.6 的规定。

9. 安全防护装置

农用运输车安全防护装置应符合 GB 18320—2001 中 5.6 的规定。

10. 其他安全要求

（1）三轮农用运输车排气管排气方向应向后或向下；四轮农用运输车的排气管不得指向车身右侧。

（2）燃油箱及燃油管路应坚固并固定牢靠，不致因震动和冲击而发生损坏和漏油现象。

（3）蓄电池放置的位置及防护应符合 GB 18320—2001 中 5.10.3 的规定。

（4）具有悬挂及牵引装置的农用运输车，其悬挂及牵引装置的安全要求应符合拖拉机有关标准的规定；挂接销和其他挂接装置应备有固定装置，以防止偶然脱开。

（5）农用运输车自卸装置应符合 GB 18320—2001 中 5.4.6 的规定。

（6）当有必要防上明火点燃农作物时，排气管必须带有能熄灭废气火星的装置。

（7）农用运输车的噪声限值应符合 GB 18321 的规定。

（8）农用运输车自由加速排气烟度限值应符合 GB 18322 的规定。

11. 家用运输车报废的年限等

（1）三轮农用运输车和装配单缸的四轮农用运输车，使用期限达 6 年的。

（2）装配多缸的四轮农用运输车，使用期限达 9 年的或累计行驶里程达 $2.5 \times 10^5$ 千米的。

（3）达到报废年限或者累计行驶里程的经检验合格，可以适当延长年限，但最长不得内连 3 年；延长使用年限车辆，一个检验周期内连续两次检验不符合标准要求的，应当强制报废。

（四）检验方法

1. 漏油的检查在农用运输车连续行驶距离不小于 10 千米，停车 5 分钟后观察，不得有明显渗漏现象；漏水的检查，在发动机运转及停车时，水箱、水泵、缸体、缸盖、暖风装置及所有连接部位均不得有明显渗漏水现象。

2. 发动机主要性能指标按 JB/T 7235 的规定行检验。

3. 施加于转向盘外缘的最大切向力按 JB/T 7235 的规定进行检验。

4. 四轮农用运输车的不足转向特性试验：转动转向盘至一定角度并保持不变，使车辆由低速逐渐提高车速加速行驶时，测定车辆行驶半径变化情况，若车辆行驶半径逐渐加大则认为具有不足转向特性。

5. 四轮农用运输车转向轮的横向侧滑量按 GB 18320—2001 中 6.4.2.5 的规定进行检验。

6. 三轮农用运输车转向轮载质量与整备质量和最大允许总质量的比值按 JB/T 7237 的规定进行检验。

7. 四轮农用运输车转向轮载质量与整备质量和最大允许总质量的比值按 JB/T 7235 的规定进行检验。

8. 在空载、静态状态下，三轮农用运输车向左侧和右侧倾斜最大侧倾稳定角按 GB/T 16708 的规定进行检验；四轮农用运输车向左侧和右侧倾斜最大侧倾稳定角按 GB/T 14172 的规定进行检验。

9. 对制动装置操纵力按 JB/T 7235 的规定进行检验。

10. 农用运输车制动性能按 JB/T 7235 的规定进行检验。

11. 农用运输车前照灯参照 GB 7454 的规定进行检验。

12. 农用运输车的噪声限值按 GB 18321 的规定进行检验。

13. 农用运输车自由加速排气烟度限值按 GB 18322 的规定进行检验。

14. 本标准中其余技术要求采用感官检测和常规方法进行检验。

## 三、农业农村部令 2018 年：拖拉机和联合收割机登记规定

### 第一章　总　则

第一条　为了规范拖拉机和联合收割机登记，根据《中华人民共和国农业机械化促进法》《中华人民共和国道路交通安全法》《农业机械安全监督管理条例》《中华人民共和国道路交通安全法实施条例》等有关法律、行政法规，制定本规定。

第二条　本规定所称登记，是指依法对拖拉机和联合收割机进行的登记。包括注册登记、变更登记、转移登记、抵押登记和注销登记。

拖拉机包括轮式拖拉机、手扶拖拉机、履带拖拉机、轮式拖拉机运输机组、手扶拖拉机运输机组。

联合收割机包括轮式联合收割机、履带式联合收割机。

第三条　县级人民政府农业机械化主管部门负责本行政区域内拖拉机和联合收割机的登记管理，其所属的农机安全监理机构（以下简称农机监理机构）承担具体工作。

县级以上人民政府农业机械化主管部门及其所属的农机监理机构负责拖拉机和联合收割机登记业务工作的指导、检查和监督。

第四条　农机监理机构办理拖拉机、联合收割机登记业务，应当遵循公开、公正、便民、高效原则。

农机监理机构在办理业务时，对材料齐全并符合规定的，应当按期办结。对材料不全或者不符合规定的，应当一次告知申请人需要补正的全部内容。对不予

受理的，应当书面告知不予受理的理由。

第五条　农机监理机构应当在业务办理场所公示业务办理条件、依据、程序、期限、收费标准、需要提交的材料和申请表示范文本等内容，并在相关网站发布信息，便于群众查阅、下载和使用。

第六条　农机监理机构应当使用计算机管理系统办理登记业务，完整、准确记录和存储登记内容、办理过程以及经办人员等信息，打印行驶证和登记证书。计算机管理系统的数据库标准由农业部制定。

## 第二章　注册登记

第七条　初次申领拖拉机、联合收割机号牌、行驶证的，应当在申请注册登记前，对拖拉机、联合收割机进行安全技术检验，取得安全技术检验合格证明。

依法通过农机推广鉴定的机型，其新机在出厂时经检验获得出厂合格证明的，出厂一年内免予安全技术检验，拖拉机运输机组除外。

第八条　拖拉机、联合收割机所有人应当向居住地的农机监理机构申请注册登记，填写申请表，交验拖拉机、联合收割机，提交以下材料：

（1）所有人身份证明。

（2）拖拉机、联合收割机来历证明。

（3）出厂合格证明或进口凭证。

（4）拖拉机运输机组交通事故责任强制保险凭证。

（5）安全技术检验合格证明（免检产品除外）。

农机监理机构应当自受理之日起2个工作日内，确认拖拉机、联合收割机的类型、品牌、型号名称、机身颜色、发动机号码、底盘号/机架号、挂车架号码，核对发动机号码和拖拉机、联合收割机底盘号/机架号、挂车架号码的拓印膜，审查提交的证明、凭证；对符合条件的，核发登记证书、号牌、行驶证和检验合格标志。登记证书由所有人自愿申领。

第九条　办理注册登记，应当登记下列内容：

（1）拖拉机、联合收割机号牌号码、登记证书编号。

（2）所有人的姓名或者单位名称、身份证明名称与号码、住址、联系电话和邮政编码。

（3）拖拉机、联合收割机的类型、生产企业名称、品牌、型号名称、发动机号码、底盘号/机架号、挂车架号码、生产日期、机身颜色。

（4）拖拉机、联合收割机的有关技术数据。

（5）拖拉机、联合收割机的获得方式。

（6）拖拉机、联合收割机来历证明的名称、编号。

（7）拖拉机运输机组交通事故责任强制保险的日期和保险公司的名称。

（8）注册登记的日期。

（9）法律、行政法规规定登记的其他事项。

拖拉机、联合收割机登记后，对其来历证明、出厂合格证明应当签注已登记标志，收存来历证明、出厂合格证明原件和身份证明复印件。

第十条　有下列情形之一的，不予办理注册登记：

（1）所有人提交的证明、凭证无效。

（2）来历证明被涂改，或者来历证明记载的所有人与身份证明不符。

（3）所有人提交的证明、凭证与拖拉机、联合收割机不符。

（4）拖拉机、联合收割机不符合国家安全技术强制标准。

（5）拖拉机、联合收割机达到国家规定的强制报废标准。

（6）属于被盗抢、扣押、查封的拖拉机和联合收割机。

（7）其他不符合法律、行政法规规定的情形。

<h3 style="text-align:center">第三章　变更登记</h3>

第十一条　有下列情形之一的，所有人应当向登记地农机监理机构申请变更登记：

（1）改变机身颜色、更换机身（底盘）或者挂车的。

（2）更换发动机的。

（3）因质量有问题，更换整机的。

（4）所有人居住地在本行政区域内迁移、所有人姓名（单位名称）变更的。

第十二条　申请变更登记的，应当填写申请表，提交下列材料；

（1）所有人身份证明。

（2）行驶证。

（3）更换整机、发动机、机身（底盘）或挂车需要提供法定证明、凭证。

（4）安全技术检验合格证明。

农机监理机构应当自受理之日起2个工作日内查验相关证明，准予变更的，收回原行驶证，重新核发行驶证。

第十三条　拖拉机、联合收割机所有人居住地迁出农机监理机构管辖区域的，应当向登记地农机监理机构申请变更登记，提交行驶证和身份证明。

农机监理机构应当自受理之日起2个工作日内核发临时行驶号牌，收回原号牌、行驶证，将档案密封交所有人。

所有人应当携带档案，于3个月内到迁入地农机监理机构申请转入，提交身份证明、登记证书和档案，交验拖拉机、联合收割机。

迁入地农机监理机构应当自受理之日起2个工作日内，查验拖拉机、联合收割机，收存档案，核发号牌、行驶证。

第十四条　办理变更登记，应当分别登记下列内容：

（1）变更后的机身颜色。

（2）变更后的发动机号码。

（3）变更后的底盘号/机架号、挂车架号码。

（4）发动机、机身（底盘）或者挂车来历证明的名称、编号。

（5）发动机、机身（底盘）或者挂车出厂合格证明或者进口凭证编号、生产日期、注册登记日期。

（6）变更后的所有人姓名或者单位名称。

（7）需要办理档案转出的，登记转入地农机监理机构的名称。

（8）变更登记的日期。

<h3 style="text-align:center">第四章　转移登记</h3>

第十五条　拖拉机、联合收割机所有权发生转移的，应当向登记地的农机监理机构申请转移登记，填写申请表，交验拖拉机、联合收割机，提交以下材料：

（1）所有人身份证明。

（2）所有权转移的证明、凭证。

（3）行驶证、登记证书。

农机监理机构应当自受理之日起 2 个工作日内办理转移手续。转移后的拖拉机、联合收割机所有人居住地在原登记地农机监理机构管辖区内的，收回原行驶证，核发新行驶证；转移后的拖拉机、联合收割机所有人居住地不在原登记地农机监理机构管辖区内的，按照本规定第十三条办理。

第十六条　办理转移登记，应当登记下列内容：

（1）转移后的拖拉机、联合收割机所有人的姓名或者单位名称、身份证明名称与号码、住址、联系电话和邮政编码。

（2）拖拉机、联合收割机获得方式。

（3）拖拉机、联合收割机来历证明的名称、编号。

（4）转移登记的日期。

（5）改变拖拉机、联合收割机号牌号码的，登记拖拉机、联合收割机号牌号码。

（6）转移后的拖拉机、联合收割机所有人居住地不在原登记地农机监理机构管辖区内的，登记转入地农机监理机构的名称。

第十七条　有下列情形之一的，不予办理转移登记：

（1）有本规定第十条规定情形。

（2）拖拉机、联合收割机与该机的档案记载的内容不一致。

（3）在抵押期间。

（4）拖拉机、联合收割机或者拖拉机、联合收割机档案被人民法院、人民检察院、行政执法部门依法查封、扣押。

（5）拖拉机、联合收割机涉及未处理完毕的道路交通违法行为、农机安全违法行为或者道路交通事故、农机事故。

第十八条　被司法机关和行政执法部门依法没收并拍卖，或者被仲裁机构依法仲裁裁决，或者被人民法院调解、裁定、判决拖拉机、联合收割机所有权转移时，原所有人未向转移后的所有人提供行驶证的，转移后的所有人在办理转移登记时，应当提交司法机关出具的《协助执行通知书》或者行政执法部门出具的未取得行驶证的证明。农机监理机构应当公告原行驶证作废，并在办理所有权转移登记的同时，发放拖拉机、联合收割机行驶证。

## 第五章　抵押登记

第十九条　申请抵押登记的，由拖拉机、联合收割机所有人（抵押人）和抵押权人共同申请，填写申请表，提交下列证明、凭证：

（1）抵押人和抵押权人身份证明。

（2）拖拉机、联合收割机登记证书。

（3）抵押人和抵押权人依法订立的主合同和抵押合同。

农机监理机构应当自受理之日起1日内，在拖拉机、联合收割机登记证书上记载抵押登记内容。

第二十条　农机监理机构办理抵押登记，应当登记下列内容：

（1）抵押权人的姓名或者单位名称、身份证明名称与号码、住址、联系电话和邮政编码。

（2）抵押担保债权的数额。

（3）主合同和抵押合同号码。

（4）抵押登记的日期。

第二十一条　申请注销抵押的，应当由抵押人与抵押权人共同申请，填写申请表，提交以下证明、凭证：

（1）抵押人和抵押权人身份证明。

（2）拖拉机、联合收割机登记证书。

农机监理机构应当自受理之日起1日内，在农机监理信息系统注销抵押内容和注销抵押的日期。

第二十二条　抵押登记内容和注销抵押日期应当允许公众查询。

## 第六章　注销登记

第二十三条　有下列情形之一的，应当向登记地的农机监理机构申请注销登记，填写申请表，提交身份证明，并交回号牌、行驶证、登记证书。

（1）报废的。

（2）灭失的。

（3）所有人因其他原因申请注销的。

农机监理机构应当自受理之日起 1 日内办理注销登记，收回号牌、行驶证和登记证书。无法收回的，由农机监理机构公告作废。

## 第七章　其他规定

第二十四条　拖拉机、联合收割机号牌、行驶证、登记证书灭失、丢失或者损毁申请补领、换领的，所有人应当向登记地农机监理机构提出申请，提交身份证明和相关证明材料。

经审查，属于补发、换发号牌的，农机监理机构应当自受理之日起 15 日内办理；属于补发、换发行驶证、登记证书的，自受理之日起 1 日内办理。

办理补发、换发号牌期间，应当给所有人核发临时行驶号牌。

补发、换发号牌、行驶证、登记证书后，应当收回未灭失、丢失或者损坏的号牌、行驶证、登记证书。

第二十五条　未注册登记的拖拉机、联合收割机需要驶出本行政区域的，所有人应当申请临时行驶号牌，提交以下证明、凭证：

（1）所有人身份证明。

（2）拖拉机、联合收割机来历证明。

（3）出厂合格证明或进口凭证。

（4）拖拉机运输机组须提交交通事故责任强制保险凭证。

农机监理机构应当自受理之日起 1 日内，核发临时行驶号牌。临时行驶号牌有效期最长为 3 个月。

第二十六条　拖拉机、联合收割机所有人发现登记内容有错误的，应当及时到农机监理机构申请更正。农机监理机构应当自受理之日起 2 个工作日内予以确认并更正。

第二十七条　已注册登记的拖拉机、联合收割机被盗抢，所有人应当在向公安机关报案的同时，向登记地农机监理机构申请封存档案。农机监理机构应当受理申请，在计算机管理系统内记录被盗抢信息，封存档案，停止办理该拖拉机、联合收割机的各项登记。被盗抢拖拉机、联合收割机发还后，所有人应当向登记地农机监理机构申请解除封存，农机监理机构应当受理申请，恢复办理各项登记。

在被盗抢期间，发动机号码、底盘号/机架号、挂车架号码或者机身颜色被改变的，农机监理机构应当凭有关技术鉴定证明办理变更。

第二十八条　登记的拖拉机、联合收割机应当每年进行 1 次安全检验。

第二十九条　拖拉机、联合收割机所有人可以委托代理人代理申请各项登记和相关业务，但申请补发登记证书的除外。代理人办理相关业务时，应当提交代理人身份证明、经申请人签字的委托书。

第三十条　申请人以隐瞒、欺骗等不正当手段办理登记的，应当撤销登记，并收回相关证件和号牌。

农机安全监理人员违反规定为拖拉机、联合收割机办理登记的，按照国家有关规定给予处分；构成犯罪的，依法追究刑事责任。

## 第八章　附　则

第三十一条　行驶证的式样、规格按照农业行业标准《中华人民共和国拖拉机和联合收割机行驶证》执行。拖拉机、联合收割机号牌、临时行驶号牌、登记证书、检验合格标志和相关登记表格的式样、规格，由农业部制定。

第三十二条　本规定下列用语的含义：

（一）拖拉机、联合收割机所有人

拥有拖拉机、联合收割机所有权的个人或者单位。

（二）身份证明

1. 机关、事业单位、企业和社会团体的身份证明，是指标注有"统一社会信用代码"的注册登记证（照）。上述单位已注销、撤销或者破产的，已注销的企业单位的身份证明，是工商行政管理部门出具的注销证明；已撤销的机关、事业单位的身份证明，是上级主管机关出具的有关证明；已破产的企业单位的身份证明，是依法成立的财产清算机构出具的有关证明。

2. 居民的身份证明，是指《居民身份证》或者《居民户口簿》。在户籍所在地以外居住的，其身份证明还包括公安机关核发的居住证明。

（三）住址

1. 单位的住址为其主要办事机构所在地的地址。

2. 个人的住址为其身份证明记载的地址。在户籍所在地以外居住的是公安机关核发的居住证明记载的地址。

（四）获得方式

购买、继承、赠予、中奖、协议抵偿债务、资产重组、资产整体买卖、调拨，人民法院调解、裁定、判决，仲裁机构仲裁裁决等。

（五）来历证明

1. 在国内购买的拖拉机、联合收割机，其来历证明是销售发票；销售发票遗失的由销售商或所有人所在组织出具证明；在国外购买的拖拉机、联合收割机，其来历证明是该机销售单位开具的销售发票和其翻译文本。

2. 人民法院调解、裁定或者判决所有权转移的拖拉机、联合收割机，其来历证明是人民法院出具的已经生效的调解书、裁定书或者判决书以及相应的

《协助执行通知书》。

3. 仲裁机构仲裁裁决所有权转移的拖拉机、联合收割机，其来历证明是仲裁裁决书和人民法院出具的《协助执行通知书》。

4. 继承、赠予、中奖和协议抵偿债务的拖拉机、联合收割机，其来历证明是继承、赠予、中奖和协议抵偿债务的相关文书。

5. 经公安机关破案发还的被盗抢且已向原所有人理赔完毕的拖拉机、联合收割机，其来历证明是保险公司出具的《权益转让证明书》。

6. 更换发动机、机身（底盘）、挂车的来历证明，是生产、销售单位开具的发票或者修理单位开具的发票。

7. 其他能够证明合法来历的书面证明。

第三十三条 本规定自 2018 年 6 月 1 日起施行。2004 年 9 月 21 日公布、2010 年 11 月 26 日修订的《拖拉机登记规定》和 2006 年 11 月 2 日公布、2010 年 11 月 26 日修订的《联合收割机及驾驶人安全监理规定》同时废止。

## 四、农业农村部令 2018 年第 1 号：拖拉机和联合收割机驾驶证管理规定

### 第一章 总 则

第一条 为了规范拖拉机和联合收割机驾驶证（以下简称驾驶证）的申领和使用，根据《中华人民共和国农业机械化促进法》《中华人民共和国道路交通安全法》和《农业机械安全监督管理条例》《中华人民共和国道路交通安全法实施条例》等有关法律、行政法规，制定本规定。

第二条 本规定所称驾驶证是指驾驶拖拉机、联合收割机所需持有的证件。

第三条 县级人民政府农业机械化主管部门负责本行政区域内拖拉机和联合收割机驾驶证的管理，其所属的农机安全监理机构（以下简称农机监理机构）承担驾驶证申请受理、考试、发证等具体工作。

县级以上人民政府农业机械化主管部门及其所属的农机监理机构负责驾驶证业务工作的指导、检查和监督。

第四条 农机监理机构办理驾驶证业务，应当遵循公开、公正、便民、高效原则。

农机监理机构在办理驾驶证业务时，对材料齐全并符合规定的，应当按期办结。对材料不全或者不符合规定的，应当一次告知申请人需要补正的全部内容。对不予受理的，应当书面告知不予受理的理由。

第五条 农机监理机构应当在办理业务的场所公示驾驶证申领的条件、依据、程序、期限、收费标准、需要提交的全部资料的目录和申请表示范文本等内

容，并在相关网站发布信息，便于群众查阅有关规定，下载、使用有关表格。

第六条　农机监理机构应当使用计算机管理系统办理业务，完整、准确记录和存储申请受理、科目考试、驾驶证核发等全过程以及经办人员等信息。计算机管理系统的数据库标准由农业部制定。

## 第二章　申　请

第七条　驾驶拖拉机、联合收割机，应当申请考取驾驶证

第八条　拖拉机、联合收割机驾驶人员准予驾驶的机型分为：

（1）轮式拖拉机，代号为 G1。

（2）手扶拖拉机，代号为 K1。

（3）履带拖拉机，代号为 L。

（4）轮式拖拉机运输机组，代号为 G2（准予驾驶轮式拖拉机）。

（5）手扶拖拉机运输机组，代号为 K2（准予驾驶手扶拖拉机）。

（6）轮式联合收割机，代号为 R。

（7）履带式联合收割机，代号为 S。

第九条　申请驾驶证，应当符合下列条件：

（1）年龄：18 周岁以上，70 周岁以下。

（2）身高：不低于 150 厘米。

（3）视力：两眼裸视力或者矫正视力达到对数视力表 4.9 以上。

（4）辨色力：无红绿色盲。

（5）听力：两耳分别距音叉 50 厘米能辨别声源方向。

（6）上肢：双手拇指健全，每只手其他手指必须有 3 指健全，肢体和手指运动功能正常。

（7）下肢：运动功能正常，下肢不等长度不得大于 5 厘米。

（8）躯干、颈部：无运动功能障碍。

第十条　有下列情形之一的，不得申领驾驶证：

（1）有器质性心脏病、癫痫、美尼尔氏症、眩晕症、癔病、震颤麻痹、精神病、痴呆以及影响肢体活动的神经系统疾病等妨碍安全驾驶疾病的。

（2）3 年内有吸食、注射毒品行为或者解除强制隔离戒毒措施未满 3 年，或者长期服用依赖性精神药品成瘾尚未戒除的。

（3）吊销驾驶证未满 2 年的。

（4）驾驶许可依法被撤销未满 3 年的。

（5）醉酒驾驶依法被吊销驾驶证未满 5 年的。

（6）饮酒后或醉酒驾驶造成重大事故被吊销驾驶证的。

（7）造成事故后逃逸被吊销驾驶证的。

（8）法律、行政法规规定的其他情形。

第十一条　申领驾驶证，按照下列规定向农机监理机构提出申请：

（1）在户籍所在地居住的，应当在户籍所在地提出申请。

（2）在户籍所在地以外居住的，可以在居住地提出申请。

（3）境外人员，应当在居住地提出申请。

第十二条　初次申领驾驶证的，应当填写申请表，提交以下材料：

（1）申请人身份证明。

（2）身体条件证明。

第十三条　申请增加准驾机型的，应当向驾驶证核发地或居住地农机监理机构提出申请，填写申请表，提交驾驶证和本规定第十二条规定的材料。

第十四条　农机监理机构办理驾驶证业务，应当依法审核申请人提交的资料，对符合条件的，按照规定程序和期限办理驾驶证。

申领驾驶证的，应当向农机监理机构提交规定的有关资料，如实申告规定事项。

## 第三章　考　试

第十五条　符合驾驶证申请条件的，农机监理机构应当受理并在 20 日内安排考试。

农机监理机构应当提供网络或电话等预约考试的方式。

第十六条　驾驶考试科目分为：

（1）科目一：理论知识考试。

（2）科目二：场地驾驶技能考试。

（3）科目三：田间作业技能考试。

考试内容与合格标准由农业部制定。

第十七条　申请人应当在科目一考试合格后 2 年内完成科目二、科目三、科目四考试。未在 2 年内完成考试的，已考试合格的科目成绩作废。

第十八条　每个科目考试 1 次，考试不合格的，可以当场补考 1 次。补考仍不合格的，申请人可以预约后再次补考，每次预约考试次数不超过 2 次。

第十九条　各科目考试结果应当场公布，并出示成绩单。成绩单由考试员和申请人共同签名。考试不合格的，应当说明不合格原因。

第二十条　申请人在考试过程中有舞弊行为的，取消本次考试资格，已经通过考试的其他科目成绩无效。

第二十一条　申请人全部科目考试合格后，应当在 2 个工作日内核发驾驶证。准予增加准驾机型的，应当收回原驾驶证。

第二十二条　从事考试工作的人员，应当持有省级农机监理机构核发的考试员证件，认真履行考试职责，严格遵守考试工作纪律。

## 第四章　使　用

第二十三条　驾驶证记载和签注以下内容：

（1）驾驶人信息：姓名、性别、出生日期、国籍、住址、身份证明号码（驾驶证号码）、照片。

（2）农机监理机构签注内容：初次领证日期、准驾机型代号、有效期限、核发机关印章、档案编号、副页签注期满换证时间。

第二十四条　驾驶证有效期为6年。驾驶人驾驶拖拉机、联合收割机时，应当随身携带。

驾驶人应当于驾驶证有效期满前3个月内，向驾驶证核发地或居住地农机监理机构申请换证。申请换证时应当填写申请表，提交以下材料：

（1）驾驶人身份证明。

（2）驾驶证。

（3）身体条件证明。

第二十五条　驾驶人户籍迁出原农机监理机构管辖区的，应当向迁入地农机监理机构申请换证；驾驶人在驾驶证核发地农机监理机构管辖区以外居住的，可以向居住地农机监理机构申请换证。申请换证时应当填写申请表，提交驾驶人身份证明和驾驶证。

第二十六条　驾驶证记载的驾驶人信息发生变化的或驾驶证损毁无法辨认的，驾驶人应当及时到驾驶证核发地或居住地农机监理机构申请换证。申请换证时应当填写申请表，提交驾驶人身份证明和驾驶证。

第二十七条　符合本规定第二十四条、第二十五条、第二十六条换证条件的，农机监理机构应当在2个工作日内换发驾驶证，并收回原驾驶证。

第二十八条　驾驶证遗失的，驾驶人应当向驾驶证核发地或居住地农机监理机构申请补发。申请时应当填写申请表，提交驾驶人身份证明。

符合规定的，农机监理机构应当在2个工作日内补发驾驶证，原驾驶证作废。

驾驶证被依法扣押、扣留或者暂扣期间，驾驶人不得申请补证。

第二十九条　拖拉机运输机组驾驶人在一个记分周期内累计达到12分的，农机监理机构在接到公安部门通报后，应当通知驾驶人在15日内接受道路交通安全法律法规和相关知识的教育。驾驶人接受教育后，农机监理机构应当在20日内对其进行科目一考试。

驾驶人在一个记分周期内两次以上达到12分的，农机监理机构还应当在科目一考试合格后的10日内对其进行科目四考试。

第三十条　驾驶人具有下列情形之一的，其驾驶证失效，应当注销：

（1）申请注销的。

（2）身体条件或其他原因不适合继续驾驶的。

（3）丧失民事行为能力，监护人提出注销申请的。

（4）死亡的。

（5）超过驾驶证有效期 1 年以上未换证的。

（6）年龄在 70 周岁以上的。

（7）驾驶证依法被吊销或者驾驶许可依法被撤销的。

有前款情形之一，未收回驾驶证的，应当公告驾驶证作废。

有第一款第（五）项情形，被注销驾驶证未超过 2 年的，驾驶人参加科目一考试合格后，可以申请恢复驾驶资格，办理期满换证。

## 第五章　其他规定

第三十一条　驾驶人可以委托代理人办理换证、补证、注销业务。代理人办理相关业务时，除规定材料外，还应当提交代理人身份证明、经申请人签字的委托书。

第三十二条　驾驶证的式样、规格与中华人民共和国公共安全行业标准《中华人民共和国机动车驾驶证件》一致，按照农业行业标准《中华人民共和国拖拉机和联合收割机驾驶证》执行。相关表格式样由农业部制定。

第三十三条　申请人以隐瞒、欺骗等不正当手段取得驾驶证的，应当撤销驾驶许可，并收回驾驶证。

农机安全监理人员违反规定办理驾驶证申领和使用业务的，按照国家有关规定给予处分；构成犯罪的，依法追究刑事责任。

## 第六章　附　则

第三十四条　本规定下列用语的含义：

（1）身份证明是指：《居民身份证》或者《临时居民身份证》。在户籍地以外居住的，身份证明还包括公安部门核发的居住证明。

住址是指：申请人提交的身份证明上记载的住址。

现役军人、港澳台居民、华侨、外国人等的身份证明和住址，参照公安部门有关规定执行。

（2）身体条件证明是指：乡镇或社区以上医疗机构出具的包含本规定第九条指定项目的有关身体条件证明。身体条件证明自出具之日起 6 个月内有效。

第三十五条　本规定自 2018 年 6 月 1 日起施行。2004 年 9 月 21 日公布、2010 年 11 月 26 日修订的《拖拉机驾驶证申领和使用规定》和 2006 年 11 月 2 日公布、2010 年 11 月 26 日修订的《联合收割机及驾驶人安全监理规定》同时废止。

## 五、农业行政处罚程序规定

### 第一章　总　则

第一条　为规范农业行政处罚程序，保障和监督农业农村主管部门依法实施行政管理，保护公民、法人或者其他组织的合法权益，根据《中华人民共和国行政处罚法》《中华人民共和国行政强制法》等有关法律、行政法规的规定，结合农业农村部门实际，制定本规定。

第二条　农业行政处罚机关实施行政处罚及其相关的行政执法活动，适用本规定。

本规定所称农业行政处罚机关，是指依法行使行政处罚权的县级以上人民政府农业农村主管部门。

第三条　农业行政处罚机关实施行政处罚，应当遵循公正、公开的原则，做到事实清楚，证据充分，程序合法，定性准确，适用法律正确，裁量合理，文书规范。

第四条　农业行政处罚机关实施行政处罚，应当坚持处罚与教育相结合，采取指导、建议等方式，引导和教育公民、法人或者其他组织自觉守法。

第五条　具有下列情形之一的，农业行政执法人员应当主动申请回避，当事人也有权申请其回避：

（一）是本案当事人或者当事人的近亲属；

（二）本人或者其近亲属与本案有直接利害关系；

（三）与本案当事人有其他利害关系，可能影响案件的公正处理。

农业行政处罚机关主要负责人的回避，由该机关负责人集体讨论决定；其他人员的回避，由该机关主要负责人决定。

回避决定作出前，主动申请回避或者被申请回避的人员不停止对案件的调查处理。

第六条　农业行政执法人员调查处理农业行政处罚案件时，应当向当事人或者有关人员出示农业行政执法证件，并按规定着装和佩戴执法标志。

农业行政执法证件由农业农村部统一制定，省、自治区、直辖市人民政府农业农村主管部门负责本地区农业行政执法证件的发放和管理工作。

第七条　各级农业行政处罚机关应当全面推行行政执法公示制度、执法全过程记录制度、重大执法决定法制审核制度，加强行政执法信息化建设，推进信息共享，提高行政处罚效率。

第八条　县级以上人民政府农业农村主管部门在法定职权范围内实施行政

处罚。

县级以上人民政府农业农村主管部门依法设立的农业综合行政执法机构承担并集中行使行政处罚以及与行政处罚有关的行政强制、行政检查职能，以农业农村主管部门名义统一执法。

县级以上人民政府农业农村主管部门依照国家有关规定在沿海、大江大湖、边境交界等水域设立的渔政执法机构，承担渔业行政处罚以及与行政处罚有关的行政强制、行政检查职能，以其所在的农业农村主管部门名义执法。

第九条　县级以上人民政府农业农村主管部门依法设立的派出执法机构，应当在派出部门确定的权限范围内以派出部门的名义实施行政处罚。

第十条　上级农业农村主管部门依法监督下级农业农村主管部门实施的行政处罚。

县级以上人民政府农业农村主管部门负责监督本部门农业综合行政执法机构、渔政执法机构或者派出执法机构实施的行政处罚。

第十一条　农业行政处罚机关在工作中发现违纪、违法或者犯罪问题线索的，应当按照《执法机关和司法机关向纪检监察机关移送问题线索工作办法》的规定，及时移送纪检监察机关。

### 第二章　农业行政处罚的管辖

第十二条　农业行政处罚由违法行为发生地的农业行政处罚机关管辖。

省、自治区、直辖市农业行政处罚机关应当按照职权法定、属地管理、重心下移的原则，结合违法行为涉及区域、案情复杂程度、社会影响范围等因素，厘清本行政区域内不同层级农业行政处罚机关行政执法权限，明确职责分工。

第十三条　渔业行政违法行为有下列情况之一的，适用"谁查获、谁处理"的原则：

（一）违法行为发生在共管区、叠区；

（二）违法行为发生在管辖权不明确或者有争议的区域；

（三）违法行为发生地与查获地不一致。

第十四条　电子商务平台经营者和通过自建网站、其他网络服务销售商品或者提供服务的电子商务经营者的农业违法行为由其住所地县级以上农业行政处罚机关管辖。

平台内经营者的农业违法行为由其实际经营地县级以上农业行政处罚机关管辖。电子商务平台经营者住所地或者违法物品的生产、加工、存储、配送地的县级以上农业行政处罚机关先行发现违法线索或者收到投诉、举报的，也可以管辖。

第十五条　对当事人的同一违法行为，两个以上农业行政处罚机关都有管辖权的，应当由先立案的农业行政处罚机关管辖。

第十六条 两个以上农业行政处罚机关因管辖权发生争议的，应当自发生争议之日起七个工作日内协商解决；协商解决不了的，报请共同的上一级农业行政处罚机关指定管辖。

第十七条 农业行政处罚机关发现立案查处的案件不属于本部门管辖的，应当将案件移送有管辖权的农业行政处罚机关。受移送的农业行政处罚机关对管辖权有异议的，应当报请共同的上一级农业行政处罚机关指定管辖，不得再自行移送。

第十八条 上级农业行政处罚机关认为有必要时，可以直接管辖下级农业行政处罚机关管辖的案件，也可以将本机关管辖的案件交由下级农业行政处罚机关管辖；必要时可以将下级农业行政处罚机关管辖的案件指定其他下级农业行政处罚机关管辖。

下级农业行政处罚机关认为依法应由其管辖的农业行政处罚案件重大、复杂或者本地不适宜管辖的，可以报请上一级农业行政处罚机关直接管辖或者指定管辖。上一级农业行政处罚机关应当自收到报送材料之日起七个工作日内作出书面决定。

第十九条 农业行政处罚机关在办理跨行政区域案件时，需要其他地区农业行政处罚机关协查的，可以发送协助调查函。收到协助调查函的农业行政处罚机关应当予以协助并及时书面告知协查结果。

第二十条 农业行政处罚机关查处案件，对依法应当由原许可、批准的部门作出吊销许可证件等行政处罚决定的，应当将查处结果告知原许可、批准的部门，并提出处理建议。

第二十一条 农业行政处罚机关发现所查处的案件不属于农业农村主管部门管辖的，应当按照有关要求和时限移送有管辖权的部门处理。

违法行为涉嫌犯罪的案件，农业行政处罚机关应当依法移送司法机关，不得以行政处罚代替刑事处罚。

农业行政处罚机关应当将移送案件的相关材料妥善保管、存档备查。

### 第三章 农业行政处罚的决定

第二十二条 公民、法人或者其他组织违反农业行政管理秩序的行为，依法应当给予行政处罚的，农业行政处罚机关必须查明事实；违法事实不清的，不得给予行政处罚。

第二十三条 农业行政处罚机关作出农业行政处罚决定前，应当告知当事人拟作出的决定内容、事实、理由及依据，并告知当事人依法享有的权利。

采取一般程序查办的案件，农业行政处罚机关应当制作行政处罚事先告知书送达当事人，并告知当事人可以在收到告知书之日起三日内进行陈述、申辩。符合听证条件的，应当告知当事人可以要求听证。

当事人无正当理由逾期提出陈述、申辩或者要求听证的，视为放弃上述权利。

第二十四条　农业行政处罚机关应当及时对当事人的陈述、申辩或者听证情况进行复核。当事人提出的事实、理由成立的，应当予以采纳。

农业行政处罚机关不得因当事人申辩加重处罚。

### 第一节　简易程序

第二十五条　违法事实确凿并有法定依据，依照《中华人民共和国行政处罚法》的规定可以适用简易程序作出行政处罚的，农业行政处罚机关依照本节有关规定，可以当场作出农业行政处罚决定。

第二十六条　当场作出行政处罚决定时，农业行政执法人员应当遵守下列程序：

（一）向当事人表明身份，出示农业行政执法证件；

（二）当场查清当事人的违法事实，收集和保存相关证据；

（三）在行政处罚决定作出前，应当告知当事人拟作出决定的内容、事实、理由和依据，并告知当事人有权进行陈述和申辩；

（四）听取当事人陈述、申辩，并记入笔录；

（五）填写预定格式、编有号码、盖有农业行政处罚机关印章的当场处罚决定书，由执法人员签名或者盖章，当场交付当事人，并应当告知当事人如不服行政处罚决定可以依法申请行政复议或者提起行政诉讼。

第二十七条　农业行政执法人员应当在作出当场处罚决定之日起、在水上办理渔业行政违法案件的农业行政执法人员应当自抵岸之日起二日内，将案件的有关材料交至所属农业行政处罚机关归档保存。

### 第二节　一般程序

第二十八条　实施农业行政处罚，除适用简易程序的外，应当适用一般程序。

第二十九条　农业行政处罚机关对涉嫌违反农业法律、法规和规章的行为，应当自发现线索或者收到相关材料之日起十五个工作日内予以核查，由农业行政处罚机关负责人决定是否立案；因特殊情况不能在规定期限内立案的，经农业行政处罚机关负责人批准，可以延长十五个工作日。法律、法规、规章另有规定的除外。

第三十条　符合下列条件的，农业行政处罚机关应当予以立案，并填写行政处罚立案审批表：

（一）有涉嫌违反农业法律、法规和规章的行为；

（二）依法应当或者可以给予行政处罚；

（三）属于本机关管辖；

（四）违法行为发生之日起至被发现之日止未超过二年，或者违法行为有连续、继续状态，从违法行为终了之日起至被发现之日止未超过二年；法律、法规另有规定的除外。

第三十一条 对已经立案的案件，根据新的情况发现不符合第三十条规定的立案条件的，农业行政处罚机关应当撤销立案。

第三十二条 农业行政处罚机关对立案的农业违法行为，应当及时组织调查取证。必要时，按照法律、法规的规定，可以进行检查。

农业行政执法人员调查收集证据、进行检查时不得少于二人，并应当出示农业行政执法证件。

第三十三条 农业行政执法人员有权依法采取下列措施：

（一）查阅、复制书证和其他有关材料；

（二）询问当事人或者其他与案件有关的单位和个人；

（三）要求当事人或者有关人员在一定的期限内提供有关材料；

（四）采取现场检查、勘验、抽样、检验、检测、鉴定、评估、认定、录音、拍照、录像、调取现场及周边监控设备电子数据等方式进行调查取证；

（五）对涉案的场所、设施或者财物依法实施查封、扣押等行政强制措施；

（六）责令被检查单位或者个人停止违法行为，履行法定义务；

（七）其他法律、法规、规章规定的措施。

第三十四条 农业行政处罚证据包括书证、物证、视听资料、电子数据、证人证言、当事人的陈述、鉴定意见、现场检查笔录和勘验笔录等。

证据应当符合法律、法规、规章的规定，并经查证属实，才能作为农业行政处罚机关认定事实的依据。

第三十五条 收集、调取的书证、物证应当是原件、原物。收集、调取原件、原物确有困难的，可以提供与原件核对无误的复制件、影印件或者抄录件，也可以提供足以反映原物外形或者内容的照片、录像等其他证据。

复制件、影印件、抄录件和照片由证据提供人或者执法人员核对无误后注明与原件、原物一致，并注明出证日期、证据出处，同时签名或者盖章。

第三十六条 收集、调取的视听资料应当是有关资料的原始载体。调取原始载体确有困难的，可以提供复制件，并注明制作方法、制作时间、制作人和证明对象等。声音资料应当附有该声音内容的文字记录。

第三十七条　收集、调取的电子数据应当是有关数据的原始载体。收集电子数据原始载体确有困难的，可以采用拷贝复制、委托分析、书式固定、拍照录像等方式取证，并注明制作方法、制作时间、制作人等。

农业行政处罚机关可以利用互联网信息系统或者设备收集、固定违法行为证据。用来收集、固定违法行为证据的互联网信息系统或者设备应当符合相关规定，保证所收集、固定电子数据的真实性、完整性。

农业行政处罚机关可以指派或者聘请具有专门知识的人员或者专业机构，辅助农业行政执法人员对与案件有关的电子数据进行调查取证。

第三十八条　农业行政执法人员询问证人或者当事人，应当个别进行，并制作询问笔录。

询问笔录有差错、遗漏的，应当允许被询问人更正或者补充。更正或者补充的部分应当由被询问人签名、盖章或者按指纹等方式确认。

询问笔录经被询问人核对无误后，由被询问人在笔录上逐页签名、盖章或者按指纹等方式确认。农业行政执法人员应当在笔录上签名。被询问人拒绝签名、盖章或者按指纹的，由农业行政执法人员在笔录上注明情况。

第三十九条　农业行政执法人员对与案件有关的物品或者场所进行现场检查或者勘验，应当通知当事人到场，制作现场检查笔录或者勘验笔录，必要时可以采取拍照、录像或者其他方式记录现场情况。

当事人拒不到场、无法找到当事人或者当事人拒绝签名或者盖章的，农业行政执法人员应当在笔录中注明，并可以请在场的其他人员见证。

第四十条　农业行政处罚机关在调查案件时，对需要检测、检验、鉴定、评估、认定的专门性问题，应当委托具有法定资质的机构进行；没有具有法定资质的机构的，可以委托其他具备条件的机构进行。

检验、检测、鉴定、评估、认定意见应当由检验、检测、鉴定人员签名或者盖章，并加盖所在机构公章。检验、检测、鉴定、评估、认定意见应当送达当事人。

第四十一条　农业行政处罚机关收集证据时，可以采取抽样取证的方法。执法人员应当制作抽样取证凭证，对样品加贴封条，并由办案人员和当事人在抽样取证凭证上签名或者盖章。当事人拒绝签名或者盖章的，应当采取拍照、录像或者其他方式记录抽样取证情况。

农业行政处罚机关抽样送检的，应当将抽样检测结果及时告知当事人，并告知当事人有依法申请复检的权利。

非从生产单位直接抽样取证的，农业行政处罚机关可以向产品标注生产单位发送产品确认通知书。

第四十二条 在证据可能灭失或者以后难以取得的情况下，经农业行政处罚机关负责人批准，农业行政执法人员可以对与涉嫌违法行为有关的证据采取先行登记保存措施。

情况紧急的，农业行政执法人员需要当场采取先行登记保存措施的，可以采用即时通讯方式报请农业行政处罚机关负责人同意，并在二十四小时内补办批准手续。

先行登记保存有关证据，应当当场清点，开具清单，填写先行登记保存执法文书，由当事人和农业行政执法人员签名、盖章或者按指纹，并向当事人交付先行登记保存证据通知书和物品清单。

第四十三条 先行登记保存物品时，就地由当事人保存的，当事人或者有关人员不得使用、销售、转移、损毁或者隐匿。

就地保存可能妨害公共秩序、公共安全，或者存在其他不适宜就地保存情况的，可以异地保存。对异地保存的物品，农业行政处罚机关应当妥善保管。

第四十四条 农业行政处罚机关对先行登记保存的证据，应当在七日内作出下列处理决定并送达当事人：

（一）根据情况及时采取记录、复制、拍照、录像等证据保全措施；

（二）需要进行技术检测、检验、鉴定、评估、认定的，送交有关部门检测、检验、鉴定、评估、认定；

（三）对依法应予没收的物品，依照法定程序处理；

（四）对依法应当由有关部门处理的，移交有关部门；

（五）为防止损害公共利益，需要销毁或者无害化处理的，依法进行处理；

（六）不需要继续登记保存的，解除先行登记保存。

第四十五条 农业行政处罚机关依法对涉案场所、设施或者财物采取查封、扣押等行政强制措施，应当在实施前向农业行政处罚机关负责人报告并经批准，由具备资格的行政执法人员实施。

情况紧急，需要当场采取行政强制措施的，农业行政执法人员应当在二十四小时内向农业行政处罚机关负责人报告，并补办批准手续。农业行政处罚机关负责人认为不应当采取行政强制措施的，应当立即解除。

第四十六条 农业行政处罚机关实施查封、扣押等行政强制措施，应当履行《中华人民共和国行政强制法》规定的程序和要求，制作并当场交付查封、扣押决定书和清单。

第四十七条 经查明与违法行为无关或者不再需要采取查封、扣押措施的，应当解除查封、扣押措施，将查封、扣押的财物如数返还当事人，并由执法人员和当事人在解除查封或者扣押决定书和清单上签名、盖章或者按指纹。

第四十八条　有下列情形之一的，经农业行政处罚机关负责人批准，中止案件调查，并制作案件中止调查决定书：

（一）行政处罚决定必须以相关案件的裁判结果或者其他行政决定为依据，而相关案件尚未审结或者其他行政决定尚未作出；

（二）涉及法律适用等问题，需要送请有权机关作出解释或者确认；

（三）因不可抗力致使案件暂时无法调查；

（四）因当事人下落不明致使案件暂时无法调查；

（五）其他应当中止调查的情形。

中止调查的原因消除后，应当立即恢复案件调查。

第四十九条　农业行政执法人员在调查结束后，应当根据不同情形提出如下处理建议，并制作案件处理意见书，报请农业行政处罚机关负责人审查：

（一）违法事实成立，应给予行政处罚的，建议予以行政处罚；

（二）违法事实不成立的，建议予以撤销案件；

（三）违法行为轻微并及时纠正，没有造成危害后果的，建议不予行政处罚；

（四）违法行为超过追诉时效的，建议不再给予行政处罚；

（五）案件应当移交其他行政机关管辖或者因涉嫌犯罪应当移送司法机关的，建议移送相关机关；

（六）依法作出处理的其他情形。

第五十条　农业行政处罚机关负责人作出行政处罚决定前，应当依法严格进行法制审核。未经法制审核或者审核未通过的，农业行政处罚机关不得作出行政处罚决定。

农业行政处罚法制审核工作由农业行政处罚机关法制机构负责；未设置法制机构的，由农业行政处罚机关确定的承担法制审核工作的其他机构或者专门人员负责。

案件查办人员不得同时作为该案件的法制审核人员。农业行政处罚机关中初次从事法制审核的人员，应当通过国家统一法律职业资格考试取得法律职业资格。

第五十一条　农业行政处罚决定法制审核的主要内容包括：

（一）本机关是否具有管辖权；

（二）程序是否合法；

（三）案件事实是否清楚，证据是否确实、充分；

（四）定性是否准确；

（五）适用法律依据是否正确；

（六）当事人基本情况是否清楚；

（七）处理意见是否适当；

（八）其他应当审核的内容。

第五十二条　法制审核结束后，应当区别不同情况提出如下建议：

（一）对事实清楚、证据充分、定性准确、适用依据正确、程序合法、处理适当的案件，拟同意作出行政处罚决定；

（二）对定性不准、适用依据错误、程序不合法或者处理不当的案件，建议纠正；

（三）对违法事实不清、证据不充分的案件，建议补充调查或者撤销案件；

（四）违法行为轻微并及时纠正没有造成危害后果的，或者违法行为超过追诉时效的，建议不予行政处罚；

（五）认为有必要提出的其他意见和建议。

第五十三条　法制审核机构或者法制审核人员应当自接到审核材料之日起五个工作日内完成审核。特殊情况下，经农业行政处罚机关负责人批准，可以延长十个工作日。法律、法规、规章另有规定的除外。

第五十四条　农业行政处罚机关负责人应当对调查结果、当事人陈述申辩或者听证情况、案件处理意见和法制审核意见等进行全面审查，并区别不同情况分别作出如下处理决定：

（一）违法事实成立，依法应当给予行政处罚的，根据其情节轻重及具体情况，作出行政处罚决定；

（二）违法行为轻微，依法可以不予行政处罚的，不予行政处罚；

（三）违法事实不能成立的，不得给予行政处罚；

（四）不属于农业行政处罚机关管辖的，移送其他行政机关处理；

（五）违法行为涉嫌犯罪的，将案件移送司法机关。

第五十五条　下列行政处罚案件，应当由农业行政处罚机关负责人集体讨论决定：

（一）符合本规定第五十九条所规定的听证条件，且申请人申请听证的案件；

（二）案情复杂或者有重大社会影响的案件；

（三）有重大违法行为需要给予较重行政处罚的案件；

（四）农业行政处罚机关负责人认为应当提交集体讨论的其他案件。

第五十六条　农业行政处罚机关决定给予行政处罚的，应当制作行政处罚决定书。行政处罚决定书应当载明以下内容：

（一）当事人的基本情况；

（二）违反法律、法规或者规章的事实和证据；

（三）行政处罚的种类、依据和理由；

（四）行政处罚的履行方式和期限；

（五）不服行政处罚决定，申请行政复议或者提起行政诉讼的途径和期限；

（六）作出行政处罚决定的农业行政处罚机关名称和作出决定的日期，并且加盖作出行政处罚决定农业行政处罚机关的印章。

第五十七条　在边远、水上和交通不便的地区按一般程序实施处罚时，农业行政执法人员可以采用即时通讯方式，报请农业行政处罚机关负责人批准立案和对调查结果及处理意见进行审查。报批记录必须存档备案。当事人可当场向农业行政执法人员进行陈述和申辩。当事人当场书面放弃陈述和申辩的，视为放弃权利。

前款规定不适用于本规定第五十五条规定的应当由农业行政处罚机关负责人集体讨论决定的案件。

第五十八条　农业行政处罚案件应当自立案之日起六个月内作出处理决定；因案情复杂、调查取证困难等特殊情况六个月内不能作出处理决定的，报经上一级农业行政处罚机关批准可以延长至一年。

案件办理过程中，中止、听证、公告、检验、检测、鉴定等时间不计入前款所指的案件办理期限。

### 第三节　听证程序

第五十九条　农业行政处罚机关依照《中华人民共和国行政处罚法》的规定，在作出责令停产停业、吊销许可证件、较大数额罚款、没收较大数额财物等重大行政处罚决定前，应当告知当事人有要求举行听证的权利。当事人要求听证的，农业行政处罚机关应当组织听证。

前款所指的较大数额罚款，县级以上地方人民政府农业农村主管部门按所在省、自治区、直辖市人民代表大会及其常委会或者人民政府规定的标准执行；农业农村部对公民罚款超过三千元、对法人或者其他组织罚款超过三万元属较大数额罚款。

第一款规定的没收较大数额财物，参照第二款的规定执行。

第六十条　听证由拟作出行政处罚的农业行政处罚机关组织。具体实施工作由其法制机构或者相应机构负责。

第六十一条　当事人要求听证的，应当在收到行政处罚事先告知书之日起三日内向听证机关提出。

第六十二条　听证机关应当在举行听证会的七日前送达行政处罚听证会通知书，告知当事人举行听证的时间、地点、听证人员名单及可以申请回避和可以委托代理人等事项。

当事人应当按期参加听证。当事人有正当理由要求延期的，经听证机关批准可以延期一次；当事人未按期参加听证并且未事先说明理由的，视为放弃听证权利。

第六十三条　听证参加人由听证主持人、听证员、书记员、案件调查人员、当事人及其委托代理人等组成。

听证主持人、听证员、书记员应当由听证机关负责人指定的法制工作机构工作人员或者其他相应工作人员等非本案调查人员担任。

当事人委托代理人参加听证的，应当提交授权委托书。

第六十四条　除涉及国家秘密、商业秘密或者个人隐私等情形外，听证应当公开举行。

第六十五条　当事人在听证中的权利和义务：

（一）有权对案件的事实认定、法律适用及有关情况进行陈述和申辩；

（二）有权对案件调查人员提出的证据质证并提出新的证据；

（三）如实回答主持人的提问；

（四）遵守听证会场纪律，服从听证主持人指挥。

第六十六条　听证按下列程序进行：

（一）听证书记员宣布听证会场纪律、当事人的权利和义务。听证主持人宣布案由，核实听证参加人名单，宣布听证开始；

（二）案件调查人员提出当事人的违法事实、出示证据，说明拟作出的农业行政处罚的内容及法律依据；

（三）当事人或者其委托代理人对案件的事实、证据、适用的法律等进行陈述、申辩和质证，可以当场向听证会提交新的证据，也可以在听证会后三日内向听证机关补交证据；

（四）听证主持人就案件的有关问题向当事人、案件调查人员、证人询问；

（五）案件调查人员、当事人或者其委托代理人相互辩论；

（六）当事人或者其委托代理人作最后陈述；

（七）听证主持人宣布听证结束。听证笔录交当事人和案件调查人员审核无误后签字或者盖章。

第六十七条　听证结束后，听证主持人应当依据听证情况，制作行政处罚听证会报告书，连同听证笔录，报农业行政处罚机关负责人审查。农业行政处罚机关应当按照本规定第五十四条的规定，作出决定。

第六十八条　听证机关组织听证，不得向当事人收取费用。

第四章　执法文书的送达和处罚决定的执行

第六十九条　农业行政处罚机关送达行政处罚决定书，应当在宣告后当场交付当事人；当事人不在场的，应当在七日内将行政处罚决定书送达当事人。

第七十条　农业行政处罚机关送达行政执法文书，应当使用送达回证，由受送达人在送达回证上记明收到日期，签名或者盖章。

受送达人是公民的，本人不在时交其同住成年家属签收；受送达人是法人或者其他组织的，应当由法人的法定代表人、其他组织的主要负责人或者该法人、其他组织负责收件的有关人员签收；受送达人有代理人的，可以送交其代理人签收；受送达人已向农业行政处罚机关指定代收人的，送交代收人签收。

受送达人、受送达人的同住成年家属、法人或者其他组织负责收件的有关人员、代理人、代收人在送达回证上签收的日期为送达日期。

第七十一条　受送达人或者他的同住成年家属拒绝接收行政执法文书的，送达人可以邀请有关基层组织或者其所在单位的代表到场，说明情况，在送达回证上记明拒收事由和日期，由送达人、见证人签名或者盖章，把行政执法文书留在受送达人的住所；也可以把行政执法文书留在受送达人的住所，并采用拍照、录像等方式记录送达过程，即视为送达。

第七十二条　直接送达行政执法文书有困难的，农业行政处罚机关可以邮寄送达或者委托其他农业行政处罚机关代为送达。

受送达人下落不明，或者采用直接送达、留置送达、委托送达等方式无法送达的，农业行政处罚机关可以公告送达。

委托送达的，受送达人的签收日期为送达日期；邮寄送达的，以回执上注明的收件日期为送达日期；公告送达的，自发出公告之日起经过六十日，即视为送达。

第七十三条　当事人应当在行政处罚决定书确定的期限内，履行处罚决定。

农业行政处罚决定依法作出后，当事人对行政处罚决定不服申请行政复议或者提起行政诉讼的，除法律另有规定外，行政处罚决定不停止执行。

第七十四条　除本规定第七十五条、第七十六条规定外，农业行政处罚机关及其执法人员不得自行收缴罚款。决定罚款的农业行政处罚机关应当书面告知当事人向指定的银行缴纳罚款。

第七十五条　依照本规定第二十四条的规定当场作出农业行政处罚决定，有下列情形之一的，执法人员可以当场收缴罚款：

（一）依法给予二十元以下罚款的；

（二）不当场收缴事后难以执行的。

第七十六条　在边远、水上、交通不便地区，农业行政处罚机关及其执法人员依照本规定第二十五条、第五十四条、第五十五条的规定作出罚款决定后，当事人向指定的银行缴纳罚款确有困难，经当事人提出，农业行政处罚机关及其执法人员可以当场收缴罚款。

第七十七条　农业行政处罚机关及其执法人员当场收缴罚款的，应当向当事人出具省、自治区、直辖市财政部门统一制发的罚款收据，不出具财政部门统一制发的罚款收据的，当事人有权拒绝缴纳罚款。

第七十八条　农业行政执法人员当场收缴的罚款，应当自返回农业行政处罚机关所在地之日起二日内，交至农业行政处罚机关；在水上当场收缴的罚款，应当自抵岸之日起二日内交至农业行政处罚机关；农业行政处罚机关应当在二日内将罚款交至指定的银行。

第七十九条　对需要继续行驶的农业机械、渔业船舶实施暂扣或者吊销证照的行政处罚，农业行政处罚机关在实施行政处罚的同时，可以发给当事人相应的证明，责令农业机械、渔业船舶驶往预定或者指定的地点。

第八十条　对生效的农业行政处罚决定，当事人拒不履行的，作出农业行政处罚决定的农业行政处罚机关依法可以采取下列措施：

（一）到期不缴纳罚款的，每日按罚款数额的百分之三加处罚款；

（二）根据法律规定，将查封、扣押的财物拍卖抵缴罚款；

（三）申请人民法院强制执行。

第八十一条　当事人确有经济困难，需要延期或者分期缴纳罚款的，应当在行政处罚决定书确定的缴纳期限届满前，向作出行政处罚决定的农业行政处罚机关提出延期或者分期缴纳罚款的书面申请。

农业行政处罚机关负责人批准当事人延期或者分期缴纳罚款后，应当制作同意延期（分期）缴纳罚款通知书，并送达当事人和收缴罚款的机构。延期或者分期缴纳的最后一期缴纳时间不得晚于申请人民法院强制执行的最后期限。

第八十二条　除依法应当予以销毁的物品外，依法没收的非法财物，应当按照国家有关规定处理。处理没收物品，应当制作罚没物品处理记录和清单。

第八十三条　罚款、没收的违法所得或者拍卖非法财物的款项，应当全部上缴国库，任何单位或者个人不得以任何形式截留、私分或者变相私分。

### 第五章　结案和立卷归档

第八十四条　有下列情形之一的，农业行政处罚机关可以结案：

（一）行政处罚决定由当事人履行完毕的；

（二）农业行政处罚机关依法申请人民法院强制执行行政处罚决定，人民法院依法受理的；

（三）不予行政处罚等无须执行的；

（四）行政处罚决定被依法撤销的；

（五）农业行政处罚机关认为可以结案的其他情形。

农业行政执法人员应当填写行政处罚结案报告，经农业行政处罚机关负责人批准后结案。

第八十五条　农业行政处罚机关应当按照下列要求及时将案件材料立卷归档：

（一）一案一卷；

（二）文书齐全，手续完备；

（三）案卷应当按顺序装订。

第八十六条　案件立卷归档后，任何单位和个人不得修改、增加或者抽取案卷材料，不得修改案卷内容。案卷保管及查阅，按档案管理有关规定执行。

第八十七条　农业行政处罚机关应当建立行政处罚案件统计制度，并于每年1月31日前向上级农业行政处罚机关报送本行政区域上一年度农业行政处罚情况。

第六章　附　　则

第八十八条　沿海地区人民政府单独设置的渔业行政主管部门及其依法设立的渔政执法机构实施渔业行政处罚及其相关的行政执法活动，适用本规定。

前款规定的渔政执法机构承担本部门渔业行政处罚以及与行政处罚有关的行政强制、行政检查职能，以其所在的渔业主管部门名义执法。

第八十九条　本规定中的"以上""以下""内"均包括本数。

第九十条　期间以时、日、月、年计算。期间开始的时或者日，不计算在内。

期间届满的最后一日是节假日的，以节假日后的第一日为期间届满的日期。

行政处罚文书的送达期间不包括在路途上的时间，行政处罚文书在期满前交邮的，视为在有效期内。

第九十一条　农业行政处罚基本文书格式由农业农村部统一制定。各省、自治区、直辖市人民政府农业农村主管部门可以根据地方性法规、规章和工作需要，调整有关内容或者补充相应文书，报农业农村部备案。

第九十二条　本规定自2020年3月1日起实施。2006年4月25日农业部发布的《农业行政处罚程序规定》同时废止。

# 附录三　拖拉机和联合收割机驾驶证理论知识考试题库

## 一、交通法规题

### （一）判断题

1. 凡在中华人民共和国境内道路上通行的车辆驾驶人、行人、乘车人，都必须遵守《中华人民共和国道路交通安全法》。（√）

2. 道路划分为机动车道、非机动车道、人行道的，机动车、非机动车，行人实行分道通行。（√）

3. 高速公路、大中城市中心城区的道路，禁止拖拉机、联合收割机通行。（√）

4. 饮酒后可以短距离驾驶机动车。（×）

5. 车辆投入使用前，驾驶人应进行安全查验。（√）

6. 驾驶机动车上道路行驶，不允许超过限速标志标明的最高时速。（√）

7. 开关车门时，不得妨碍其他车辆和行人通行。（√）

8. 车辆行经交叉路口，不得超车。（√）

9. 车辆在上坡途中可以掉头。（×）

10. 车辆不得在铁路道口、交叉路口、单行路、急弯、陡坡、隧道等地倒车。（√）

11. 在没有中心隔离设施或者没有中心线的道路上，车辆遇相对方向来车时应当减速靠右行驶，并与其他车辆、行人保持必要的安全距离。（√）

12. 车辆在机动车道与非机动车道之间设有隔离设施的路段不得临时或长时间停车。（√）

13. 通过没有交通信号灯控制也没有交通警察指挥的交叉路口，相对方向的行驶的右转弯车让左转弯的车辆先行。（√）

14. 车辆夜间在道路上发生故障或交通事故，妨碍交通又难以移动只需开启危险报警闪光灯即可。（×）

15. 车辆行经渡口，应当服从渡口管理人员指挥，按照指定地点依次待渡。上下渡船时，应当低速慢行。（√）

16. 若车辆后方 50 米范围内无其他车辆，可以不打转向灯变更车道。(×)

17. 车辆行经视线受阻的急弯路段时，如遇到对方车辆鸣喇叭示意，也应当及时鸣喇叭进行回应。(√)

18. 驾驶车辆进入导向车道后可以变更车道。(×)

19. 驾驶车辆进入、驶出环岛都不用开启转向灯。(×)

20. 夜间行车，很难观察到灯光照射区以外的交通状况，因此要减速慢行．(√)

21. 夜间驾驶车辆在照明条件良好的路段可以不使用灯光。(×)

22. 在没有交通信号的道路上，应当在确保安全、畅通的原则下通行。(√)

23. 铁路道口没有交通信号和管理人员的，应当在确认无火车驶临后，迅速通过。(√)

24. 对道路交通安全违法行为的处罚种类包括：警告、罚款，暂扣或者吊销驾驶证、拘留。(√)

25. 驾驶证被暂扣期间，驾驶人可以申请补办。(×)

26. 记分满 12 分的驾驶人拒不参加学习和考试的，将被公告驾驶证停止使用。(√)

27. 饮酒后驾驶机动车的，一次记 12 分。(√)

28. 使用伪造、变造的驾驶证，一次记 12 分。(√)

29. 伪造、变造驾驶证构成犯罪的，将被依法追究刑事责任。(√)

30. 拖拉机运输机组应当投保交通事故责任强制保险。(√)

31. 拖拉机牵引故障车辆时，最高时速不得超过 15 千米。(√)

32. 轮式拖拉机运输机组上道路行驶时，最高时速不应超过 40 千米。(√)

33. 手扶拖拉机运输机组上道路行驶时，最高时速不应超过 20 千米。(√)

34. 上道路行驶的机动车未放置检验合格标志的，公安机关交通管理部门依法扣留机动车。(√)

35. 在道路上行驶，未随车携带行驶证，公安机关交通管理部门依法扣留机动车。(√)

36. 在道路上行驶，未悬挂号牌，公安机关交通管理部门依法扣留机动车。(√)

37. 违法行为当事人逾期不缴纳罚款的，作出行政处罚决定的行政机关可以每日按罚款数额的 3% 加处罚款，且加处滞纳金不超过本金。(√)

38. 将机动车交给未取得驾驶证或者驾驶证被吊销、暂扣的人驾驶的，公安机关交通管理部门处 200 元以上 2 000 元以下罚款，可以并处吊销机动车驾驶证。(√)

39. 因造成交通事故后逃逸被吊销驾驶证的，终生不得重新领取驾驶证。（√）

40. 驾驶人故意破坏、伪造现场、毁灭证据的，承担交通事故全部责任。（√）

41. 饮酒后驾驶的，暂扣 6 个月驾驶证，并处 1000 元以上 2 000 元以下罚款。（√）

42. 因饮酒后驾驶被处罚，再次饮酒后驾驶的，处 10 日以下拘留，并处 1000 元以上 2 000 元以下罚款，吊销机动车驾驶证。（√）

43. 醉酒驾驶的，吊销驾驶证，依法追究刑事责任，且 5 年内不得重新取得驾驶证。（√）

44. 未取得机动车驾驶证驾驶机动车的，公安机关交通管理部门除按照规定罚款外，还可以并处 15 日以下拘留。（√）

45. 驾驶证被暂扣期间驾驶的，公安机关交通管理部门除按照规定罚款外，还可以并处 15 日以下拘留。（√）

46. 农机事故发生后当事人逃逸，造成证据灭失，当事人应承担事故的主要责任。（×）

47. 农机事故当事人故意破坏，伪造现场，毁火证据的，应承担全部责任。（√）

**（二）选择题**

48. 车辆在道路上通行，必须遵守____的原则。
●右侧通行　○左侧通行　○中间通行

49. 上道路行驶时，遇有交通警察现场指挥的，应当按照____通行。
○道路标志、标线　○交通信号灯的指挥　●交通警察的指挥

50. 机动车遇行人正在通过人行横道时，应当____。
●停车让行　○绕行通过　○持续鸣喇叭通过

51. 警车、消防车、救护车、工程救险车、执行紧急任务时，其他车辆____。
○可加速穿行　○可谨慎超越　●应当让行

52. 距离交叉路口____以内的路段，不得停车。
○20 米　○30 米●50 米

53. 距公共汽车站____以内的路段，不得停车。
●30 米　○20 米　○10 米

54. 在没有道路中心线或双向单车道的道路上，前车遇后车发出超车信号时，应当____。

●在条件许可的情况下，降低速度，靠右让路 ○加速行驶 ○迅速停车让行

55. 在狭窄的山路会车有困难时，____先行。

●不靠山体的一方 ○重车让空车 ○靠山体的一方

56. 会车中道路一侧有障碍时，____先行。

○无障碍一方让对方 ○无让路条件的一方让对方 ●有障碍的一方让对方

57. 在狭窄的坡路会车时，____先行。

●下坡车让上坡车

○下坡车已行至中途而上坡车未上坡时，让上坡车方

○上坡车让下坡车

58. 交通肇事后逃逸，尚不构成犯罪的，公安机关交通管理部门除按照规定罚款外，还可以并处____。

●15 日以下拘留 ○吊销驾驶证 ○5 年不得重新取得驾驶证

## 二、其他法规题

### (一) 判断题

59. 管理部门对拖拉机、联合收割机使用操作违法行为的行政处罚，当事人有权进行陈述和申辩。(√)

60. 驾驶人醉酒后发生道路交通事故，造成受害人的财产损失，保险公司不承担赔偿责任。(√)

61. 驾驶人紧急避险时，因措施不当造成他人受伤的，不需要承担民事责任。(×)

62. 犯交通肇事罪的，处 3 年以下有期徒刑或者拘役。(√)

63. 驾驶人交通运输肇事后逃逸或者有其他特别恶劣情节的，处 3 年以上 7 年以下有期徒刑。(√)

64. 驾驶人交通运输肇事，因逃逸致人死亡的，处 7 年以上有期徒刑。(√)

65. 农业机械是指用于农业生产及其产品初加工等相关农事活动的机械、设备。(√)

66. 严禁使用报废或非法拼装、改装的拖拉机、联合收割机。(√ )

67. 联合收割机达到报废条件的，在经过必要的维修后，可以继续使用。(×)

68. 拖拉机在使用操作过程中发现存在产品质量问题的，可以向工商行政管理部门投诉。(√)

69. 对存在重大事故隐患的拖拉机，驾驶员应停止作业。(√)

70. 不得驾驶安全设施不全、机件失效等具有安全隐患的拖拉机、联合收割机。(√)

71. 未取得驾驶证的，不得驾驶操作拖拉机、联合收割机。(√)

72. 具有拖拉机驾驶资格可以驾驶联合收割机。(×)

73. 患有妨碍安全操作疾病的驾驶员，只允许操作手扶拖拉机。(×)

74. 只要掌握驾驶操作要领，就可以驾驶与准驾机型不相符的拖拉机、联合收割机。(×)

75. 服用国家管制的精神药品后，严禁驾驶操作拖拉机、联合收割机。(√)

76. 使用麻醉品后可以操作联合收割机。(×)

77. 农业机械操作人员应当遵守农机安全操作规程。(√)

78. 拖拉机、联合收割机未申领号牌和行驶证，可以先行投入使用。(×)

79. 不得驾驶未定期安全技术检验或检验不合格的拖拉机、联合收割机。(√)

80. 销售者应当向购买者说明拖拉机、联合收割机操作方法和安全注意事项，并依法开具销售发票。(√)

81. 对存在设计、制造等缺陷的拖拉机、联合收割机，生产者应当通知使用者停止使用并及时召回。(√)

82. 拖拉机，联合收割机应当配备符合规定的灯光系统。(√)

83. 拖拉机，联合收割机作业，应当配备有效的灭火器材。(√)

84. 拖拉机，联合收割机应配备故障警告标志牌。(√)

85. 拖拉机，联合收割机侧面和尾部反射器和反光标贴应完好、有效，损坏的部分要替换或补充粘贴。(√)

86. 将拖拉机、联合收割机交给未取得相应驾驶资格的人员操作的，不承担相应的法律责任。(×)

87. 拖拉机发生农机事故后企图逃逸的，县级以上地方人民政府农业机械化主管部门可以扣押拖拉机及证书、牌照。(√)

88. 拖拉机，联合收割机驾驶证的申请人，年龄必须在16周岁以上70周岁以下。(×)

89. 驾驶人身体条件或其他原因不适合继续驾驶的，其驾驶证仍有效。(×)

90. 驾驶证申请人在考试过程中有舞弊行为的，将被取消考试资格，已通过考试的其他科目成绩有效。(×)

91. 准予驾驶手扶拖拉机运输机组和手扶拖拉机的驾驶证准驾机型代号分别为 K1 和 K2。(×)

92. 准予驾驶轮式拖拉机和轮式拖拉机运输机组的驾驶证准驾机型代号分别为 G1 和 G2。（√）

93. 拖拉机、联合收割机号牌必须按规定安装，并保持清晰。（√）

94. 拖拉机、联合收割机使用期间，机身颜色发生变更的，其所有人应当申请变更登记。（√）

95. 拖拉机、联合收割机未按规定检验或检验不合格的，禁止使用。（√）

96. 违反《农业机械安全监督管理条例》规定，造成他人人身伤亡或者财产损失的，只承担民事责任。（×）

97. 违反《农业机械安全监督管理条例》规定，造成他人人身伤亡或者财产损失的，且构成违反治安管理行为的，依法给予治安管理处罚。（√）

98. 违反《农业机械安全监督管理条例》规定，造成他人人身伤亡或者财产损失的，且构成犯罪的，依法追究刑事责任。（√）

99. 未按照规定办理变更登记手续的，经查处拒不停止使用的，由县级以上地方人民政府农业机械化主管部门扣押拖拉机、联合收割机，并处 200 元以上 2 000 元以下罚款。（√）

100. 未取得拖拉机、联合收割机操作证件而操作拖拉机、联合收割机的，由县级以上地方人民政府农业机械化主管部门责令改正，处 200 元以上 500 元以下罚款。（×）

101. 使用伪造、变造的拖拉机、联合收割机证书和牌照的，由县级以上地方人民政府农业机械化主管部门收缴伪造、变造的证书和牌照，并处 200 元以上 1000 元以下罚款。（×）

102. 使用其他拖拉机、联合收割机的证书和牌照的，由县级以上地方人民政府农业机械化主管部门收缴使用的证书和牌照，并处 200 元以上 2 000 元以下罚款。（√）

103. 经检验、检查发现农业机械存在事故隐患，经查处拒不改正并继续使用的，由县级以上地方人民政府农业机械化主管部门扣押存在事故隐患的农业机械。（√）

104. 领有正式号牌和行驶证的拖拉机、联合收割机发生买卖时，双方签订买卖合同就可以，不需要到农机安全监理机构办理登记。（×）

105. 拖拉机、联合收割机更换发动机后，不需要办理登记。（×）

106. 农机事故，是指农业机械在作业或者转移等过程中造成人身伤亡、财产损失的事件。（√）

107. 发生农机事故后，因抢救受伤人员而变动事故现场的，需标明位置。（√）

108. 发生拖拉机事故后，应立即停机，保护现场，抢救伤者，及时报告。(√)

109. 经农机安全监理机构主持达成的农机事故损害赔偿调解协议，可以作为保险理赔的依据。(√)

110. 当事人对农机事故认定有异议的，可以在规定时间内向上一级农机安全监理机构提出书面复核申请。(√)

111. 农机事故损害赔偿，当事人可以直接向人民法院提起诉讼。(√)

112. 农机事故构成生产安全事故的，应当依照相关法律、行政法规的规定调查处理并追究责任。(√)

**（二）选择题**

113. 拖拉机、联合收割机经____登记后，才能投入使用。
　　●农业机械化主管部门　○公安机关交通管理部门　○交通主管部门

114. 尚未登记的拖拉机、联合收割机，需要驶出本行政区域的，应当____。
　　●取得临时行驶号牌　○到公安机关备案　○直接上道路行驶

115. 拖拉机、联合收割机驾驶人应当于驾驶证有效期满前____个月内，向驾驶证核发地农机安全监理机构申请换证。
　　○9　○6　●3

116. 驾驶证因超过有效期 1 年以上未换证导致失效而被注销的，驾驶人____年内可以申请恢复驾驶资格。
　　○1　●2　○3

117. 申请人以隐瞒、欺骗等不正当手段取得驾驶证的，其驾驶许可将被依法撤销，且____年内不得重新申请驾驶证。
　　○1　○2　●3

118. 准予驾驶轮式联合收割机和履带式联合收割机的驾驶证准驾机型代号分别为____和____。
　　●R、S　○S、R　○R、L

119. 准予驾驶履带拖拉机的驾驶证准驾机型代号为____。
　　○G　○R　●L

120. 拖拉机驾驶人在一个记分周期内累积记分达到 12 分的，应当到____接受相关法规和安全知识教育。
　　●农机安全监理机构　○交通管理部门　○公安机关交通管理部门

121. 拖拉机上道路行驶的或联合收割机因作业等需要转移的，其驾驶人应当携带____。
　　○驾驶证　○行驶证　●驾驶证和行驶证

122. 登记的拖拉机、联合收割机应当____进行一次安全技术检验。

　　〇不定期　〇每三年　●每年

123. 拖拉机、联合收割机报废或者灭失的，应向登记地农机安全监理机构申请办理____。

　　〇过户登记　●注销登记　〇变更登记

124. 拖拉机、联合收割机驾驶人违反准驾规定的，经查处拒不改正的，由县级以上地方人民政府农业机械化主管部门，处____罚款。

　　〇50元以下　〇100元以下　●100元以上500以下

125. 驾驶未按规定登记的拖拉机、联合收割机的，经查处拒不改正的，由县级以上地方人民政府农业机械化主管部门处____罚款。

　　〇50元以下　〇100元以下　●100元以上500以下

126. 驾驶未按规定检验或检验不合格的拖拉机、联合收割机的，经查处拒不改正的，由县级以上地方人民政府农业机械化主管部门，处____罚款。

　　〇50元以下　〇100元以下　●100元以上500以下

127. 驾驶安全设施不全、机件失效的拖拉机、联合收割机的，经查处拒不改正的，由县级以上地方人民政府农业机械化主管部门，处____罚款。

　　〇50元以下　〇100元以下　●100元以上500以下

128. 使用国家管制的精神药品、麻醉品后操作拖拉机、联合收割机，经查处拒不改正的，由县级以上地方人民政府农业机械化主管部门，处____罚款。

　　〇50元以下　〇100元以下　●100元以上500以下

129. 有妨碍安全操作的疾病操作拖拉机、联合收割机的，经查处拒不改正的，由县级以上地方人民政府农业机械化主管部门，处_罚款。

　　〇50元以下　〇100元以下　●100元以上500以下

130. 伪造、变造拖拉机、联合收割机证书和牌照的，由县级以上地方人民政府农业机械化主管部门收缴伪造、变造的证书和牌照，对违法行为人予以批评教育，并处____罚款。

　　〇100元以上500以下　〇200元以上1 000以下　●200元以上2 000以下

131. 未按照规定办理登记手续并取得相应的证书和牌照，擅自将拖拉机、联合收割机投入使用的，经查处拒不停止使用的，由县级以上地方人民政府农业机械化主管部门，扣押拖拉机、联合收割机，并处____罚款。

　　〇500元以下　●200元以上2 000元以下　〇2 000元

132. 使用拖拉机、联合收割机违反规定载人，经查处拒不改正的，由县级以上地方人民政府农业机械化主管部门____。

　　〇扣押该拖拉机、联合收割机

●扣押该拖拉机、联合收割机的证书、牌照

○处 100 元以上 500 元以下罚款

133. 使用拖拉机、联合收割机违反规定载人，经查处情节严重的，＿＿＿＿＿。

○扣押该拖拉机、联合收割机

○扣押该拖拉机、联合收割机的证书、牌照

●吊销有关人员的操作证件

134. 农机事故损害赔偿权利人和义务人一致请求农业机械化主管部门调解损害赔偿的，应当在收到农机事故认定书之日起＿＿＿日内提出书面申请。

○5　●10　○15

135. 拖拉机、联合收割机在道路以外发生事故造成人员伤害的，应当向事故发生地＿＿＿报告。

○公安机关交通管理部门　●农业机械化主管部门　○交通主管部门

136. 拖拉机、联合收割机在道路以外发生事故造成人员死亡的，除报告农业机械化主管部门，还应当向事故发生地＿＿＿报告。

●公安机关交通管理部门　○农机安全监理机构　○交通主管部门

## 三、交通信号

### (一) 判断题

137. 车辆通过交叉路口，应当按照交通信号通过。(√)

138. 闪光警告信号灯为持续闪烁的黄灯，提示车辆通行时注意瞭望，确认安全后通过。(√)

139. 道路与铁路平面交叉道口有两个红灯交替闪烁或有一个红灯亮时，车辆在确保安全的情况下可以通行。(×)

140. 图中标志为 T 型交叉路口标志。(√)

141. 图中标志为向左急弯路标志。(×)

142. 图中标志为反向弯路标志。（√）

143. 图中标志为连续弯路标志。（√）

144. 图中标志为两侧变宽标志。（×）

145. 图中标志为右侧变窄标志。（√）

146. 图中标志为渡船标志。（×）

147. 图中标志为施工标志。（√）

148. 图中标志为慢行标志。（√）

149. 图中标志为两侧拐弯标志。(×)

150. 图中标志为左侧绕行标志。(√)

151. 图中标志为会车让行标志。(×)

152. 图中标志为人行横道标志。(×)

153. 图中标志为注意信号灯标志。(√)

154. 图中标志为易滑标志。(√)

155. 图中标志为无人看守铁路道口标志。(√)

156. 图中标志为村庄标志。(√)

157. 图中标志为隧道标志。(√)

158. 图中标志为注意保持车距标志。(√)

159. 图中标志为路面结冰标志。(√)

160. 图中标志为前方车辆排队标志。(√)

161. 图中标志为禁止通行标志。(√)

162. 图中标志为禁止机动车驶入标志。(×)

163. 图中标志为禁止超车标志。(√)

164. 图中标志为限制质量标志。(√)

165. 图中标志为停车让行标志。(×)

166. 图中标志为禁止停车标志。(×)

167. 图中标志为禁止拖拉机驶入标志。(√)

168. 图中标志为禁止农用车通行标志。(√)

169. 图中标志为禁止非机动车通行标志。(√)

170. 图中标志为禁止直行标志。(√)

171. 图中标志为禁止直行和转弯标志。(×)

172. 图中标志为禁止向左转弯标志。(√)

173. 图中标志为严禁酒后驾驶告示标志。(√)

174. 图中标志为驾驶人禁用手持电话告示标志。(√)

175. 图中标志为区域限制速度标志。(√)

176. 图中标志为靠右侧道路行驶标志。(×)

177. 图中标志为单行路标志。(√)

178. 图中标志为会车先行标志。(√)

179. 图中标志为支路先行标志。(×)

180. 图中标志为小客车道标志。(×)

181. 图中标志为注意行人标志。(×)

182. 图中标志为向左转弯标志。(×)

183. 图中标志为单行线标志。(×)

184. 图中标志为右转车道标志。(√)

185. 图中标志为最低限速标志。(√)

186. 图中标志为前方公交车行驶。(×)

187. 图中标志为立交直行和左转弯行驶标志（√）

188. 图中标志为前方施工标志。(√)

189. 图中标志为道路不通标志。(×)

190. 图中标志为交叉路口预告标志。(√)

191. 如图所示，中心虚线任何情况下都允许车辆越线行驶。(×)

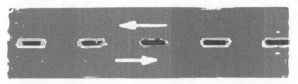

192. 图中标志为前方 100 米处无人看守铁道路口标志。(×)

193. 图中标志为前方 150 米处无人看守铁道路口标志。(×)

194. 图中标志为慢行标志。(√)

195. 图中标志为禁止直行和向右转弯标志。(√)

196. 图中标志为禁止车辆临时停放标志。(×)

197. 图中标志为机动车车道标志。(√)

198. 图中标志的含义是确定主标志规定时间的范围。（√）

199. 图中标线为人行横道标线。（×）

200. 图中黄色双实线表示禁止车辆越线超车或压线行驶。（√）

201. 图中虚线一侧准许车辆越线超车或向左转弯。（√）

202. 图中警察手势为停止信号。（√）

203. 图中警察手势为直行信号。（√）

204. 图中警察手势为左转弯信号。（√）

205. 图中警察手势为左转弯待转信号。(√)

206. 图中警察手势为右转弯信号。(√)

207. 图中警察手势为变道信号。(√)

208. 图中警察手势为减速慢行信号。(√)

209. 图中警察手势为示意车辆靠边停车信号。(√)

(二) 选择题

210. 图中标志为__标志。

○下坡　○上行　●上陡坡

211. 图中标志为__标志

○傍山险路　●注意落石　○注意滑坡

212. 图中标志为__标志。

●注意横风　○注意危险　○注意落石

213. 图中标志为__标志。

●傍山险路　○堤坝路　○易滑

214. 图中标志为__标志。

○渡口　●堤坝路　○驼峰桥

215. 图中标志为__标志。

○隧道　○涵洞桥　●驼峰桥

216. 图中标志为__标志。

●过水路面　○注意溅水　○易滑

217. 图中标志为__标志。

○驼峰桥　○房屋　●隧道

218. 图中标志为__标志。

●隧道开灯　○隧道减速　○隧道开远光灯

219. 图中标志为__标志。

●注意危险　○禁行　○停车

220. 图中标志为__标志。

○顺序行驶　○反向弯道　●环形交叉路口

221. 图中标志为__标志。

●注意儿童　○人行横道　○学校

222. 图中标志为__标志。

●十字交叉路口　○禁止通行　○双向通行

223. 图中标志为__标志。

○桥面变宽　○两侧变宽　●窄桥

224. 图中标志为__标志。

○禁止牲畜通行　●注意牲畜　○牲畜通行

225. 图中标志为__标志。

●注意合流　○注意分流　○Y形交叉口

226. 图中标志为__标志。

●路面不平　○驼峰桥　○隧道

227. 图中标志为__标志。

●有人看守铁道路口　○人行横道　○无人看守铁道路口

228. 图中标志为__标志。

○禁止非机动车通行　●注意非机动车　○非机动车通行

229. 图中标志为__标志。

○注意危险　○禁止小型汽车通行　●事故易发路段

230. 图中标志为__标志。

●停车检查　○禁止通行　○边防检查

231. 图中标志为__标志。

●禁止掉头　○禁止左转弯　○左转弯

232. 图中标志为__标志。

●禁止某两种车辆驶入　○禁止非机动车驶入　○禁止拖车

233. 图中标志为__标志。

●解除禁止超车　○禁止超车　○注意超车

234. 图中标志为__标志。

○解除禁止鸣喇叭　○鸣喇叭　●禁止鸣喇叭

235. 图中标志为__。

○路宽　○限制高度　●限制宽度

236. 图中标志为__标志。

○限制车距　●限制高度　○限制宽度

237. 图中标志为__标志。

○限制质量　○道路标号　●限制速度

238. 图中标志为__标志。

●会车让行　○会车先行　○双向交通

239. 图中标志为__标志。

●停车让行　　○停车检查　　○禁止停车

240. 图中为__标线。

●中心黄色双实线　　○人行横道线　　○停止线

241. 图中为__标线

○通行　　○变窄　　●四车道缩减为双车道

242. 图中为__标记。

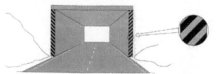

○涵洞　　●立面　　○注意桥洞

243. 图中标志为__标志。

○直行和向左转弯　　●直行和向右转弯　　○向右转弯

244. 图中标志为__标志。

○禁止非机动车通行　　●非机动车行驶　　○停放自行车

245. 图中标志为__标志。

●人行横道　○步行街　○注意行人

246. 图中标志为__标志。

○绕行　○转弯掉头　●环岛行驶

247. 图中标志为__标志。

●鸣喇叭　○解除禁止鸣喇叭　○禁止鸣喇叭

248. 图中标志为__标志。

●非机动车车道　○非机动车行驶　○非机动车停车场

249. 图中标志为__标志。

●分向行驶车道　○左转行驶车道　○直线行驶车道

250. 图中标志为__标志。

　　○环岛绕行　●允许调头　○禁止调头

251. 图中标志为__标志。

　　○禁止停车　○环岛　●停车场

252. 图中标志为__标志。

　　○"T"形路口　●此路不通　○交叉路口

253. 图中标志为__标志。

　　○国道编号　●省道编号　○县道编号

254. 图中标志为__标志。

　　●地点距离　○行驶路线　○行驶方向

## 四、操作规程

**（一）判断题**

255. 驾驶操作拖拉机、联合收割机，要注意穿着适宜的服装，可以穿拖鞋。（×）

256. 联合收割机作业人员不得将毛巾等缠绕在头上或脖子上，以防被卷入机器。（√）

257. 拖拉机、联合收割机使用燃油时应注意：在气温10度以上时应选用0号轻柴油；在气温10度以下时，应选用10号轻柴油。（√）

258. 拖拉机、联合收割机加油时，发动机必须熄火，加油过程中严禁烟火。（√）

259. 轮式拖拉机、联合收割机同轴两侧应使用同一型号、规格的轮胎，提高行驶安全性。（√）

260. 拖拉机、联合收割机驾驶室及驾驶座不得超员乘坐，不得放置有碍操作、影响视线及有安全隐患的物品。（√）

261. 拖拉机、联合收割机经过学校、村庄时，应降低速度，加强观察，特别要注意中小学生及儿童玩耍、追随。（√）

262. 使用拖拉机、联合收割机时，禁止采用向进气管中注入燃油的方式启动。（√）

263. 使用拖拉机、联合收割机时，可以经常采用直接搭接通电的式启动。（×）

264. 气温较低导致发动机启动困难时，可使用明火加热。（×）

265. 在不通风的车库或房间内不得启动发动机，防止废气中毒。（√）

266. 起动发动机时，变速杆可以挂低速挡，但需先分离离合器。（×）

267. 为节省燃油，拖拉机、联合收割机可以用溜坡方式启动。（×）

268. 拖拉机、联合收割机启动前，应按使用说明书的要求检查润滑油、燃油、冷却液和轮胎（或履带）及影响正常使用的机件和杂物，确认各部件安全技术状态良好后才能启动。（√）

269. 寒冷季节需要使用预热塞启动发动机时，预热时间应根据气温情况确定。（√）

270. 拖拉机、联合收割机启步前应检查各仪表读数是否正常。（√）

271. 发动机启动后，应高速运转，倾听有无异常声音，检查有无漏水、漏油、漏气现象。（×）

272. 拖拉机、联合收割机启步前，须注意周围的安全，并确保制动器、离合器等工作正常、可靠。（√）

273. 联合收割机启步前，应确保操纵件操作灵活可靠，旋转部件转动无卡滞，自动回位的手柄、踏板回位正常。（√）

274. 联合收割机启步前，应确保发动机怠速及最高空转转速运转平稳，无异常声响。（√）

275. 技术熟练时，可以双手脱离方向盘（手扶把）行驶。（×）

276. 换挡时，应把变速杆推到底，使齿轮全齿啮合。（√）

277. 拖拉机、联合收割机作业前，驾驶操作人员应对参与作业的辅助人员进行相关的安全教育和指导，使其熟悉与作业有关的安全操作注意事项。（√）

278. 拖拉机、联合收割机作业时，驾驶操作人员应与参与作业的辅助人员设置联系信号，并禁止非作业人员在作业区域内滞留。(√)

279. 拖拉机、联合收割机作业地段禁止人员躺卧休息。(√)

280. 拖拉机、联合收割机作业时，与作业无关人员应离开作业现场。(√)

281. 驾驶操作人员应阻止辅助人员饮酒后参与作业。(√)

282. 拖拉机、联合收割机在作业前应勘察作业场地、清除障碍。(√)

283. 拖拉机、联合收割机作业中，发现异常杂声或金属敲击声，应停机熄火，排除后才能作业。(√)

284. 拖拉机、联合收割机进行田间或场院作业时，无须在排气管上安装防火帽（火星收集器）。(×)

285. 正常行驶时，脚可以放在离合器踏板上。(×)

286. 接合差速锁前无须先彻底分离离合器。(×)

287. 拖拉机、联合收割机转移时，驾驶室可以超员乘坐。(×)

288. 轮式拖拉机、联合收割机在道路上行驶时，左、右制动踏板无须用联锁板联锁在一起。(×)

289. 拖拉机、联合收割机使用前，应当仔细检查电器、电路导线的连接和绝缘是否良好，防止电路原因引起自燃事故。(√)

290. 发动机起动困难时，为保护蓄电池，不得连续、频繁起动，再次起动必须保证足够的时间间隔。(√)

291. 拖拉机、联合收割机作业前，对危险地段和障碍物应设明显的标记。(√)

292. 拖拉机、联合收割机作业区严禁烟火。检修和排除故障时，不得用明火照明。(√)

293. 拖拉机、联合收割机发生故障时，应立即停机熄火，再排除障(√)

294. 履带式拖拉机、联合收割机在使用跳板装车时，应避免踩下动或打方向，防止发生倾翻。(√)

295. 拖拉机、联合收割机在装车转移时，应使用可靠装置进行固定，确保安全(√)

296. 拖拉机不得在车门、车厢没有关好时行车。(√)

297. 拖拉机拖带挂车下长坡时，严禁连续制动，防止制动器过热失效。(√)

298. 拖拉机拖带挂车下陡坡时，应低速行驶，避免紧急制动。(√)

299. 拖拉机在坡道上停车时，应在轮胎处垫上防滑块(√)

300. 拖拉机被牵引时，拖拉机的宽度不得大于牵引车辆的宽度。(√)

301. 拖拉机通过铁路道口时，最高行驶速度不得超过每小时 15 千米（√）

302. 拖拉机通过窄路、窄桥、急弯路时，最高行驶速度不得超过每小时 15 千米。（√）

303. 拖拉机在行驶途中，可以用半分离离合器的方法来降低行驶速度。（×）

304. 拖拉机在行驶、作业过程中，可以用猛松离合器的方法起步或冲越障碍。（×）

305. 拖拉机运输机组载物时，货物长度和宽度不得超出车厢。（√）

306. 拖拉机运输机组载物应符合核定的载质量，严禁超载。（√）

307. 拖拉机运输机组装载农具或大件物品时，应设置安全有效的固定措施。（√）

308. 严禁拖拉机挂车载人或人货混载。（√）

309. 拖拉机禁加大皮带轮，提高行驶速度。（√）

310. 拖拉机喷洒农药作业时，驾驶员应穿戴好防护用品。（√）

311. 拖拉机挂接农具时，驾驶操作人员应与协助挂接人员密切配合，在拖拉机停稳后才能挂接农具。（√）

312. 拖拉机旋耕作业时，旋耕机上严禁站人。（√）

313. 拖拉机旋耕作业时，必须盖好旋耕机护盖，防止刀片或异物飞出导致伤害。（√）

314. 拖拉机旋耕作业时，在田间转移或过田埂无须切断动力，但导致伤害必须提起农具。（×）

315. 拖拉机播种作业时，严禁倒退或急转弯，播种机的提升或降落应缓慢进行，防止损坏机件。（√）

316. 拖拉机作业行进中，可以用手、脚或工具清除农具上的泥土和杂草。（×）

317. 采用倒车方式跨越高埂或上陡坡时，驾驶操作人员应下车查明拖拉机后方情况，确认安全后才能倒车。（√）

318. 拖拉机悬挂的农具必须在升起状态排除故障或更换零件时，应将其锁定在升起位置，并用支撑物稳固支撑。（√）

319. 拖拉机排接农具或挂车时，应确保连接可靠，并加装保险链。（√）

320. 当拖拉机动力输出轴工作时，应安装动力输出轴防护罩。（√）

321. 拖拉机挂车装载棉花、秸秆等易燃品时，严禁烟火，并应有防火措施。（√）

322. 取得轮式拖拉机驾驶资格的，可以驾驶轮式拖拉机运输机组，无须增驾。（×）

323. 牵引和悬挂机动喷粉、喷雾机不得逆风运行作业。(×)

324. 拖拉机作业时，挡泥板上可以坐人。(×)

325. 农具前部万向节传动轴可能缠绕身体部位，拖拉机作业或万向节传动轴转动时，人员应与旋转部位保持安全距离。(√)

326. 拖拉机进行旋耕、耙地、播种等作业时，可以用人力方式增加配重。(×)

327. 牵引耙作业时不准急转弯，但可以倒退。(×)

328. 悬挂耙作业需急转弯或倒退时，必须将耙升起。(√)

329. 手扶拖拉机传动皮带张紧度，一般用四个手指按压皮带中部，皮带下降量在20-30毫米为合适。(√)

330. 除驾驶人外，手扶拖拉机驾驶座不得载乘其他人员。(√)

331. 手扶拖拉机正常行驶中，也要将脚放在制动踏板上，以免紧急情况时来不及。(×)

332. 手扶拖拉机运转时，严禁卸、挂传动皮带。(√)

333. 手扶拖拉机传动皮带和飞轮处应装有防护罩。(√)

334. 履带拖拉机在30%坡道的压实土路上，使用驻车制动器，沿上下坡方向应能可靠停住。(√)

335. 履带拖拉机使用前应当查验液压系统过载保护装置是否完好 (√)

336. 联合收割机作业时，严禁闲杂人员在田间逗留、捡拾作物处理秸秆等。(√)

337. 联合收割机作业时，不准乘坐与操作无关的人员。(√)

338. 联合收割机粮仓内有谷物时重心较高，应避免过田埂、急转弯和上下坡。(√)

339. 大型联合收割机在卸粮时，应避开田间的高压线路。(√)

340. 联合收割机转弯时应当停止卸粮。(√)

341. 因联合收割机车身重心较高容易翻倒，经过坡道时，不得高速行驶，不得急转弯，不得斜行。(√)

342. 联合收割机作业前和作业后，应当注意清扫积留在排气管和消声器上的秸秆屑，以防引起火灾。(√)

343. 全喂入联合收割机输送槽口出现拥堵时，不得用手或脚往输送带推送禾物。(√)

344. 联合收割机进入田块、跨越沟渠、田埂以及通过松软地带，应使用具有适当宽度、长度和承载强度的跳板。(√)

345. 多台联合收割机在同一地块作业时，应保持安全距离。(√)

346. 联合收割机作业过程中，如发生割台、脱粒、分离、切装置缠草现象，或切割器、滚筒等作业部件发生堵塞时，应在停机后清理，但可以不熄火。（×）

347. 玉米联合收割机作业过程中，如剥皮机出现堵塞现象，应在停机熄火后进行清理。（√）

348. 禁止将手伸入联合收割机出粮口或排草口排除堵塞。（√）

349. 联合收割机接粮操作人员不得在收割进行中上、下接粮台。（√）

350. 联合收割机作业时，不应边收割边转向。（√）

351. 联合收割机卸粮时，作业人员不准进入粮仓，但可以用手、脚或铁器等工具伸入粮仓推送或清理粮食。（×）

352. 用运粮车与联合收割机并行行走接粮时，应注意保持间距，双方应有设定的信号，联系始卸、停卸或必要时的停车。（√）

353. 联合收割机行进时，应注意避让电线电缆，遇有桥洞、涵洞等有限高或限宽要求的，应查明条件后谨慎通行。（√）

354. 联合收割机长途转移时，可以用于运载货物。（×）

355. 联合收割机卸粮后粮箱可以载人。（×）

356. 运输联合收割机时，使用的装卸板长度应该不低于车厢高度的4倍，确保上下车时不会因太陡而倾翻。（√）

357. 联合收割机使用中，应当按照使用说明书规定的工作时间进行检修和保养，以延长机械使用寿命。（√）

358. 联合收割机班中检修与保养一般在作业4小时左右，检在重点工作部件，清除缠草和杂草，对各轴承的发热情况予以关注，给重要润滑点加注润滑油。（√）

359. 联合收割机部件注油时，应当注意不要将润滑油滴到皮带上，以免影响皮带使用寿命。（√）

360. 联合收割机回转部件盖板打开前，必须停止发动机。（√）

361. 联合收割机接粮人员工作时发现出谷口堵塞或其他故障时，可以不通知驾驶员自行排除故障。（×）

362. 联合收割机发生冷却水沸腾时，应停止作业，使发动机在无负荷状态下低速运转到温度降低后再停机检查。（√）

363. 联合收割机作业中，发动机或传动箱突然出现异常声响或气味，应立即停机进行检查。（√）

364. 联合收割机作业中，发动机转速异常升高，油门控制失效，可以等作业结束再进行检查。（×）

365. 联合收割机作业中，润滑油压力降低到不正常范围，可以继续作业，

等完成一天作业任务再进行检查。(×)

366. 联合收割机坡道上停机时，应锁定制动器，并采取可靠防滑措施。(√)

367. 轮式联合收割机使用割台挂车运输割台时，割台挂车与主机连接部位应当安全、可靠。(√)

368. 联合收割机出现故障需要牵引时，可采用柔性绳牵引。(×)

369. 驾驶轮式联合收割机远距离转移时，要遵守交通规则，不得疲劳驾驶。(√)

370. 联合收割机跨区作业转移列队行驶时，车辆之间应保持足够的安全距离。(√)

371. 联合收割机作业时，为保持通风，驾驶室门可以不关闭。(×)

372. 联合收割机驾驶人座椅部位可翻转的，使用前应检查固定装置是否稳固，防止驾驶人座椅侧倾后造成伤害。(√)

373. 履带式联合收割机在行进过程中，应尽可能减少急转弯，防止脱轮，损伤履带。(√)

**（二）选择题**

374. 拖拉机挂车气压制动装置在使用中____气路系统有漏气及阻滞现象。

　　○允许　○允许部分　●不允许

375. 检查发动机机油高度时，应将拖拉机、联合收割机停在平整地面，在____进行。

　　○发动机起动后　○发动机刚熄火时　●发动机起动前或冷相时

376. 拖拉机挂接农具须用__。

　　○低挡大油门　●低挡小油门　○高挡小油门

377. 拖拉机转移作业区时，悬挂农具应升至__位置并加以锁定。

　　○最低　●最高　○中间

378. 拖拉机进行旋耕作业时，须__动力，然后将旋耕刀缓慢入土。

　　●先结合　○先切断　○结合或切断

379. 拖拉机挂车载物，高度从地面起不准超过__米。

　　○3　●2.5　○2

380. 拖拉机上坡或作业时，如发现有翘头迹象，应迅速__，前轮压回地面后再踩下制动器。

　　○转向　○换挡　●分离离合器

381. 联合收割机试运转的原则是转速__，速度由慢到快，负荷由小到大。

　　●由低到高　○由高到低　○由中速到高速

382. 联合收割机在过田埂时，应＿越过。

　　〇高速垂直　〇低速斜角　●低速垂直

383. 联合收割机晚间作业时，应当使用＿照明。

　　●作业灯　〇强光手电　〇火把等明火

384. 轮式联合收割机在道路上行驶或转弯时，应将收割台提升到＿位置并予以锁定。

　　〇离地　●最高　〇中间

385. 除割台挂车外，联合收割机＿牵引其他车辆。

　　〇可以〇在田间可以●不得

386. 驾驶轮式联合收割机远距离转移时，不得疲劳驾驶，一般每＿小时需休息一次，不少于20分钟。

　　●4　〇8　〇12

387. 作物倒伏时，半喂入联合收割机割茬高度以不产生漏割为前提，应＿。

　　〇适当调高　●尽量调低　〇保持浮动位置

## 五、设备等常识

### （一）判断题

388. 拖拉机、联合收割机常见的仪表包括电流表、机油压力表和水温表等。（√）

389. 拖拉机、联合收割机运转时，电流表能够反映发动机的工作情况是否正常。（×）

390. 作业过程中，应随时注意水温表的变化，如有异常，应立即停机检查。（√）

391. 发动机机油压力表显示机油压力过低、过高，都应当进行检查。（√）

392. 无驾驶室联合收割机应至少设置一块足够大的后视镜，以保证作业安全。（√）

393. 拖拉机、联合收割机准备作业时，应当通过喇叭等发出信号，提醒有关作业人员注意安全。（√）

394. 正常情况下，转向灯可以代替危险报警闪光灯使用。（×）

395. 拖拉机、联合收割机夜间作业时，应打开所有工作、照明灯光。（√）

396. 拖拉机、联合收割机挂倒挡时，倒车报警装置无须同步启动。（×）

397. 联合收割机其关键部位一般都设有传感器，出现故障时能够自动提醒。（√）

398. 在停机状态下操纵方向盘容易损坏转向部件。（√）

399. 离合器分离要迅速彻底，否则会造成挂挡困难；结合时要柔和、平顺。（√）

400. 手扶拖拉机转向离合器分离时，转向手柄与扶手架塑料手柄之间应保持规定间隙。（√）

401. 轮式拖拉机只有在单侧驱动轮严重打滑或需要通过障碍时，才能使用差速锁。（√）

402. 联合收割机收割稀疏、干燥作物时，可选用较低的挡位；作物紧密、潮湿时，选择较高的挡位。（×）

403. 全喂入联合收割机作业过程中，如发现割台铺放质量不好，拨禾轮应适当后移，以增强推动能力。（√）

404. 联合收割机收割时留茬高度是固定的，不可调节。（×）

**（二）选择题**

405. 仪表不指示时，应首先检查＿，确认完好后再检查＿。
　　○传感器，线路及保险丝　●线路和保险丝，传感器和仪表
　　○传感器，仪表

406. 差速锁接合后，拖拉机＿转弯。
　　●禁止　○允许大角度　○允许小角度

407. 拖拉机启动前，动力输出离合器手柄应置于＿位置。
　　○结合　●分离　○结合分离都可以

408. 手扶拖拉机下陡坡时，转向操作的方法与平地行驶时＿。
　　○相同　○加快　●相反

409. 手扶拖拉机起步时，在放松离合器手柄的同时，＿分离一侧转向手柄。
　　○可以　●不准　○必须

410. 手扶拖拉机用摇手柄起动时，大拇指和其他四指应＿。
　　○分开　○对捏　●并拢位置

411. 拖拉机、联合收割机启动前，应将变速器操作手柄置于＿。
　　●空挡　○高速挡　○低速挡

412. 拖拉机、联合收割机方向盘的自由行程过大，行驶时驾驶操纵稳定性＿。
　　○变好　○不变　●变差

413. 联合收割机作业时，无论哪个挡位，发动机油门需置于＿位置。
　　●最大　○中等　○怠速

## 六、故障隐患

### (一) 判断题

414. 拖拉机、联合收割机故障一般可通过工作状态、声音、温度、外观、气味等方面判断。( √ )

415. 发动机缺水过热时，应立即添加冷却水。( × )

416. 发动机运转时，冷却水、机油、液压油及部分零件会形成高温，所以停机检查时应确认温度充分下降后再进行。( √ )

417. 敲缸一般是由供油时间不正确引起的。( √ )

418. 左右制动器间隙不一致，将造成制动跑偏。( √ )

419. 制动踏板自由行程过大易导致制动失灵。( √ )

420. 制动如有偏刹现象，不管大小应及时调整。( √ )

421. 油路不畅或有空气，会造成不能供油或断续供油。( √ )

422. 保险丝损坏后可使用金属丝或容量不同的保险丝代替。( × )

423. 在寒冷季节，柴油发动机可使用防冻液，没有防冻液的应在工作完毕后放尽冷却水，以免冻裂机体等部件。( √ )

424. 轮式拖拉机、联合收割机轮胎胎面和胎壁割伤、破裂的，应及时修复，如出现暴露帘布层或橡胶老化等影响安全使用的，应及时更换。( √ )

425. 拖拉机、联合收割机行驶中不应有跑偏、摆头现象。( √ )

426. 拖拉机旋耕机作业过程中出现跳动、抖动现象时，可能是由于刀片安装不正确、土壤坚硬等原因引起的。( √ )

427. 全喂入联合收割机作业中发现割台喂入口处有翻草现象时，应停止前进，原地运转，待翻草现象消除后再继续收割，防止堵塞。( √ )

428. 脱粒滚筒堵塞，可能是传动皮带太松造成打滑，降低了滚筒转速。( √ )

429. 联合收割机作业时，滚筒转速过高会出现碎米现象。( √ )

430. 联合收割机作业时，滚筒转速过低会出现脱粒不净现象。( √ )

431. 全喂入联合收割机割台前部堆积作物，可能是切割器与拨禾轮配合不佳。( √ )

432. 联合收割机作业中，必要时可以跟随机具清理割输送带（链）等处杂物或堵塞。( × )

433. 拖拉机、联合收割机转移或作业时，驾驶室两侧车门（含应急出口）应当容易打开，确保紧急情况下驾驶人能够逃生。( √ )

（二）选择题

434. 气门间隙＿＿＿将使气门开度减小，会使气门迟开早闭，开启时间缩短，造成进气不足，排气不净。

　　　　●过大　○过小　○减小

435. 在停机未熄火状态下，如果发动机发生"飞车"，不应采取的应急措施是＿＿＿。

　　　　○切断油路　○堵死进气管口　●挂低速挡

436. 排气管出现冒白烟，故障原因可能是＿＿＿。

　　　　●油路有水　○烧机油　○燃料燃烧不完全

437. 排气管出现冒蓝烟，故障原因可能是＿＿＿。

　　　　○燃料燃烧不完全　○油路有水　●烧机油

438. 排气管出现冒黑烟，故障原因可能是＿＿＿。

　　　　●燃料燃烧不完全　○油路有水　○烧机油

439. 拖拉机、联合收割机使用时，要定期检查各部位是否有漏水、漏电、＿＿＿、漏气等现象。

　　　　○漏风　●漏油　○漏液

440. 作物倒伏倾斜导致收割机割台输送不良，应＿＿＿。

　　　　○调节切割间隙　○加快前进速度　●沿倒伏作物侧身收割

441. 轮式联合收割机制动时，发生制动跑偏的主要原因表述不正确的是＿＿＿。

　　　　○单边摩擦片有油或泥水或严重磨损　●轮胎抱死
　　　　○驱动轮气压不同

442. 喂入联合收割机脱粒齿磨损或者和筛网之间＿＿＿会导致籽粒带枝梗。

　　　　○间隙过小　○无间隙　●间隙过大

443. 履带太松，会出现＿＿＿现象，且易脱轨，影响正常行驶。

　　　　○龟裂　●跳齿　○节距拉大

444. 履带滑出导轨，则以下原因分析不正确的是＿＿＿。

　　　　○驱动轮磨损　○履带导轨磨损　●速度太慢

445. 履带＿＿＿，易造成履带节距拉大，引起带体龟裂，影响使用寿命。

　　　　○太松　○跳齿　●太紧

446. 半喂入联合收割机割台茎端输送装置最常见的故障是尤其在收割倒伏作物或杂草较多的时候。

　　　　○缠绕　●堵塞　○断链

447. 半喂入联合收割机收割时出现漏割或割茬不齐，则以下原因分析不正确的是____。

　　●割刀驱动皮带过紧　　○单向离合器磨损　　○割刀严重磨损或变形

448. 联合收割机出现脱粒不净时，可能的原因是____。

　　●喂入量过大　　○喂入量过小　　○滚筒转速过高

449. 半喂入联合收割机滚筒堵塞，则以下原因分析不正确的是____。

　　○压草板与喂入链出现间隙或压草板不回位

　　○切禾刀磨损

　　●滚筒转速太高

450. 半喂入联合收割机收割倒伏作物时出现连根拔起现象，则可能是割台分禾器尖____。

　　○离地太高　　○变形　　●离地太低

451. 半喂入联合收割机左右输送链交汇处堵塞，则可能的原因是____。

　　○驱动皮带过松　　○传动皮带过松　　●输送链过松或输送拨变

452. 半喂入联合收割机切草机堵塞，其原因可能是____。

　　○喂入量过小　　○切草机皮带过紧　　●喂入量过大

## 七、维护检修

### （一）判断题

453. 拖拉机、联合收割机需严格按照说明书要求进行维护保养。(√)

454. 新的或经过大修后的拖拉机、联合收割机，使用前应严照技术规程进行磨合试运转，延长使用寿命。(√)

455. 拖拉机、联合收割机修理后试运转前无需注意仪表工作是否正常。(×)

456. 拖拉机、联合收割机磨合完成后不需要更换润滑油和液压油。(×)

457. 柴油滤清器下方的放油塞，应及时维护。(√)

458. 维护柴油滤清器之后，应保证各处密封，并排除低压油路中的空气。(√)

459. 柴油滤清器只要定期放出滤清器内柴油即可，无须维护。(×)

460. 给润滑点加注润滑脂（黄油等）时，须将陈旧的润滑脂全部挤出。(√)

461. 离合器分离间隙应按说明书的要求定期检修。(√)

462. 拖拉机、联合收割机停用时，蓄电池需拆下单独维护，每应进行一次充电，以提高其使用寿命。(√)

463. 安装蓄电池时，应固定牢靠，底部平坦，搭铁极性正确。(√)

464. 曲轴箱的通气孔应当保持畅通。(√)

465. 冬天寒冷季节，应把拖拉机、联合收割机水箱中的水放净，以免结冰损坏水箱等部件。（√）

466. 为了保证定时供油和配气，必须按标记装配凸轮轴齿轮油泵传动齿轮、喷油泵传动齿轮、曲轴正时齿轮。（√）

467. 活塞环的方向装反了，会将机油泵进燃烧室燃烧，使机油消耗增加。（√）

468. 活塞环开口间隙过小造成卡滞或活塞环折断，是导致柴油机拉缸的主要原因。（√）

469. 往发动机上安装活塞连杆组时各活塞环的开口应错开 120 度，并避开活塞销孔和主压力侧方向。（√）

470. 轮胎上不应沾上油污和酸、碱性物质，避免暴晒。（√）

471. 轮胎磨损不均匀时，可左右轮胎调换使用。（√）

472. 轮胎的气压无需随季节、温度、路面等情况进行调整。（×）

473. 橡胶履带应避免与酸、碱、盐、农药等化学品的接触，但与机油、柴油等各种油类接触不受影响。（×）

474. 履带式拖拉机、联合收割机停用保管时，履带应放松，并垫上木板以防腐蚀。（√）

475. 清理、调整、检修联合收割机割刀或切草刀时要戴厚手套，并避免接触刀刃。（√）

476. 轮式联合收割机在干燥平坦的混凝土路面或沥青路面上，制动器热态时，紧急制动距离不应大于 9 米，如超出应当及时检修。（√）

477. 装有液压升降装置的拖拉机运输机组车厢部位检修时，升起后应设置垫块，确保安全。（√）

478. 联合收割机液压升降割台检修时，升起后必须加以锁定，还应设置垫块，确保安全。（√）

479. 联合收割机季节性保养时，应放松全部传送带、链及弹簧履带张紧装置。并对链和弹簧加润滑油，皮带需用肥皂水洗净后擦干存放。（√）

480. 拖拉机、联合收割机停用期间，应选择通风、干燥的室内存放；露天摆放的应做好遮盖防雨等保护措施。（√）

**（二）选择题**

481. 蓄电池电解液液面高度不足时，应添加____。
    ●蒸馏水　○纯净水　○自来水

482. 蓄电池加液孔盖上的通气孔应保持____。
    ●畅通　○密封　○半密封

483. 安装蓄电池电极时，先接＿＿，拆下时先拆＿＿。
   ●正极（+）负极（-）○负极（-）正极（+）
   ○正极（+）正极（+）

484. 蓄电池维修时应安全操作，要求配制电解液时＿＿。
   ○将水倒入硫酸中
   ●将硫酸倒入水中
   ○直接在蓄电池内倒入硫酸和水配制

485. 机油尺上一般有上、下两条刻线，机油＿＿，易窜入燃烧室，导致耗油量增加。
   ●高于上刻线　○在上下刻线间　○低于下刻线

486. 更换发动机、喷油泵、调速器的润滑油，应在＿＿时进行。
   ○冷车　●热车　○发动机运转

487. 维修过程中，拆装圆锥滚子轴承时＿＿。
   ○可通过敲外圈将内圈冲入轴上
   ●不能敲击保持架
   ○可通过敲内圈将外圈冲入座孔

488. 维修过程中，安装油封时＿＿。
   ●不能装反　○不能涂润滑脂　○不能用橡胶锤

489. 拖拉机的前轮和转向节立轴在安装时都不与地面垂直，而且具有一定的倾斜角度，它们安装的相对位置总称为前轮定位，其目的不包括＿＿。
   ●方便检修　○让车轮直线行驶稳定　○减少轮胎的磨损

490. 柴油机供油提前角检查时，将油门处于＿＿，排除油路中空气，并使玻璃管内充满柴油。
   ○最小供油位置　○中间供油位置　●最大供油位置

491. 柴油机配气相位的检查时，将1缸定位在排气上止点后，应将飞轮＿＿。
   ○前进1/4圈　●退回1/4圈　○退回1/2圈

492. 四缸柴油机装配气缸盖时应遵守交叉对称、＿＿拧紧螺栓的原则安装。
   ○由外向内、分次　○由外向内、依次　●由内向外、分次

493. 旋耕机每工作＿＿小时后，应停机检查刀片是否松动或变形，其他紧固件有无松动。
   ○60~100　○200~300　●8~10

494. 手扶拖拉机更换前轮轮胎时应注意外胎花纹方向，从上向下看"人"字＿＿。

●向前　○向后　○向外

495. 半喂入联合收割机扶禾链安装后，应使上下链轮在____回转平面上。
●同一　○不同　○垂直

496. 履带必须保持正常的张紧度，调整时应顶起____。
○载重轮　●机架　○履带

## 八、应急处置

### （一）判断题

497. 医疗机构的急救电话为 120 或 999。（√）

498. 如遇伤员无呼吸时，应立即对伤员进行人工呼吸。（√）

499. 有玻璃等异物扎入伤者体内时，应立即拔出。（×）

500. 伤员骨折处出血时，应先止血和包扎伤口。（√）

501. 骨折伤员脊柱可能受损时，不要改变伤员姿势。（√）

502. 伤员四肢骨折有骨外露时，要及时还纳并固定。（×）

503. 在紧急情况下急救伤员时须先用压迫法止血，然后再根据出血情况改用其他止血法。（√）

504. 使用灭火器救火时，人要站在上风处，灭火器瞄准火焰根部。（√）

### （二）选择题

505. 燃油着火时，不能用于灭火的是____。
○沙土　○专用灭火器　●水

506. 遇到伤者被压于车轮或货物下时，错误的做法是____。
○设法移动车辆或货物　○设法顶起车辆或货物　●拉拽伤者的肢体

507. 抢救失血伤员时，应先进行____。
○观察　○包扎　●止血

508. 救助有害气体中毒伤员的急救措施是____。
○采取保暖措施　●将伤员移到有新鲜空气的地方　○进行人工呼吸

## 九、安全文明驾驶

### （一）判断题

509. 一个合格的驾驶人，不仅要有熟练的技术，更要有良好驾驶行为习惯和道德修养。（√）

510. 驾驶人一边驾车一边打手持电话是违法行为。（√）

511. 遇到路口情况复杂时，应做到"宁停三分，不抢一秒"。（√）

512. 通过人行横道遇有行人通行时，应停车避让。（√）

513. 行车中要文明驾驶，礼让行车，做到不开英雄车、冒险车、赌气车和带病车。（√）

514. 驾驶人一边驾车一边吸烟对安全行车无影响。（×）

515. 夜间驾驶时，一直开启远光灯不影响行车安全。（×）

516. 谨慎驾驶的三原则是集中注意力、仔细观察和提前预防。（√）

517. 在狭窄的路段会车时，应做到礼让三先：先慢、先让、先停。（√）

518. 车辆遇有急弯路时，要在进入弯路后减速。（×）

519. 倒车时，应当察明车后情况，确认安全后倒车。（√）

520. 车辆在路边起步后，应随时注意两侧道路情况，向左缓慢转向，逐渐驶入正常行驶道路。（√）

521. 夜间或雨天临时停车时，只要有路灯就可以不开危险报警闪。（×）

522. 雨天路面湿滑，车辆制动距离大，行车中尽量使用紧急制动减速。（×）

523. 车辆行经漫水路或者漫水桥时应当停车察明水情，确认安全后，低速通过。（√）

524. 车辆行至泥泞或翻浆路段时，应停车观察，选择平整、坚实或有车辙的路段通过。（√）

525. 车辆在泥泞、湿滑路面上猛转方向容易导致行车方向失控，甚至造成翻车、坠车或与其他车辆、行人相撞。（√）

526. 车辆涉水后，制动器的制动效果不会改变。（×）

527. 连续降雨天气，山区公路可能会出现路肩疏散和堤坡坍塌现象，行车时应选择道路中间坚实的路面，避免靠近路边行驶。（√）

528. 雾天行车多使用喇叭可引起对方注意。听到对方车辆鸣喇叭，也应鸣喇叭回应。（√）

529. 在冰雪路面行驶，应当降低车速、加大安全距离，在有车辙的路段应循车辙行驶。（√）

530. 车辆在冰雪路面紧急制动时，易产生侧滑，应降低车速，并尽量利用发动机阻力来控制速度。（√）

531. 在行驶中，驾驶人在注意与前车保持安全距离的同时，也要谨慎制动，防止被后车追尾。（√）

532. 车辆在会车、超车或避让障碍物时，车辆之间或与其他物体容易发生碰擦，应保证安全的横向间距。（√）

533. 当感觉与对向驶来的车辆会有会车困难的时候，应及时减速靠边行驶，或停车让行。（√）

534. 车辆在道路上发生故障，难以移动的，首先应集中精力排除故障。（×）

535. 当车辆已偏离直线行驶方向，事故已经无可避免时，应果断地连续踏制动踏板，尽量缩短停车距离，减轻撞车力度。（√）

536. 山区下坡路制动失效后，在不得已的情况下，可用车身侧面擦撞山坡，迫使车辆减速停车。（√）

537. 车辆在山区道路上陡坡时，应在坡底提前挂高挡，加油门冲坡。（×）

538. 车辆在进入山区道路后，要特别注意"连续转弯"标志，并主动避让车辆及行人，适时减速和提前鸣喇叭。（√）

539. 通过山区危险路段，应谨慎驾驶，避免停车。（√）

540. 下坡路制动失效后，要迅速逐级或越一级减挡，利用发动机阻力控制车速。（√）

541. 制动时前车轮抱死会出现丧失转向能力的情况。（√）

542. 前轮侧滑时，需向侧滑相反方向微打转向，并及时回转调整，修正方向后继续行驶。（√）

543. 后轮侧滑时，需向侧滑相同方向微打转向，并及时回转调整，修正方向后继续行驶。（√）

544. 行车中当驾驶人意识到爆胎时，应在控制住方向的情况下轻踏制动踏板，使车辆缓慢减速，逐渐平稳地停靠在路边。（√）

545. 制动突然失灵，避让障碍物时，要遵循"先避人，后避物"的原则。（√）

546. 出现制动失效后，应以控制车速为第一应急措施，再设法控制方向。（×）

**（二）选择题**

547. 驾驶车辆下坡时，____滑行。

　　●不得空挡或熄火　○可以空挡但不准熄火　○可以空挡

548. 驶近急弯、坡道顶端等影响安全视距的路段时，应当____，并鸣喇叭示意。

　　○加速通过　●减速慢行　○使用危险报警闪光灯

549. 车辆在道路上发生故障，妨碍交通又难以移动的，应当按规定开启危险报警闪光灯，并在车后____处放置故障警告标志牌等警示标志。

　　○5~10 米　○10~15 米　●50~100 米

550. 车辆在停车场以外的其他地点临时停车时，应当____，但不得妨碍其他车辆和行人通行。

　　○在非机动车道停车

　　●按顺行方向靠道路右边停放

○按逆行方向靠道路左边停放

551. 在夜间或者容易发生危险的路段行驶，应当____。

○以最高设计车速行驶

●降低速度，谨慎驾驶

○保持正常速度行驶

552. 遇有沙尘、冰雹、雨、雪、雾、结冰等气象条件时，应当____行驶

○以较高速度　●降低速度　○以正常速度

553. 驾驶人在行车中经过积水路面时，应____。

●特别注意减速慢行　○保持正常速度通过　○降挡加速通过

554. 车辆在较窄的山路上会车时，如果靠山体的一方不让行，应____。

○强行向左占道

●提前减速并选择安全的地方避让

○加速行驶通过

555. 在山区冰雪道路上行车，遇到前车正在爬坡时，后车应____。

●选择适当地点停车，等前车通过后再爬坡

○正常行驶

○紧随其后爬坡

556. 雪天行车时，为预防车辆侧滑或与其他车辆发生碰擦，应____。

●减速行驶并保持安全距离

○紧跟前车并鸣喇叭提醒

○与前车保持较小的间距

557. 行车中遇有大雾天，能见度过低，行车困难时，应____。

○开启前照灯行驶　○连续鸣喇叭行驶　●选择安全地点停车

558. 在泥泞路段行车，应选用适当挡位操作，____控制速度，匀速一次性通过。

○使用驻车制动器　○使用行车制动器　●使用油门

559. 在泥泞路段行车，遇车轮空转打滑时，应____。

●挖去泥浆，铺上沙石草木　○换高速挡　○猛踏加速踏板

560. 转向失控后，如果车辆偏离直线行驶方向，应____，使车辆尽快减速停车。

○轻踏制动踏板　○拉紧驻车制动器操纵杆　●连续"点刹"

561. 行驶中制动突然失灵时，驾驶人要沉着镇定，握紧转向盘，____进行减速。

○连续"点刹"

　　●利用"抢挡"或手制动

　　○迅速拉紧驻车制动器操纵杆

562. 发生缓慢翻车有可能跳车逃生时，应____跳车。

　　○运行的前方　　○翻车方向　　●翻车相反方向

563. 行车中遇有前方发生交通事故需要帮助时，应____。

　　○尽量绕道躲避

　　○立即报警，停车观望

　　●协助保护现场，并立即报警

564. 行车中发现其他车辆有安全隐患时，应____。

　　○尽快离开　　○随其车后观察　　●及时提醒对方

565. 行车中发现前方道路拥堵时，应____。

　　○鸣喇叭催促　　○从车辆中间穿插通过　　●减速停车，依次排队等候

566. 在铁道路口内，车辆出现故障无法继续行驶时，应____。

　　○在车上等待救助

　　●尽快设法使车辆离开道口

　　○想办法尽快修好车辆

567. 有管理人员看守且有交通信号灯的铁路道口，为避免有状况发生，要在____，以免在通过时出现熄火或停车的情况。

　　●进入道口前减速减挡

　　○进入道口后换低速挡

　　○道口内停车左右观察

568. 在山区道路行驶时，以下说法正确的是____。

　　●上坡路段的安全距离应比平坦路段的大

　　○下坡路段的安全距离应比平坦路段的小

　　○急弯路段应当紧随前车

569. 车辆不慎落水，车门无法开启时，可选择的自救方法是____。

　　●敲碎侧窗玻璃　　○关闭车窗　　○用工具撬开车门

570. 车辆发生撞击的位置不在驾驶人一侧或撞击力量较小时，驾驶人不正确的做法是____。

　　●从一侧跳车　　○紧握转向盘　　○身体向后紧靠座椅

571. 车辆在____路面上制动时车轮最容易抱死。

　　●冰雪　　○混凝土路　　○土路

572. 车辆在夜间通过没有交通信号灯控制的交叉路口时，要____。

　　●交替使用远近光灯示意　　○使用远光灯　　○使用近光灯

573. 行驶前对轮胎进行的检查包括____。
●轮胎的紧固和气压　○轮胎有没有清洗　○备胎在什么位置

574. 如果轮胎胎侧顺线出现裂口，以下做法正确的是____。
●及时换胎　○放气减压　○给轮胎充气

575. 发动机起火后首先应当____。
●迅速关闭发动机　○用水进行灭火　○开启发动机罩灭火

576. 路口转弯过程中，持续开启转向灯，主要目的是____。
●让其他驾驶人知道您正在转弯
○完成转弯动作前，关闭转向灯会对车辆造成损害
○让其他驾驶人知道您正在超车

577. 在长坡时，车速会因为惯性而越来越快，平稳控制车速最有效的方式是____。
○猛踩制动踏板　●利用发动机阻力　○踩下离合器滑行

578. 行车中与其他车辆发生正面碰撞已不可避免时，应当____。
●迅速采取紧急制动
○向右急转转向盘躲避
○变正面碰撞为侧面碰撞

579. 夜间会车时，如遇对方持续开启远光灯，安全回车的做法是____。
●使用近光灯，低速回车或停车让行
○使用远光灯，低速会车
○及时开启远光灯

580. 夜间驾驶车辆在窄路或者窄桥遇自行车对向驶来时，要____。
●使用近光灯　○使用示廓灯　○连续变换远、近光灯

# 参考文献

何学秋，等 . 2000. 安全工程学 ［M］. 徐州：中国矿业大学出版社 .

刘恒新，王桂显 . 2019. 农机安全法规与驾驶操作知识读本 ［M］. 北京：经济日报出版社 .

农业机械化司编写组 . 2001. 农业机械安全监督管理 ［M］. 北京：中国农业出版社 .

王耀发 . 1993. 农机安全管理学 ［M］. 北京：北京科学技术出版社 .

姚建松，朱张才 . 2006. 农机安全知识读本 ［M］. 北京：中国农业科学技术出版社 .